菏泽市

耕地地力

◎ 杨国敏　邢继东　沙志宏　主编

中国农业科学技术出版社

图书在版编目(CIP)数据

菏泽市耕地地力 / 杨国敏，邢继东，沙志宏主编 . 北京：中国农业科学技术出版社，2024. 10. --ISBN 978-7-5116-6985-8

Ⅰ. S159. 252. 3；S158

中国国家版本馆 CIP 数据核字第 2024U8V120 号

审图号：菏泽 S（2025）001 号

责任编辑 马雪峰 姚 欢
责任校对 王 彦
责任印制 姜义伟 王思文

出 版 者 中国农业科学技术出版社
北京市中关村南大街 12 号 邮编：100081
电 话 (010) 82106630 (编辑室) (010) 82106624 (发行部)
(010) 82109709 (读者服务部)
网 址 https://castp.caas.cn
经 销 者 各地新华书店
印 刷 者 北京建宏印刷有限公司
开 本 170 mm×240 mm 1/16
印 张 15. 25 彩插 16 面
字 数 300 千字
版 次 2024 年 10 月第 1 版 2024 年 10 月第 1 次印刷
定 价 88. 00 元

《菏泽市耕地地力》
编辑委员会

前　言

地为粮之本，保障国家粮食安全的根本在耕地。耕地是我国最为宝贵的农业资源，是最基本的农业生产要素。习近平总书记多次强调，粮食安全是“国之大者”，耕地是粮食生产的命根子，要落实“藏粮于地、藏粮于技”战略，切实加强耕地保护，全力提升耕地质量。

《菏泽市耕地地力》是基于历年来菏泽市各县区测土配方施肥调查点位的调查、监测数据编写完成的，是自第二次全国土壤普查以来首次对菏泽市耕地地力调查与评价成果的综合性梳理和归纳。该书对菏泽市的耕地立地条件、利用管理现状、土壤养分动态变化规律、科学施肥等作了精准阐述。全书共分为七章。第一章介绍了菏泽市与耕地有关的自然与农业资源概况。第二章、第三章主要对样品的采集与分析、样品采集质量控制、评价依据、评价权重指标、数据收集、耕地地力划分标准给予界定。第四章主要对县区耕地地力等级面积占比情况、各等级耕地地力评价及应用现状进行精准阐述，按照耕地质量等级划分标准，菏泽市耕地质量等级评价结果从二等到八等共7个等级。第五章为耕地土壤理化性状，对菏泽市耕地的pH值、有机质、全氮、碱解氮、有效磷、速效钾、缓效钾、部分中微量元素现状及变化趋势进行详细的阐述，并与第二次全国土壤普查养分对比分析。第六章阐述了菏泽市耕地质量变化趋势，主要分析了耕地土壤盐渍化现状及改良技术，以及设施园艺耕地土壤连作障碍治理技术、农作物秸秆综合利用技术。第七章对耕地地力基础属性信息数据库、基础空间数据库的建立作了详细的概述。附录一、附录二收录了菏泽市主要作物科学施肥技术及技术规程。

基于耕地地力调查与质量评价工作形成的一些宝贵技术资料，建立了菏泽市耕地地力基础属性信息数据库、基础空间数据库，整理编绘了菏泽市耕地质量等级评价图、菏泽市灌溉分区图、菏泽市土壤pH分布图以及有机质、全氮、碱解氮、有效磷、速效钾、缓效钾、有效锌、有效铜、有效铁、有效锰、有效硼、有效钼含量分布图等共15个成果图件。

在菏泽市的耕地地力调查与质量评价工作中，山东省农业技术推广中心及菏泽市农业农村局、自然资源与规划局、统计局、气象局等都提供了支持与帮助，县区土肥系统及乡镇农业科技人员在基础情况调查、田间试验、土样采集和分析化验等工作中付出了艰辛的劳动，耕地地力评价、成果图编制等工作由菏泽市菏协软件有限公司支持完成，在此一并表示衷心的感谢。

由于编者水平所限，书中难免存在不足之处，请予以指正。

编　者

2023 年 12 月

目　　录

第一章　自然与农业资源概况

耕地是重要的农业生产资料，是具有一定地力特点的自然资源。耕地自然属性的土壤，因所处生物、气候、成土母质及水文条件的不同，以及地形地貌的差异、人为影响方式的差异，成土过程就会发生分异。这些分异不仅反映在土壤形态上，而且反映在土壤的肥力特征和理化性状等方面。也就是说，耕地并不是孤立地存在着，而是与自然地理条件及其历史的发展紧密联系的，与岩石圈、水圈、大气圈、生物圈处在相互作用之中。要了解菏泽市耕地发生、发展、演化和分布的规律，必须研究耕地赖以产生和存在的环境条件，即菏泽市的地理位置、地形地貌、成土母质、气候条件、水文条件、植被条件，以及土壤类型、分布及被利用等各种自然环境要素。

第一节　自然环境条件

菏泽，乃伏羲之桑梓、尧舜之故里，先为商汤之京畿，继属曹国之疆土，后建曹州之区域。古为济水所汇，菏水所出，连通古济、泗两大水系的天然湖泊。唐代更名为龙池，又名九卿波，清称夏月湖，今湮，遗址在菏泽市牡丹区东南 15 km 处。据乾隆二十一年（1756 年）《曹州府志》记载，清“雍正十三年（1735 年）曹州升为府，设附郭县，疆域仍州之旧，赐名菏泽”。自此，“菏泽”作为一个县、市、区的专名沿用至今。

菏泽市历史悠久，文化底蕴深厚，曾数度成为中原地区重要的政治、经济、文化中心，享有“天下之中”的美誉。祖源文化、黄河文化、汉文化、水浒文化、牡丹文化交相融汇，有尧王墓、蚩尤冢、仿山遗址、刘邦登基坛、水浒故里等 100 多处名胜古迹，国家级非遗数量居全国地级市第 3 位。菏泽市是全国著名的“牡丹之乡”“书画之乡”“戏曲之乡”“武术之乡”“民间艺术之乡”。

一、地理位置与概况

（一）地理位置

菏泽市位于山东省西南部，鲁苏豫皖四省交接地带，地处北纬34°39′～35°52′、东经114°45′～116°25′，南北长157 km，东西宽140 km。面积12 239 km^2，占山东省面积的7.75%。东与山东省济宁市相邻，东南与江苏省徐州市、安徽省宿州市接壤，南与河南省商丘市相连，西与河南省开封市、新乡市毗邻，北接河南省濮阳市。

菏泽市区位优越，基础设施完善，位于东部沿海发达地区和中西部地区的过渡地带，东接沿海港口，西连中原腹地。京九铁路与新亚欧大陆桥在菏泽市呈“十”字交会，105、106、220、327四条国道在境内通过，已建成通车的日兰高速、济广高速、德商高速、菏东高速、德上高速巨单段、枣菏高速菏泽段与正在建设的阳新高速、德单高速东阿至郓城段、郓鄄高速形成“m”形的陆路交通大枢纽。机场、高铁、航道、高速公路等重大项目密集实施，承载力、吸引力和聚集力持续增强。口岸、海关、国检、集装箱运输中心等涉外机构齐全，口岸实现了与青岛港直通，金融、保险、通信及商贸流通业发展迅速，城市供水、供热、供气、污水处理等设施齐全，已初步建设成为以“花城、水邑”为突出特色的平原森林城市。

（二）菏泽市概况

菏泽市现辖牡丹区、定陶区、曹县、成武县、单县、巨野县、郓城县、鄄城县、东明县两区七县和鲁西新区（含开发区和高新区）（表1-1），共167个街道、镇、乡，5 040个行政村，339.99万户。2021年全市总人口1 027.09万人，其中农业人口578.37万人，农、林、牧、副、渔业劳动力为458.35万人。

菏泽市资源丰富，开发前景广阔。地势平坦、土壤肥沃，农业生产条件得天独厚，粮食总产约占全省的1/8，棉花约占1/3，木材约占1/5，是全国著名的优质粮棉林畜生产基地、全国3个农区畜牧大市和首批4个平原绿化达标地区之一。牡丹是菏泽市的特色产业，至今已有1 500多年的历史，现有九大色系十大花型1 259个栽培品种，种植面积达48.6万亩①，是世界上最大的牡丹繁育、观赏、研发和输出基地，享有“曹州牡丹甲天下”之美誉。境内煤炭储量281亿t，正在开发建设的巨野煤田是华东地区储量最大、煤质优良，且

① 1亩≈667 m^2。全书同。

是最后一座具备规模化开发潜力的大型煤田；石油、天然气探明储量分别为5 625万 t、273 亿 m^3，已成为中原油田重要的生产基地。菏泽市产业基础较好，现已形成以电力、机械、化工、医药、食品、纺织、林产品加工为主，门类齐全、配套协作能力较强的工作体系，与120 多个国家和地区建立了经贸关系，化工产品、裘皮服装、果蔬食品、木制工艺品等在国际市场上具有较强的竞争力。目前，菏泽市已日益建成为鲁西崛起的新高地、山东省新旧动能转换的示范区、鲁苏豫皖四省交界的区域性中心城市。

表 1-1　菏泽市各县区总户数和总人口数

县区	总户数/户	总人口数/人	城镇人口数/人	常住人口数/万人	户籍人口城镇化率/%
全市	3 399 943	10 270 956	4 487 224	873.24	43.69
牡丹区	363 312	1 179 826	557 785	109.95	47.28
定陶区	236 797	713 135	330 118	53.39	46.29
曹县	588 121	1 701 672	589 594	137.04	34.65
单县	426 638	1 269 262	561 419	101.36	44.23
成武县	237 671	719 544	305 157	58.80	42.41
巨野县	348 598	1102 167	432 922	91.24	39.28
郓城县	458 724	1278 427	561 114	112.27	43.89
鄄城县	322 459	933 859	454 096	74.17	48.63
东明县	259 319	877 426	393 046	75.25	44.80
开发区	86 593	265 648	223 156	41.36	84.00
高新区	71 711	229 990	78 817	18.41	34.27

二、地质地貌

（一）地质基础

地质条件是自然环境和自然资源的基础。不同地质时期地层的岩石特征与组合，以及区域性地质构造的基本格局与活动性质决定着该区域地貌的类型、分布和基本特征，也对地理环境中的水文、土壤、植被等要素条件产生很大的影响。

1. 地层

根据全国三级地层区划原则，菏泽市的地层位于山东省地层分区中的华北平原地层分区。华北平原地层分区自东明、聊城、禹城，向东越过黄河，顺着小清河到莱州湾一线与鲁西地层分区分开，主要发育于新生界，第四系广布全区，地层古老，且发育比较齐全。菏泽市地质构造属中朝准地台，居其东南部。以斜贯西部的聊城—兰考大断裂为界，境域被划分为华北断拗和鲁西中台隆2个二级构造单元。西侧东明凹陷为四级构造单元，属华北断拗中的三级构造单元开封台陷。东侧属鲁西中台隆，占境内大部，为三级构造单元成武—济宁断陷的西半部。又以曹县断裂和凫山断裂为界，划分为成武断拗及济宁断块2个四级构造单元。复被曹县断裂、汶泗断裂分割成一些局部构造。燕山运动形成各构造格局的雏形，喜马拉雅运动控制了境内各构造机体。全市各构造单元，尤其是二、三级构造的展布，具有以下特点：西侧的华北断拗构造线以北东向为主；东侧的鲁西中台隆以弧形的北东—东西向为主，后者生成较早。历次运动的结果造成境内尤其是东部隐伏断裂纵横交错。地层区内出露的地层以新生代的第四纪为主，个别地方有古生代的寒武纪、奥陶纪。岩石主要有粉砂岩、砂岩、泥岩、砾岩等。第四纪地层比较发育，自老至新分为更新统与全新统，分布受地貌的控制，主要为平原区第四纪，以河湖相、海相沉积物为主。

2. 构造

菏泽市为渤海凹陷部分华北断块凹陷地带南部的菏泽—成武凹陷区。渤海凹陷是华北平原上最大的凹陷，形成较早，大约在古生代后期，随同泰山、太行山、燕山等山地的隆起，平原部分沉降，渤海凹陷已初具规模。到第三系中期的喜马拉雅运动，渤海凹陷剧烈沉降到海平面以下。渤海侵入凹陷地带，直到中更新世，华北平原还有大部分为浅海所占。此后，因以黄河为主的河流冲积物填充，形成了广大平原。

（二）地形地貌

菏泽市位于我国三级地势阶梯的第三级阶梯上，地处黄河下游，位于新旧黄河的夹肢间，是黄河冲积平原的组成部分，海拔高度为68～37 m，地势起伏不大，坡度在20°以下，平均坡降为1/4 700。南北向中间逐渐凹下，总趋势是自西南向东北呈簸箕形逐渐降低。

根据山东省地貌类型的区域分异特征，菏泽市地貌为鲁西鲁北平原区，主要地貌类型除东部有零星孤山残丘外，均为黄河冲积平原。冲积平原内微地貌类型复杂多变，按其成因、形态和分布的位置，将其划分为河滩高地、缓平坡地、决口扇形地、浅平洼地、砂质河槽地、背河槽状洼地、低山残丘地（面积极少，主要分布于巨野县域内）。各地貌类型中以缓平坡地面积最大，占全市总面积的一半以上。具体分布如下。

1. 河滩高地

河滩高地分布在菏泽市南、西、北三面边缘和中部的两条高岗，比相邻地面高出2～10 m。面积为234.56万亩，占总面积的11.96%。它是古代和现代河床的遗迹。

2. 缓平坡地

缓平坡地系泛滥漫流沉积而成，是菏泽市分布最广、面积最大的地貌类型。它基本以高坡地、平坡地和洼坡地 3 种形态出现。

（1）高坡地：多分布于河流上游，地面坡降为1/6 000～1/3 000。在牡丹区、东明县、曹县、单县等地，大体沿 50 m 的等高线分布。高坡地地势起伏不平，常伴有高出地平面 1 m 左右的“岭地”，沉积物以砂壤质为主。高坡地总面积为 112. 51 万亩。

（2）平坡地：平坡地的坡降一般在 1/10 000～1/6 000，分布在 40～50 m 等高线，地势平缓。平坡地总是与二坡地、洼地、岗地相间，地下水埋深在 2～3 m，沉积物既有砂质土又有壤质土。平坡地总面积为 782. 95 万亩。

（3）洼坡地：位于缓平坡地下端，常有零星小洼地，地面排水不畅，土壤呈盐渍化。主要分布在东部和东北部，地面坡降在 1/10 000～1/8 000，主要沿 40 m 等高线以东分布。地下水埋深在 2 m 左右，局部小于 1 m。潜水矿化度在 0. 5～2. 3 g/L。局部土壤积盐比较普遍且分布集中，其地下水矿化度在 3 g/L左右。洼坡地总面积为 171. 84 万亩。

3. 决口扇形地

决口扇形地系黄河决口急流堆积而成。主要分布在鄄城县临濮、什集、阎什口，单县南部和东明县的三春、焦园一带。占地面积为 311. 83 万亩，约占总面积的 15. 89%。决口扇形地的地势复杂，一般较周围高出 1～2 m，地形起伏不平，但基本上是由决口时形成的指状大溜，两侧由沙岗、沙丘及波状地形所组成。土质均为砂质，地下水埋深在 3～5 m，土壤多为潮土。在积水沙洼处往往有盐渍化产生。

4. 浅平洼地

浅平洼地系静水沉积而成，因而土壤表层多为厚层黏质土，面积为 251. 42 万亩。浅平洼地土壤大部分为潮土，盐渍化土壤很少，但在洼地边缘地带，盐渍化土壤较为普遍。主要分布在黄河泛道的交叉处或两河道之间，地势平缓而低洼，等高线呈封闭状，有明显的洼底，形状如碟，称为“漫洼”，全市均有分布，牡丹区、成武县、巨野县、郓城县北部分布比较集中。

5. 砂质河槽地

河槽地主要由黄河的古河道和决口泛滥河道形成，地势较周围低 1. 5～2 m。地下水埋深在 1～2 m。因河槽多以粗砂粒为主，干旱季节常有“风吹沙扬”的景象。河槽地主要分布在黄河古河床和临濮沙河一带，面积 50. 61 万亩，占总面积的 2. 58%。

6. 背河槽状洼地

背河槽状洼地大多分布于黄河故道的堤下，曹县、单县南部的太行堤北侧和现代黄河堤南侧均有分布，洼地比周围低 2 m 左右，比河滩高地低 5~10 m。由于受侧渗水的影响，地下水一般在 1 m 以下，地下水矿化度在 2~5 g/L。地表盐分比较高，夏季易积水，有“冬春白茫茫，夏秋水汪汪”之说。背河洼地面积为 44.52 万亩，占总面积的 2.27%。其中盐渍化土壤约占该区总面积的 50%，盐碱荒地面积也很大，是内陆盐渍土分布最多、程度最严重的地貌类型。经多年土壤改良，目前仅呈现零星点片分布。

7. 低山残丘地

残丘海拔低于 200 m，称为低山，面积极小，主要分布在巨野县的独山镇境内。

三、成土母质

母质是形成土壤的基础，土壤发育及肥力状况因母质的矿物类型和颗粒大小分异而不同。

菏泽市成土母质除少量的钙质岩残坡积物、洪冲积物、黄土状母质外，主要为黄河的泛滥沉积物，但其共同的特点都是富含碳酸盐。黄河泛滥沉积物是菏泽市潮土与盐渍土形成的主要母质类型，因黄河泛滥沉积物沉积复杂、类型众多，对潮土的分异及水盐动态影响深刻。

黄河泛滥沉积物有 3 个基本特点：①颗粒均匀，均由细砂、粉砂与黏粒三级颗粒组成，颗粒粒径都小于 0.25 mm；②无论水平分布还是垂直分布，沉积物颗粒分选明显，因黄河泛滥水流量、流速或沉积时间和次数，成土类型差异较大，当地农民概括为“慢出淤（重壤或黏土）、紧出砂（砂土、砂壤）、不紧不慢出两合（轻壤、中壤）”的沉积分选规律；③成土母质富含碳酸钙，具有强石灰反应，呈微碱性，并含有一定的可溶性盐类。

黄河泛滥沉积物沉积相比较复杂，可概括为以下 4 种类型。①河床沉积与决口沉积相，主要分布有松砂土沉积物。机械组成以砂粒为主，占总量的 95% 左右，黏粒仅占 5%左右。砂粒中细砂约占总量的 50%，粉砂占 45%左右。由于松砂土结持力弱，在风力搬运下常堆积成砂丘，形成风积物。②河漫滩沉积相，主要为砂壤土沉积物，并夹有极薄、不连续的黏土层。砂壤土的机械组成同样以砂粒为主，约占总量的 95%，但砂粒中以粉砂为主，可占总量的 60%。③漫流沉积相，主要为轻壤土沉积物和砂壤土沉积物，部分地区有中壤土沉积物，并夹有较多或较厚的黏土层。轻壤土机械组成中，砂粒占 75%左右，物理性黏粒占 25%左右。砂粒中粉砂粒占 65%左右，细砂粒占 20%左右。④静水沉积相，主要为中层及厚层的黏土或重壤土沉积物。黏土的机械组成中，物理性黏粒占总量的50%左右，粉砂粒占总量的48%左右，细砂粒占2%左右。

砂质沉积物1 m土体内的颗粒比较一致，形成的砂质潮土，质地多为砂土或砂壤，透水性好，排水通畅，宜耕期长。但因母质携带养分少，保肥能力小，各种养分含量低，短期内不易培育成高产土壤。

壤质沉积物多分布在坡地和洼地的边缘，土壤毛管作用强烈，特别是轻壤土，土壤中水分在土体中上下移动迅速，在土壤发育过程中易积盐，产生盐化现象。壤质潮土质地适中，耕性良好，保水保肥能力适中，合理耕作是一种理想的土壤。

黏质沉积物颗粒细小，结持力强，保水保肥性能好，自然养分含量较高，所形成的黏质潮土，作物生长有后劲，但耕性不良，宜耕期短。黏质土层阻水隔盐，一般不易盐化，但一旦积盐，则难以改良。

四、气候

菏泽市气候属暖温带季风气候。春季回暖迅速，常有倒春寒出现；夏季雨热同季，雨量多而集中；秋季降温较快，雨量骤减，有初霜；冬季气候寒冷而干燥。冬旱夏雨，以及春旱、夏涝伴伏旱的季风气候的多变性和雨热同季的特点，构成了菏泽市的气候特征。

（一）气温、无霜期、土温

1. 气温

全市年平均气温为14.8～15.7℃；全年1月最冷，平均气温为-0.6～1.6℃；7月最热，平均为25.8～29.3℃；全年气温较差平均为27.3℃（表1-2）。气温的变化是自南向北降低。累积年极端最高气温为40.4℃，年极端最低气温为-16.5℃（表1-3）。

2. 无霜期

一年内在终霜日至初霜日之间为无霜期。菏泽市初霜日一般在11月10日前后，北部县区初霜日较早，南部县区初霜日较晚；终霜日一般在3月3日前后，南部县区终霜日较早，北部县区终霜日较晚。年无霜期最长为280 d，最短为222 d，年平均无霜期为252 d（表1-4）。

表1-2 菏泽市各县区平均气温（2007—2021年） 单位：℃

县区	1月	2月	3月	4月	5月	6月	7月	8月	9月	10月	11月	12月	年均
全市平均	1.3	7.8	10.6	15.0	21.4	27.7	27.9	26.0	23.2	15.4	9.5	3.8	15.6
牡丹区	1.2	8.1	10.8	15.3	21.6	27.6	27.8	25.9	23.1	15.2	9.4	3.8	15.6

（续表）

县区	1月	2月	3月	4月	5月	6月	7月	8月	9月	10月	11月	12月	年均
定陶区	1.1	7.6	10.5	14.8	21.2	27.7	27.7	25.5	23.0	15.1	9.3	3.5	15.4
曹县	1.6	7.6	10.2	14.6	21.3	27.7	27.8	25.8	23.1	15.4	9.5	4.0	15.5
单县	1.6	8.2	10.9	15.2	21.7	27.9	28.0	26.4	23.7	16.1	9.8	4.1	16.0
成武县	1.9	8.1	10.9	15.2	21.6	27.9	28.0	26.5	23.6	16.0	10.1	4.3	16.0
巨野县	0.6	7.5	10.2	14.7	21.1	27.2	27.6	25.8	22.9	15.1	9.0	3.2	15.2
郓城县	1.1	7.9	10.8	15.3	21.3	27.7	28.1	26.5	23.4	15.6	9.7	3.7	15.8
鄄城县	0.8	7.9	10.7	15.2	21.3	27.8	28.0	26.0	23.1	15.0	9.3	3.8	15.5
东明县	1.4	7.6	10.6	15.1	21.4	28.0	28.0	25.9	23.1	15.1	9.6	4.0	15.6
常年	−0.2	3.3	9.1	15.3	20.9	25.7	27.4	25.9	21.4	15.4	7.9	1.6	14.5
距平	1.5	4.5	1.5	−0.3	0.5	2.0	0.5	0.1	1.8	0.0	1.6	2.2	1.1

表 1-3　菏泽市年气温变化幅度

项目	年份							
	2014	2015	2016	2017	2018	2019	2020	2021
年极端最高气温/℃	39.2	38.9	38.5	37.7	40.2	39.1	40.4	38.8
日期	5月29日	7月14日	6月22日	7月4日	7月25日	5月23日	6月4日	6月28日
年极端最低气温/℃	−10	−8.9	−13.7	−6.3	−13.3	−10.4	−13.1	−16.5
日期	2月11日	11月26日	1月24日	1月20日	1月5日	12月31日	12月30日	1月7日

表 1-4　菏泽市年均无霜期

项目	年份								累积平均
	2014	2015	2016	2017	2018	2019	2020	2021	
平均初霜日	11月3日	12月3日	11月24日	10月30日	11月22日	11月17日	11月5日	10月17日	—
平均终霜日	3月7日	3月1日	2月17日	3月2日	2月22日	2月24日	3月27日	3月8日	—
无霜期/d	240	276	280	241	272	266	222	222	252

3. 土温

全市年平均土温为 14～17℃，北部略低于南部，平均为 14. 9℃。年平均土温高于年平均气温，其季节变化与气温的变化一致，地表土温的极端最高温度在 7—8 月，极端最低温度出现在 1 月。2—7 月土温是升温过程，7 月至翌年 1 月为降温过程。3 月中旬前后，不同深度土层的土温与气温大致相同。

（二）降水与蒸发

1. 降水量

菏泽市年平均降水量为 611. 8～776. 9 mm。由于受东南季风的影响，境内降水分布规律是，从西北向东南逐渐增多，以单县最多，鄄城县最少，两县相差 165. 1 mm。受季风的影响，菏泽市历年降水量变幅很大，各县之间降水量的年际变化也有较大差异。据统计，最多的年份在 900 mm 以上，巨野县 1964 年降水量1 223. 3 mm。降水较少的年份各县均小于 450 mm。降水天数一般为 110 d 左右，年际变化也较大，最少的年份降水天数为 48～68 d。年内降水量的四季分配也极不均匀，各县均以夏季降水量最多，平均为 400. 1 mm，占全年降水量的 60%左右。冬季降水最少，平均为 26. 5 mm，占全年降水量的 4%左右；秋季多于春季而少于夏季。菏泽市 89%的降水量发生在主要农作物生长季节，这样不仅有利于农作物的生长，也有利于土壤微生物的活动。

2. 蒸发量

菏泽市全年总蒸发量是降水量的 2. 95 倍。春季气候干燥，风多雨少，地面蒸发量大，蒸发量是降水量的 6 倍，占全年总蒸发量的 33. 5%。夏季温度高，蒸发量大，可占全年总蒸发量的 38. 4%；但同期降水量也大（其降水量可占全年降水量的 57%～65%），故夏季比较潮湿。秋季降水减少，风力加大，蒸发量增加。冬季雨雪偏少，蒸发量仍较大，故空气干冷。全年蒸发量的季节分配与降水量的变化大致相同，以 6 月蒸发量最大，下半年蒸发量逐月减少。境内 1 日最大的蒸发量为 25. 8～31. 9 mm。各月蒸发量均大于同月降水量，全年以 1—5 月差数最大。全市蒸发量分布规律是北部多于南部。

（三）干燥度

最大可能蒸发量与降水量的比值，即干燥度，表示气候的干湿状况。菏泽市作物生长期（3—11 月）的平均干燥度为 1. 2～1. 5，自东南向西北递增。如以干燥度 1. 0 和 1. 5 作为干湿气候指标，本区即为半湿润区。

（四）风

因受不同气压气流的影响，各季的主导风向不一致，其风速也不相同。全市累积年平均风速为2.9~3.9 m/s。全年4月风速最大，均在3.8~4.9 m/s；以8月最小，平均在2.1~3.1 m/s。全年平均有13.1 d是大风，4—5月最多，月平均为2.53 d。

（五）气候与土壤

在土壤形成与发展过程中，气候不仅影响着其他成土因素，也直接制约着土体中物质的迁移与转化。

从菏泽市暖温带半湿润型季风气候的特点分析，气候是本区盐渍土形成与盐分季节变化的主要区域性因素。全年蒸发量大于降水量是本区盐渍土形成的前提，而季节性干燥与湿润的交替，又使盐渍土盐分动态呈现春季积盐、盛夏脱盐、秋季又积盐的变化规律，即对潮土所概括的“春秋两张皮”的土壤盐分动态特点。

春季干旱、多风，易造成砂质土壤表层遭受风蚀。当距地面10 cm的风速大于3 m/s时，粒径为0.25~0.5 mm的砂粒便可滚动；当风速大于5 m/s时，砂粒即开始跳跃运动；达到7 m/s，砂粒便以悬浮状态随风作较长距离的搬运；如果遇到10 m/s以上的大风则形成砂暴（可见度＜300 m）。根据多年的气象资料统计，菏泽市全年可出现砂暴的大风日累计在13 d以上，黄河故道近古河槽地段每年在20 d以上，大风造成土壤表层侵蚀，肥力降低。

此外，春季土壤温度回升快，有利于早播作物幼苗发育。夏季温度高，降水量集中，这一时期也是境内多种作物的生长旺季，土壤微生物活动旺盛，有利于土壤养分的矿化。冬季冻土层较薄，冻结的时间也比较短，有利于越冬作物的生长发育与安全越冬。冻土层的冻融交替也有利于改变土壤物理性状，促使土壤微团聚体形成，改善土壤水、气、热状况。

五、水文

（一）水系

菏泽市位于黄河与黄河故道三角地带，是华北平原新沉降盆地的一部分，除黄河滩区379 km^2为黄河流域外，其余11 849 km^2均属淮河流域南四湖水系。

市内河流主要有黄河、洙赵新河、万福河、东鱼河、太行堤河、黄河故道6个水系，支流45条，流域面积大于300 km^2的河流18条，长949 km，丰枯变化大，属季节性河流。

1. 黄河

黄河流经菏泽市西、北边境，自东明县王夹堤村入境，流经东明县、牡丹区、鄄城县、郓城县，至高堂进入济宁市的梁山境内，多年平均流经菏泽市水量 428 亿 m^3，是菏泽市的重要客水资源。

2. 洙赵新河

洙赵新河发源于东明县穆庄西，流经牡丹区北部、郓城县南部、巨野县中部，于济宁市刘官屯东北注入南阳湖，全长 140.7 km，境内长 102.2 km，流域面积4 206 km^2，境内4 119 km^2。穆庄至侯集闸为上游，侯集闸至丁庄为中游，丁庄以下为下游。

3. 万福河

万福河起源于定陶区仿山，下游于济宁市渔湾村入南四湖。万福河分上下两段，大薛庄以上属东鱼河水系，以下为万福河干流。大薛庄以下到湖口全长 77.3 km，境内河长 36.3 km，菏泽市、济宁市两地市边界流域面积 430 km^2。

4. 东鱼河

东鱼河原名红卫河，上起东明县刘楼，下至济宁市鱼台县姚村北注入昭阳湖，中经区内东明县、牡丹区、曹县、定陶区、成武县、单县 6 县区境，为区内南部主要排水河道，并接受河南省兰考县一部分客水。河道全长 174.7 km，其中境内长 123.2 km，流域面积共11 129 km^2，其中境内5 206 km^2。

5. 太行堤河

太行堤河流至江苏省入复新河，境内长 31 km，流域包括单县南部、曹县东南部，面积 467 km^2。

6. 黄河故道

黄河故道是清咸丰五年（1855 年）黄河北徙后所遗旧河道。故道从界牌集入曹县境，经杨堂、下河张庄、郭楼、田场、魏堤头、刘花园、葛台袁庄，在王六村南入单县境。全长 91 km，流域面积 381 km^2，其中曹县 231 km^2、单县 150 km^2。

（二）地下水

地下水主要指上层潜水。菏泽市地下水的基本特点是埋藏浅，具有不同程度的矿质化，属降水、蒸发的垂直运动型潜水。

1. 潜水的埋藏深度

潜水的埋藏深度与地形、成土母质有直接关系，季节性变化也很显著。本区地下水埋深状况与菏泽市微地形相吻合，潜水位随微地形的起伏而发生变化，在 0.5~8 m。总趋势是高地的潜水位较深，洼地、河槽地的潜水位较浅。

2. 潜水的化学特性

（1）矿化度。菏泽市的潜水为弱矿化水，矿化度多在 0.5~2.0 g/L。潜水矿化度与微地形的起伏有较大的关系。河滩高地的地下水矿化度在 0.5 g/L 以下；背河洼地的地下水矿化度较高，多在 5～10 g/L；洼坡地与碟形洼地交接处，地下水的矿化度多在 10 g/L 左右。矿化度的年变化以春季矿化度最大，夏季最小，年内变化为 0.03～0.20 g/L。

（2）化学组成。①氯离子（Cl^-）：潜水中 Cl^- 含量为 1～45 mg/L。②硫酸根离子（SO_4^{2-}）：当潜水的矿化度在 1～2 g/L 范围内，硫酸根离子的含量随矿化度高低变化不大；当矿化度大于 2.5 g/L 时，硫酸根离子的含量随着矿化度的增加而增加。③碳酸氢根离子（HCO_3^-）：潜水中碳酸氢根离子的含量多在 5～15 mg/L，最低的为 2 mg/L。因此，潜水的化学类型以碳酸氢盐-钠型水为主。长期用这种水灌溉，土壤中易积聚对作物生长有害的碳酸氢钠，使土壤的碱度增加。④钠离子（Na^+）：潜水中钠离子与矿化度的变化关系与氯离子相似，随着矿化度的增加，钠离子的含量不断增加。⑤镁离子（Mg^{2+}）：潜水中镁离子含量的变化与其他离子的变化不同，当潜水中的镁离子含量在 1～30 mg/L、潜水的矿化度小于 2.5 g/L 时，镁离子的含量随矿化度增加而缓慢增加；当矿化度大于 2.5 g/L、镁离子含量大于 10 mg/L 时，镁离子的含量随矿化度的增加而明显增加。

（三）潜水与土壤

潜水是黄泛平原土壤成土过程中的主导因素。因此，了解潜水的性质及动态状况，是研究本地区土壤形成、演变和土壤改良的主要内容。从全市地下水状况分析，地下水位埋藏较浅（小于 3.0 m 的约占总面积的 33%，3～5 m 的可占总面积的 50%），矿化度较高（0.5～2 g/L 的可占全市总面积的 93%），同时季节性变化明显，潜水埋藏浅和有季节性的升降活动，是潮土形成过程的主要因素。潜水埋藏浅使土壤剖面受到潜水的影响和控制，同时地下水季节性的频繁升降过程也促使铁的还原移动和氧化淀积，形成了独特的成土作用，即潮化作用。一般在土体中下部可形成较多的锈斑锈纹或细小的铁锰结核，土体含盐量在 0.1%左右，潮化作用使本地区广大平原形成了大面积的潮土。

在地形部位相对较高、潜水埋藏较深的地方，如河滩高地等，除特大多雨年份外，潜水埋深一般在潜水强烈蒸发深度 3 m 以下，潜水对土壤剖面上部水分的影响和作用相对减弱，农田中多生长耐旱的砂生指示植物，如节节草等。心土和底土沿根孔与裂隙间常见钙质假菌丝体和棕褐色黏粒淀积，说明土层上部有石灰的淋溶和黏粒的下移。土壤可溶性盐小于 0.1%，其盐分组成以碳酸氢盐为主，说明土壤已向地带性土壤——褐土化方向发展，即形成褐土化潮土，称为脱潮土。

在地形部位较低，同时又以砂壤土为主的地带，潜水埋深长时间活动在临界深度以上，土壤剖面受潜水的强烈活动影响和控制，潮土化过程就转变为盐渍化过程，形成盐化潮土。可溶性盐在表土开始积累，并影响作物的正常生长。在盐化过程持续存在并发展时，盐化加重，直到心土也发生盐化，潜水矿化度也相应提高，这样就由量变转化为质变，而形成各类型的潮盐土。

综上所述，在本地区存在着潮土化、脱潮化和盐碱化 3 种成土过程。其中，潮土化过程是本区最基本最普遍的成土过程。脱潮化过程是潮土地区的地下水状况进一步改善，潜水位下降或出流加强而产生的；显然，脱潮化过程是可逆的。盐碱化过程是潮土地区潜水状况进一步恶化，包括潜水位上升或出流减弱而产生的，也是可逆的。

六、植被

菏泽市属于中国植被区划中的暖温带南部落叶阔叶林区域。但由于历史悠久，长期人类活动的干扰与破坏，大面积的落叶阔叶林已经不复存在，现在的植被类型主要是天然次生和人工种植的落叶阔叶林和针叶林。

（一）森林植被

菏泽市共有各类木本植物 74 科 162 属。主要的乔木树种有杨、榆、槐、泡桐、臭椿、苦楝、白蜡、柏等，灌木主要有杞柳、紫穗槐等。全市野生植物有数百种，乔木主要包括水杉、银杏、杜仲等，灌木资源有枸杞等。经济树栽培以蔷薇科为主，其次是鼠李科、柿科、葡萄科、石榴科、胡桃科、芸香科等。常见草本植物资源有白茅、芦苇、香蒲、葎草、节节草、牛筋草、莨草、画眉草、喜旱莲子草、小蓬草、狗尾草、茵陈蒿、地肤、碱蓬等。

（二）农作物植被

菏泽市可供食用的植物有 700 多种，药用植物、菌类 100 多种。适于多类农作物栽培，农作物有禾本科、豆科、锦葵科、旋花科等作物，品种众多，主要有小麦、玉米、棉花、花生、大豆、水稻、甘薯和小杂粮等，其中小麦、玉米、棉花总产量居全省前列。蔬菜、瓜类品种繁多，主要有白菜、大蒜、西瓜、番茄、黄瓜、甜瓜、芦笋、芹菜、油菜、甘蓝、菜花、山药等，是全国著名的“西瓜之乡”“西红柿之乡”“芦笋之乡”“大蒜之乡”。菏泽市还是全国闻名的中药材生产基地，其中有名的药材有丹皮、半夏、地黄、天麻和木瓜等。

（三）水生植物

菏泽市经济水生植物资源主要有莲藕、蒲草、芦苇、茭白、水芹、慈姑等，其中莲藕、蒲草、芦苇的资源量较大。茭白、水芹、慈姑在部分河道、水库、较大的有水旧坑塘中有分布，资源量相对较少。近年还发现一年生水生草本植物——野菱，分布于菏泽市沿黄县区，野生于水塘、河沟内，其种子营养丰富，果肉鲜嫩，为国家Ⅱ级重点保护野生植物。

（四）植被与土壤

农业植被收获后，除秸秆被部分还田外，果实类基本上全部被人类带走，在土壤形成和发育过程中，仅起到部分生物积累作用，在改善生态环境、培肥地力方面起到一定作用。

落叶阔叶林，包括部分农田林网在内的落叶阔叶林对土壤形成的影响主要有2点：一方面可以降低风速，起到减少大风天数的作用；另一方面可以减少蒸发，起到调节田间小气候的作用。

沙生植被、湿生植被、灌草丛等多系深根植物，在固沙防蚀方面具有一定的作用。

第二节　土壤类型与分布

一、菏泽市土壤分类历史回顾

菏泽市属于古老农业区，农耕历史悠久，土壤资源利用充分，但在古代论及本地区土壤分类的内容却较少，仅在《尚书·禹贡》《治河三策》中有所提及。《尚书·禹贡》把该地区土壤类型曾划为黑坟，文中记载，“惟兖州（相当今河南、河北、山东交界处）……厥土黑坟”。西汉贾让在《治河三策》中指出“水行地上，凑涧上彻，民则病湿气，木皆立枯，卤不生谷”，概述了黄河下游各郡盐碱土的形成及其危害。

山东近代土壤分类研究起步较晚，且进展缓慢，涉及本地区土壤分类的著述有唯梭颇所著的《山东省土壤纪要》，其分类系统中所划分的石灰性冲积土系指黄泛平原土壤，在其《土壤分布略图》中包含了菏泽地区。石灰性冲积土约相当于现行土壤分类中的潮土（石灰性潮土）。

1949年新中国成立后，随着大规模土壤调查与勘测工作的开展，土壤分类系统日臻完善。1952年，为制定农业生产五年计划，在山东省农林厅主持下，对鲁西地区进行了全面调查，所编印的《山东省土壤勘察资料汇编（鲁西部分）》包括菏泽专区土壤概况调查报告，以及郓城县、单县、梁山县等县土壤调查报告及土壤图。其土壤分类主要依据质地划分出砂土、砂壤土、壤土、黏土等类型，此外还划分出盐碱土、山地土与湖积土等。同时，对各类土壤的性状、利用、存在的问题给予概述，并提出了改良培肥途径，这是本地区第一个土壤分类系统。但应指出的是，这种土壤类型划分和命名方式是缺少发生学理论依据的。

1953 年起，中国科学院土壤队与水利部协作，在治淮委员会的主持下，分别开展了华北平原土壤调查与淮河流域土壤勘测，认为黄泛平原地区地带性土类应为褐土，故将此地区划为褐土类型区，褐土之下相应地划出了淋溶褐土、草甸褐土、原始褐土及潜育褐土。此外，还划出了盐渍化土壤、碱化土壤与冲积土等土类。菏泽地区现在的潮土即相当于原始褐土；湿潮土约相当于潜育褐土。原始褐土之下还根据有无石灰性划分出了强石灰性原始褐土与无石灰性原始褐土，其中强石灰性原始褐土即相当于本地石灰性潮土。此外，根据质地层次排列又划分出砂质、壤质、上砂下黏等 21 个变种。盐渍化土壤后来改为盐渍化原始褐土（下层分出 16 个变种），碱化土壤改为碱化潜育褐土等。冲积土系指目前尚受泛滥影响的冲积性土壤。这个分类与以往相比，在分类系统性方面有所提高，但把本区划为褐土地带，并把许多受潜水影响，其属性又相差很大的土壤都分别作为褐土亚类是不妥的，这显然是以土壤地带性代替土壤分类的结果。

1958 年，山东省农业厅、山东省水利厅、山东农学院等单位编制的 1：100 万土壤图上，将本区平原地区土壤划为浅色草甸土，并说明本区土壤发生过程中受地下水影响，自然成土过程应为草甸过程，并为了区别于东北平原的暗色草甸土、草甸土，故命名为浅色草甸土，亦相当于现今的潮土。脱潮土当时划为褐土化浅色草甸土。1958—1960 年，菏泽地区也和全省、全国一样开展了大规模的群众性土壤普查。自公社、县以至地区都编制了土壤图与土壤志，并采用了群众习惯的土壤名称进行土壤类型划分。全区共进行了 4 级分类，此次分类的优点是按照群众习惯进行土壤基层分类和命名，其内容较丰富，生产特性突出，命名生动形象。但是由于当时的条件限制和较强的区域性，使分类及名称与其他地区产生“同土异名”或“同名异土”的情况，不利于交流。同时由于摒弃了发生学观点，可能将发生过程迥然不同的土壤混为一谈，在高级分类上也不便于交流。

1978 年制定的全国土壤分类系统，将黄泛平原具有潮化与旱耕熟化特点的土壤改为潮土，并明确指出这是华北平原主要的旱耕土壤类型。1979 年以后开展了山东省第二次土壤普查工作，山东省有关土壤专家，根据《山东省第二次土壤普查土壤工作分类方案》，结合本区实际，确定了分类原则、各级分类指标与依据，制定了统一的分类系统与命名方法，形成了迄今为止最为完善、系统的菏泽市土壤分类，该土壤分类系统表一直沿用至今。

二、土壤分类与分布

第二次土壤普查形成的菏泽市土壤分类系统（原为菏泽地区土壤分类系统表），是采用全国统一的土纲、亚纲、土类、土属、土种六级分类制中土类、亚类、土属、土种四级连续命名。高级分类采用发生学名称，沿用全国的统一名称；基层分类命名，充分体现群众命名的经验，更好地揭示土壤的生产属性，采用连续命名和俗名双名制。其中土类、亚类两级主要反映土壤形成过程的阶段和土壤性质的特性；土属以下主要反映成土过程中量的变化与生产性的差异。

（一）区内土壤分类与分布概述

菏泽市属暖温带半湿润型的季风气候类型，地带性植被为落叶阔叶林，在以生物、气候因素为主导的作用下，地带性土壤类型应为棕壤，但是在区内的残丘上分布的成土母质均为富钙母质，在过渡地带该类母质对土壤发育起了主要作用，故都发育成褐土或褐土性土或产生褐土化现象。平原地区地势平坦，潜水位高，且季节性变化频繁，在潜水参与下潮化作用显著，原始植被应为草甸植被，但是平原开发利用已久，人类经济活动频繁，故在旱耕作用下，大多发育成潮土。由于黄河多次泛滥沉积，微地形变化复杂，微地貌类型众多，因此，潮土分异出脱潮土、潮土、湿潮土、盐化潮土与碱化潮土等。在蒸发量大于降水量和土体中有可溶性盐存在的前提下，凡是地形低洼、潜水位过高（超过返盐临界深度）的地段均有盐土或碱土分布。此外，冲积风砂土也有零星存在。据此，全市土壤类型共有褐土、潮土、盐土、碱土、风砂土五大土类，共 11 个亚类及众多土属、土种等。五大土类中以潮土面积分布最多，盐土、风砂土、褐土、碱土分布面积很小。

（二）主要土壤类型

1. 潮土类

本区潮土是近代黄泛沉积物，是受地下水频繁活动影响，经过旱耕熟化而成的一类土壤类型。全市面积1 374.95万亩，占总土壤面积的 98.55%。潮土的成土母质具有富钙质和质地水平分布分异明显两大特点。从地下水埋深和矿化度可区别砂质潮土、壤质潮土和黏质潮土。一般砂质潮土的地下水埋深多在 3~5 m，其矿化度在 1 g/L 左右，水质较好，很少有超过 5 g/L 的。壤质潮土分布区地势稍低，地下水位多在 3 m 左右，矿化度在 2 g/L 左右。黏质潮土分布区的地势相对较低洼，地下水埋深多在 1.5 m 左右，矿化度为 1~2 g/L。

在各种自然条件和人为因素的影响下，年际及年内月际之间地下水埋深经常发生变化，促使土体中易溶物质上下移动，造成土体中下部易氧化的铁、锰等元素呈斑纹状氧化状态，并在土体中淀积，成为潮土的诊断特征。此外，人类的耕作活动加速了土壤的熟化，抑制了土壤积盐。人为活动对表土的影响最大，一般表现为表土层的熟化度较高，土壤中的水、气、热状况较为协调，且土壤养分状况较好；心土层和底土层则受人为活动的影响较微弱。

潮土在主导成土过程的基础上，因地下水活动频繁又附加有脱潮化、盐化、碱化、沼泽化成土过程，形成了土壤属性有别的多种土壤。按附加成土过程的差异，可划分为潮土、脱潮土、盐化潮土、碱化潮土 4 个亚类。

（1）潮土亚类。是潮土的典型亚类，其形成及属性同土类。根据第二次土壤普查数据，除当时的梁山县外，该亚类土壤面积共有1 125.89万亩，占潮土类面积的80.74%，广泛分布于全市各县区（表1-5）。根据沉积物的质地和沉积物的成因及分布，潮土亚类划分为砂质潮土、壤质潮土、黏质潮土、壤质淤灌潮土、黏质淤灌潮土、淤滩潮土 6 个土属。

表 1-5　各县区潮土亚类土壤面积分布　　单位：万亩

项目	合计	牡丹区	曹县	定陶区	成武县	单县	巨野县	郓城县	鄄城县	东明县
土壤面积	1 125.89	121.84	165.46	57.76	103.15	182.39	109.11	168.01	99.78	118.39

砂质潮土发育在黄泛决口扇形地的上部，面积占潮土亚类的37%。土壤颗粒较粗，表层质地轻，有锈纹锈斑层，地下水位深，土壤含水量小，排水性能好，土壤养分含量低。砂质潮土的 5 个土种以青砂土面积最大，占砂质潮土土属面积的 90%以上。

壤质潮土（俗称“两合土”或“莲花土”），主要分布在缓岗的中、下部或洼地的边缘，地势略低于砂质潮土，面积占潮土亚类的 47%，是本区的高产土壤。土壤表层质地为轻壤土或中壤土，土壤质地适中、松散，耕性好，适耕期较长，心土层有明显的锈纹锈斑，土壤透水性和保水性好，土壤养分含量高，保肥供肥能力强，是农民比较喜欢的土壤类型。壤质潮土按表层质地、土体构型和生产属性不同，可划分为 13 个土种，其中砂底两合土面积最大，蒙金莲花土次之，砂体两合土居第 3 位，夹砂莲花土面积最小。土种间耕层养分含量差别较大，土壤有机质、土壤全氮含量以黏体莲花土最高，砂体两合土最低。

壤质潮土的综合属性比砂质潮土好，培肥改良后肥力较高，适宜多种作物生长。从土壤养分状况来看，有机质、全氮、全磷、碱解氮、速效钾含量均比砂质潮土含量高。土壤有效磷含量受施肥水平的影响较大，不同地块含量差别较大，但其平均含量仍比砂质潮土高。在壤质潮土区实行科学配方施肥，能满足创高产的需要。

黏质潮土（俗称“淤土”），主要分布于菏泽市的几个低洼处，面积占潮土亚类的9.50%。成土母质属静水沉积物，质地黏重，多为重壤土或轻黏土，耕层土壤养分含量高，保肥能力强，但土壤耕性较差，适耕期短，耕层土壤容重较小，剖面心位有明显的锈纹锈斑，地下水埋深在1~2 m，一般分布在蝶形洼地，地势较周围低，夏季易积水成内涝。

壤质淤灌潮土和黏质淤灌潮土，是人们引黄淤灌形成的土壤，表层质地为壤质或黏质，分别占潮土亚类面积的0.5%和2.8%。淤灌潮土分布在黄河大堤以西，东明、鄄城、郓城3县。

（2）脱潮土亚类。脱潮土也称褐土化潮土，其分布的地形部位比较高，分别称为“岗砂土”“岗两合土”“岗淤土”。脱潮土的总面积70余万亩，占潮土土类面积的5%。脱潮土主要分布在曹县、定陶、单县境内。根据表层土壤质地的不同，可划分为砂质脱潮土、壤质脱潮土、黏质脱潮土。

（3）盐化潮土亚类。俗称“盐碱地”，是菏泽市的主要低产土壤。盐化潮土在全市各县区均有分布，面积为175.60万亩，占潮土土类面积的12.59%（表1-6）。

表1-6　各县区盐化潮土亚类土壤面积分布　　单位：万亩

项目	合计	牡丹区	曹县	定陶区	成武县	单县	巨野县	郓城县	鄄城县	东明县
土壤面积	175.60	24.94	32.19	10.30	10.76	10.39	36.56	17.11	14.61	18.74

由于地下潜水位高，地面蒸发量大，含有较多可溶性盐类，造成表土积盐，耕层土壤含盐量一般在0.068%~0.580%，是全市的主要低产土壤。按其离子组成可分为氯化物盐化潮土和硫酸盐盐化潮土2个土属。

（4）碱化潮土亚类。碱化潮土是由盐化潮土及其他盐渍土壤或潮土发育而成，在菏泽市的面积较小，分布零星，多与盐化潮土呈复区分布，主要分布于东明县、曹县、郓城县境内。

2. 盐土类

区内盐土主要是潮盐土亚类，面积为9.56万亩，占全市总土壤面积的0.69%。根据土壤的盐分组成，潮盐土可划分为砂质硫酸盐氯化物潮盐土、壤质硫酸盐氯化物潮盐土和砂质苏打潮盐土3个土属。潮盐土主要分布在牡丹区、曹县、单县、巨野县、东明县5县区。

3. 碱土类

区内碱土主要是潮碱土亚类，且零星分布在黄河故道的背河洼地上，仅分布在曹县境内。潮碱土常与碱化土、盐化土呈复区分布。

4. 风砂土类

风砂土又名“飞沙土”，本区总面积 8.82 万亩，主要分布在东明县、曹县、单县。亚类主要为半固定风砂土亚类和固定风砂土亚类。

5. 褐土类

区内褐土仅在巨野县的低山残丘钙质母岩上有分布。

第三节 农业资源与利用

一、土壤资源

根据《菏泽市第三次国土调查主要数据公报》，以 2019 年 12 月 31 日为标准时点，全市主要土地数据如下。

（1）耕地770 662.95 hm^2（1 155.99万亩）。其中，水浇地766 488.21 hm^2（1 149.73万亩），占 99.46%；旱地 3 395.32 hm^2（5.09 万亩），占 0.44%；水田 779.42 hm^2（1.17 万亩），占0.10%。曹县、郓城县、单县 3 个县区的耕地面积占全市耕地的 43.43%。

全市位于 2°以下（含 2°）坡度的耕地770 100 hm^2（1 155.15万亩），占全市耕地总面积的 99.93%；位于 2°~6°（含 6°）坡度的耕地 456.42 hm^2（0.68 万亩），占 0.06%；位于 6°~15°（含 15°）坡度的耕地 105.73 hm^2（0.16 万亩），占 0.01%；位于 15°~25°（含 25°）坡度的耕地 0.8 hm^2（0.001 万亩）。

（2）种植园用地 15 169.1 hm^2（22.75 万亩）。其中，果园 12 666.27 hm^2（19 万亩），占 83.50%；其他园地 2 502.83 hm^2（3.75 万亩），占 16.50%。种植园地主要分布在牡丹区、单县、定陶区、巨野县，占全市园地的 62.12%。

（3）林地 84 093.13 hm^2（126.14 万亩）。其中，其他林地 34 289.76 hm^2（51.44 万亩），占 40.78%；乔木林地 49 802.77 hm^2（74.70 万亩），占 59.22%；竹林地 0.6 hm^2。林地主要分布在曹县、牡丹区、单县、郓城县，占全市林地的 64.86%。

（4）草地 1 974.29 hm^2（2.96 万亩），全部为其他草地。草地主要分布在东明县、曹县、牡丹区，占全市草地的 65.02%。

（5）湿地 373.01 hm^2（0.56 万亩）。湿地是“三调”新增的一级地类，包括 7 个二级地类，菏泽市只涉及内陆滩涂 1 个地类。主要分布在东明县、鄄城县、曹县、牡丹区，占全市内陆滩涂的 95.99%。

（6）水域及水利设施用地 72 142.55 hm^2（108.21 万亩）。其中，河流水面19 592.47 hm^2（29.39 万亩），占 27.16%；湖泊水面 1 935.43（2.90 万亩），占 2.68%；水库水面2 411.72 hm^2（3.62 万亩），占 3.34%；坑塘水面 12 335.29 hm^2（18.50 万亩），占 17.10%；沟渠 28 320.08 hm^2（42.48 万亩），占 39.26%；水工建筑用地7 547.56 hm^2（11.32 万亩），占 10.46%。主要分布在东明县、郓城县、曹县、牡丹区、单县，占全市水域及水利设施用地的 66.96%。

二、水资源

菏泽市多年平均降水量 661.6 mm，当地水资源量 20.61 亿 m^3，人均当地水资源占有量 243 m^3。“十二五”期间，山东省分配菏泽市水资源年可利用总量 24.75 亿 m^3，其中，地表水 1.94 亿 m^3、地下水 12.75 亿 m^3，引黄河水 9.31 亿 m^3，南水北调水量 0.75 亿 m^3。

全市引黄灌区 8 处，机井保有量 13.5 万眼。

三、植物资源

菏泽市农作物包括禾本科、豆科、锦葵科、旋花科等作物，主要有小麦、玉米、棉花、花生、大豆和小杂粮等，其中小麦、玉米、棉花总产量居全省前列。蔬菜、瓜果主要有白菜、大蒜、西瓜、番茄、黄瓜、芦笋、油菜、山药等，是全国著名的“芦笋之乡”“大蒜之乡”。菏泽市还是全国闻名的中药材生产基地，其中有名的药材有丹皮、半夏、地黄、天麻和木瓜等。菏泽市主要的乔木树种有杨、榆、槐、泡桐等，灌木主要有杞柳、紫穗槐等。经济树栽培以蔷薇科为主，其次是鼠李科、柿科、葡萄科等。菏泽市经济水生植物中莲藕、蒲草、芦苇的资源量较大。

四、动物资源

（一）野生动物

陆生野生动物有 300 余种。鸟类 200 余种，其中国家一、二级保护动物 20 余种，包括大天鹅、小天鹅、白额雁、灰鹤等。两栖类动物 8 种，其中黑斑蛙和金线蛙为山东省重点保护动物。兽类 19 种，其中属山东省重点保护野生动物的有 5 种，分别是赤狐、黄鼬、狗獾、豹猫、麝鼹。爬行类动物有无蹼壁虎、丽斑麻蜥、赤链蛇、黑眉锦蛇、白条锦蛇、红点锦蛇等 10 种。

（二）家养动物

菏泽市是山东省乃至全国家畜禽养殖大市，域内养殖的家畜家禽主要有牛、马、驴、骡、猪、羊、兔、狗、猫、鸡、鸭、鹅、水貂、鹌鹑、鸽等，其中，牛、羊是强项，羊的饲养量居全国农区第1位，占全省1/3，养牛列全国第3位，是国家确立的牛、羊出口基地。鲁西黄牛体躯雄壮，肌肉发达，役肉兼用；青山羊体小，省饲料、易管理、繁殖率高，其毛皮是世界著名的三大毛皮品种之一；小尾寒羊具有生长快、繁殖率高、遗传性稳定的特点，肉裘兼用，鲁西黄牛、青山羊、小尾寒羊被称为三大“国宝”。斗鸡是中国珍贵禽类，仅在成武县、鄄城县、牡丹区有少量饲养。

（三）鱼类

全市自然鱼类主要有鲤鱼、鲫鱼、草鱼、鲢鱼、鳙鱼、青鱼、鳊鱼、鲂鱼、鲶鱼、黄鳝、乌鳢、泥鳅、花鳅、黄颡、翘嘴鱼白、细鳞斜颌鲴、花鱼骨、麦穗鱼、棒花鱼、鲦鱼、鳑鲏、虾虎鱼、鳜鱼、赤眼鳟等。这些鱼类主要分布于黄河、黄河故道、境内现行流水河道和其他故旧有水河道，以及水库、湖泊、坑塘、湿地等自然水体中。在资源量上，以鲫鱼、鲤鱼、草鱼、鲢鱼、泥鳅、麦穗鱼、棒花鱼、鲦鱼等鱼类的资源量为多，尤其是鲫鱼、鲦鱼等，资源量较大。引进鱼类主要有福瑞鲤、豫选黄河鲤鱼、黄金鲫、异育银鲫、罗非鱼、台湾泥鳅、加州鲈鱼、斑点叉尾鮰、革胡子鲶等。罗非鱼、革胡子鲶为热带性鱼类，在市内不能自然越冬。

（四）其他水生动物

其他水生动物自然资源有中华鳖、乌龟、青虾、螺蛳、河蚌、青蛙、蟾蜍等。中华鳖主要分布于黄河，以及区内部分大水面及老坑塘中，其自然资源量处于下降趋势，然而人工养殖的资源量却不断增多。乌龟的资源量甚少，仅偶有发现。青虾分布较为广泛，尤以河道、自然坑塘分布为多。引进的水生动物主要有南美白对虾、小龙虾、河蟹、红耳龟（巴西龟）等。南美白对虾为热带性虾类，在市内不能自然越冬。

第四节 农业生产与农业产业情况

菏泽市耕地面积1 155.9万亩，其中永久基本农田1 010.21万亩，沃野千里，地势平坦，光热充足，雨量充沛，旱能浇、涝能排，农业发展的自然条件得天独厚，是山东省乃至全国重要的粮棉油生产基地。农产品品种丰富多样，是山东省重要的“粮袋子”“菜篮子”“果盘子”，粮食产量占全省1/7，蔬菜产量占全省1/10，瓜果产量占全省1/4。近年来，菏泽市委、市政府认真贯彻落实习近平总书记“三农”工作重要论述，始终把农业农村工作摆上重要位置，在确保粮食和重要农产品稳产保供上展现新担当、新作为，稳住了农业基本盘，筑牢了“三农”压舱石。

根据《2021年菏泽市国民经济和社会发展统计公报》，2021年全市农林牧渔及其服务业总产值686.99亿元，按可比价格计算，比上年增长9.0%，其中农业产值420.17亿元，增长6.0%。

一、农业生产情况

（一）粮油生产

菏泽市现有耕地面积1 155.9万亩，粮油作物主要有小麦、玉米、大豆、水稻、花生、棉花等。2021年，全市粮食作物播种面积1 783.61万亩，比上年增加10.04万亩，粮食总产787.70万t，粮食平均亩产441.64 kg。其中，2021小麦生产获得丰收，实现种植面积、总产、单产“三增”，收获小麦面积922.58万亩，总产407.02万t，单产441.18 kg/亩；玉米播种面积809.41万亩，总产365.84万t，单产451.98 kg/亩；大豆播种面积37.57万亩，总产8.03万t，单产213.58 kg/亩；水稻播种面积4.57万亩，总产2.64万t，单产577.07 kg/亩；花生播种面积66.96万亩，总产20.35万t，单产304 kg/亩；棉花播种面积45.00万亩，总产4.18万t，单产93 kg/亩。近几年，随着国家粮食绿色高质高效项目的实施、惠农政策的落实、耕地质量的提升和作物科学管理技术的提高，小麦、玉米等粮食作物播种面积和产量稳中有升，全市粮食综合生产能力不断加强。

（二）蔬菜生产

2021年，全市蔬菜（含食用菌）种植面积313.59万亩，总产量972.23万t，总产值为185.39亿元。设施蔬菜播种面积约59.82万亩，其中温室约10.52万亩、大拱棚约38.18万亩、中小拱棚约11.12万亩。菏泽市种植面积在10万亩以上的蔬菜种类有大蒜、辣椒、黄瓜、油菜、番茄、茄子、芹菜、菠菜和白菜。近年来，菏泽市的蔬菜产业布局日趋合理，特色蔬菜基地已成规模优势（巨野县、成武县、单县的大蒜，曹县芦笋和小油菜等），标准化生产技术不断完善，产品质量不断提升。

（三）瓜果、林果生产

2021年，全市瓜果面积约90.00万亩，总产303.10万t。其中，西瓜播种73.63万亩，总产253.44万t，主要分布在东明县、牡丹区、定陶区和单县等县区；甜瓜播种面积 15.50 万亩，总产 47.86 万 t，主要分布在牡丹区；草莓面积 0.86 万亩，总产 1.76 万 t。2021 年，全市林果面积 24.42 万亩，总产 51.87 万 t。其中苹果园、桃园、梨园和葡萄园面积较大，樱桃、猕猴桃、枣园等其他果园面积较小。聚焦特色农产品优势区和现代农业产业园等，打造一批品质过硬、特色突出、竞争力强的精品区域公用品牌，其中“菏泽黄梨”被评为山东省知名农产品区域公用品牌，东明西瓜、南王店西瓜入选国家名优农产品目录。

（四）畜牧业生产

2021 年，全市牛存栏约 24.76 万头，其中奶牛 5.56 万头、肉牛 19.20 万头，当年出售和自宰的肉用牛 24.50 万头；猪存栏 342.07 万头，出栏 508.59 万头；羊存栏 285.48 万头，其中山羊 106.20 万头、绵羊 179.28 万头，出栏 419.82 万头；家禽存栏量 6 609.66万只，出栏量 12 302.18万只。肉类总产量约 70.83 万 t，其中猪肉约 40.90 万 t、牛肉约 5.13 万 t、羊肉约 6.07 万 t、禽肉约 18.73 万 t；牛奶产量约 18.11 万 t；禽蛋产量约 46.70 万 t。2021 年，全市畜牧业产值 208.22 亿元，同比增长 19.6%，占农林牧渔业总产值的 30.31%。

（五）渔业生产

2021 年，全市水产养殖面积约 14 898 hm^2，曹县、单县、东明县和成武县面积较大，定陶区和牡丹区水产养殖面积较小。全市水产品产量约 8.54 万 t，其中淡水捕捞约 0.50 万 t，淡水养殖约 8.04 万 t。淡水养殖以鱼类为主，产量占比 98.06%，其次是甲壳类和其他类。2021 年，全市渔业产值 17.74 亿元，同比增长 5.2%，占农林牧渔业总产值的 2.58%。

（六）农业生产机械

2021 年，全市农机总动力达到10 937 526 kW，农用拖拉机保有量 9.38 万台，深松机5 592台，精量播种机44 756台，农用水泵235 038台，联合收获机44 848台，机动脱粒机43 539台，农产品初加工动力机械89 089台。2021 年，全市机耕面积 89.27 万亩，机播面积 134.16 万亩，机电灌溉面积 81.74 万亩，机械植保面积 82.02 万亩，机收面积 127.14 万亩，机械化秸秆还田面积 93.86 万亩。农业机械化在现代农业发展和乡村振兴进程中起到不可替代的基础性作用，农业生产机械呈现健康发展的良好态势。

（七）农业品牌建设

聚焦特色农产品优势区和现代农业产业园等，打造一批品质过硬、特色突出、竞争力强的精品区域公用品牌。加强科技创新、质量管理、市场营销，打造一批产品优、信誉好、产业带动性强、具有核心竞争力的合作社品牌、家庭农场品牌和农业领军企业品牌。围绕休闲农业、乡村服务业等，打造一批新型农业服务品牌。“菏泽牡丹”“菏泽黄梨”“曹县芦笋”“陈集山药”4个品牌被评为山东省知名农产品区域公用品牌。县区打造了“好郓来”“单养千秋”“世外陶园”“成武严选”“好相邻”“曹献优选”等多个农产品区域公用品牌。东明西瓜、陈集山药、南王店西瓜入选国家名优农产品目录。全市共获批创建省级现代农业产业园7个，其中已认定2个，认定市级现代农业产业园16个，国家级、省级特色农产品优势区各1个，新增省级知名农产品企业产品品牌6个，总数达到31个。

（八）数字农业建设

菏泽市大力发展数字智慧农业，着力提升农业信息化管理水平。定陶区依托国家数字农业创新应用基地建设项目，规划建设1万亩应用基地，1 000亩核心示范区，建设“天空地一体化”遥感监测系统、大田农机智能装备服务系统、水肥一体化智慧管控系统、大田物联网监测系统、数字农业科技管理服务中心建设、基地基础网络建设和数字应用推广基地水平提升等项目。田间土壤传感器和卫星遥感技术监测作物长势和土壤墒情，通过后台分析，远程控制喷洒农药、灌溉、施肥等一系列田间管理措施，实时监控和远程控制相结合，实现农业生产的自动化和智慧化，打造了数字农业示范样板。通过搭建生产信息管理系统，连贯饲养管理、畜禽防疫、病死畜禽无害化处理等各个环节，对养殖管理和产品服务实现“数字化”，部分实现了全过程智能化。2019年以来，全市累计创建智慧畜牧业应用基地12个、智能牧场7个、生猪数字化联合育种企业2个。

二、发展优势和潜力

（一）乡村振兴战略稳步推进

建立了“1+1+5”政策规划体系，编制印发《菏泽市乡村振兴战略规划（2018—2022年）》，搭建了实施乡村振兴战略的四梁八柱；配套编制了5个振兴专项方案，成立乡村振兴5个工作专班，每个专班由2名市级领导任组长，明确专班职责、重点任务、责任领导。2019年起，围绕产业、生态和文化3个方面，每年着力打造100个乡村振兴重点项目。建立绩效考核机制，印发《菏泽市县区、乡镇（办事处）党政领导班子和领导干部推进乡村振兴战略实绩考核实施细则》，将乡村振兴重点工作纳入考核范围，加快乡村振兴高质量发展。印发《关于全面推进乡村振兴加快农业农村现代化的实施意见》等重要文件，并抓好贯彻落实。深入学习实施《中国共产党农村工作条例》，健全市县乡村四级书记抓落实的农村工作领导体制。协调乡村振兴5个工作专班，梳理印发乡村振兴典型案例，对县乡村三级党组织书记开展乡村振兴轮训。

（二）农业综合生产能力不断增强

聚焦“稳粮增收”目标，严守耕地保护红线，划定永久基本农田1 053万亩，划定粮食生产功能区和棉花生产保护区865万亩。2021年全市全年粮食种植面积1 820.56万亩，比上年增加46.99万亩。夏粮生产获得丰收，与上年相比呈现“三增”趋势。耕地质量稳步提升，大力推进高标准农田建设，2019—2021年建设高标准农田222.5万亩；深入实施耕地质量保护提升和化肥减量增效、有机肥替代化肥等项目，测土配方施肥技术覆盖率达95%，推广水肥一体化应用面积38.16万亩，实施耕地轮作休耕试点47万亩。面对有记录以来全市平均降水量最高纪录和持续强降水影响，主动协调，强化督导，全力组织进行农田排涝和“三秋”生产指导，组织农技人员4 500余人次深入受灾一线，努力将影响降到最低。

（三）乡村产业融合水平平稳加快

2013年以来，全市农副产品加工业持续稳定恢复，1—9月全市规模以上农副产品加工企业995家，实现营业收入934.4亿元，同比增长38.44%；利润总额33.7亿元，同比增长45.65%。农业产业化省级以上重点龙头企业发展到64家，基本形成农副食品加工、纺织、林木加工3个产业集群。东明县小井镇获批2021年国家农业产业强镇项目，曹县、郓城县获批国家沿黄肉牛产业集群项目，曹县入选第一批省农产品出口产业集聚区。定陶区、郓城县省级现代农业产业园通过省级验收，被认定为首批省级现代农业产业园；加快创建鄄城县、成武县、巨野县、单县省级现代农业产业园。全国“一村一品”示范村镇达21个，全国乡村特色产业十亿元镇5个、亿元村1个，巨野县核桃园镇前王庄村入选中国美丽休闲乡村公示名单。

（四）农产品质量安全水平不断提升

积极开展试行食用农产品合格证制度，2013年以来开具食用农产品合格证37 097张，附带合格证上市农产品41 616.78 t。持续开展“三品一标”产品认证工作，不断扩大“三品一标”农产品市场占有率，2013年新认证绿色食品产品19个、无公害农产品51个，成功续报“东明县全国绿色食品原料（西瓜）标准化生产基地”，曹县绿芦笋、白芦笋入选全国名特优新目录产品。推进农产品安全监管体系建设，完善县、乡、基地、市场四级检测体系，全市涉农乡镇（街区）全部设立农产品质量监管站，实现了检测监管全覆盖。开展农产品质量安全信用评价，累计推报1 000余家涉农市场主体信用信息至山东省农产品质量安全信用信息平台。

（五）农村环境面貌持续改善

紧紧围绕“三清一改”，以创建“清洁村庄星级村”活动为抓手，大力开展乡村庄清洁行动；以秸秆、农膜废弃物资源化利用为重点，大力推进农业农村污染治理工作，秸秆综合利用率、废旧农用地膜离田率、畜禽粪污综合利用率分别达到92.0%、82.8%、91.3%。稳妥推进美丽宜居乡村建设，切实巩固问题整改成效，加快安置区建设进度。持续推进美丽乡村建设，建成省级美丽乡村示范村152个、市级美丽乡村299个，2021年100个省市级美丽乡村持续建设中，村容村貌、基础设施等均有了较大改观。

（六）农业农村改革稳妥推进

积极推荐上报定陶区为乡村振兴政策集成改革试点申报县区。完成800余家各级示范社信息和20 733家家庭农场（规模经营户）信息录入，清理978家“空壳社”。开展年度农村集体清产核资工作，全市共有6 431个村集体经济组织开展了清产核资。做好村和城市社区干部任期和离任经济责任审计工作，已完成专项审计的村庄4 781个、城市社区224个。多渠道推进农业规模经营，积极推动流转带动型、服务带动型规模经营，促进土地资源集约利用。

第二章 耕地调查采样与分析

耕地调查是耕地地力评价、养分评价、土壤配肥与改良利用的基础。菏泽市耕地调查采样以县区为单位，主要包括采样地块基本情况与农户施肥情况调查、土壤样品采集、室内化验、数据处理等环节。样品的采集与分析是耕地地力评价的基础，在充分考虑土壤类型、用地现状、作物品种等因素的基础上，按照典型性、代表性、广泛性的布点原则统一布点，用 GPS 定点取样，根据《测土配方施肥技术规范》测试分析要求进行化验分析，为耕地地力评价提供最基础的资料。

第一节 土壤样品的布点与采集

一、土壤样品的布点

（一）布点原则

1. 土种优先原则

土种是确定评价单元的依据，每个土种均有样点是评价的基础。菏泽市 95 个耕地面积较大的土种，根据耕地面积布点；耕地面积较小的土种，控制样点数量不低于 3 个。

2. 用地类型兼顾原则

菏泽市耕地类型分为粮田、菜地、园地 3 个用地类型。土样布点按照各种用地类型面积确定样点数量。

3. 种植作物兼顾原则

对全市小麦、玉米、大蒜、花生、果树等种植作物进行均匀布点，保证常见作物有样点、有调查。种植面积较大的作物要适当考虑种植年限、种植方式、土壤肥力水平等。

4. 代表性、均匀性原则

样点在土壤类型、用地类型、种植作物等方面具有广泛的代表性；各样点在土地利用现状图上均匀分布，便于评价过程的插值处理。

5. 布点与修正兼顾原则

土样采集原则上以布点为主，对布点要求与实际不符时，采样过程中要进行适当的调整，调整内容要求图上有标注、表中有记录。

（二）布点方法

1. 大田土样布点方法

将菏泽市的土壤图与土地利用现状图叠加，在土地利用现状上形成有评价单元的工作草图。根据总采样点数量、平均每个点代表面积，初步确定每个评价单元采样点数。在各评价单元中，根据图斑大小、种植制度、种植作物种类、产量水平、梯田化水平等因素，确定布点数量和点位；再根据评价单元布点原则选定耕地分级评价布点数量和点位，并在图上标注采样编号，耕地分级评价点位加注 Y 以示区别，形成点位图。

2. 蔬菜地土样布点方法

在土地利用现状图上，勾绘蔬菜地设施类型（日光温室、塑料大棚、露天菜地）分布图，再与土壤图叠加，形成评价单元。根据总采样点数量、平均每个点代表面积，初步确定各评价单元的采样点数。在各评价单元中，根据图斑大小、蔬菜地类型、棚龄或种菜年限等因素，确定布点数量和点位；再根据耕地分级评价布点原则选定耕地分级评价布点数量和点位，并在图上标注采样编号，耕地分级评价点位加注 P 以示区别，形成点位图。

3. 果园地土样布点方法

在土地利用现状图上，野外补充调查完善果园分布，依据果园分布图，并与土壤图叠加，形成评价单元。根据总采样点数量、平均每个点代表面积，初步确定各评价单元的采样点数，并在图上标注采样编号，形成点位图。

4. 水样布点方法

以县为单位，根据水系、水源类型以及灌溉面积和作物种类确定采样点数。

5. 植株样布点方法

以县为单位，选择主要种植农作物种类，按高、中、低肥力水平各取不少于 1 组 3414 试验中标记为 1、2、4、8、6 处理的植株样品，有条件的采集 3414 试验中所有处理的植株样品用于分析化验。

二、土壤样品的采集

（一）土样样品的采集

地力评价的土壤样品必须具有较强的代表性和可比性，并要根据不同分析项目采取相应的采样方法和处理方法。

1. 采样方法

（1）大田土样采样方法。在秋季作物收获前，根据点位图，到点位所在的村庄，了解当地农业生产情况后确定具有代表性的田块进行采样，采样深度0~20 cm。长方形地块采用“S”法布点（图2-1），方形地块和不规则地块采用“棋盘”法布点(图2-2)，采集16~20个点，充分混合后，四分法留取1 kg，填写2张标签，内外各放1张。田块面积要求在1亩以上，用GPS定位仪进行准确定位，修正原点位，并在图上准确标注。

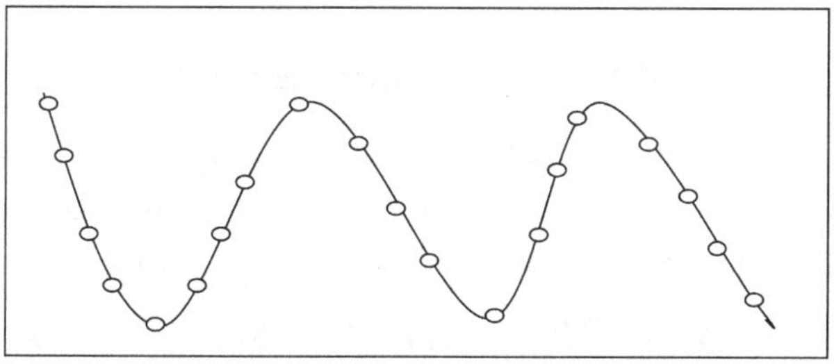

图2-1　土壤样品采集“S”法示意图

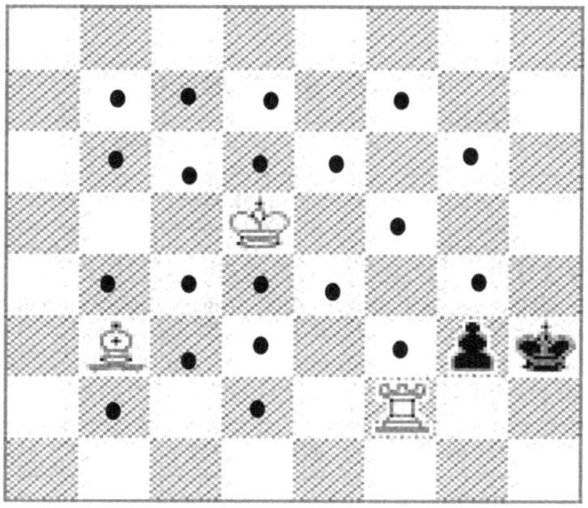

图2-2　土壤样品采集“棋盘”法示意图

（2）蔬菜地土样采样方法。保护地在主导蔬菜收获后的晾棚期间采样。露天菜地在主导蔬菜收获后，下茬蔬菜施肥前采样。根据点位图，到点位所在的村庄，确定具有代表性的蔬菜地进行采样。耕层样采样深度0~25 cm，典型地块亚耕层采样深度26~50 cm，采用“S”法，采集16~20个点，按照沟、垄面积比例（图2-3）确定沟、垄取土点位的比例和数量，土样充分混合后，四分法留取1 kg，填写2张标签，内外各放一张。用GPS进行准确定位，修正原点位，并在图上准确标注。

图 2-3 沟、垄面积比例法示意图

（3）果园土样采样方法。在果实收获后，未施用底肥前采样。根据点位图，到点位所在的果园，根据树龄、树式确定具有代表性的果树进行采样。果园采样要选择 10 棵果树，以树干为圆点向外延伸到树冠边缘的 2/3 处采集，每株对角采 2 点。样品分层采集，采样深度 0~20 cm、20~40 cm。

2. 样品的标记

采集的样品放入统一的样品袋，用铅笔写好标签，内外各放 1 张，标签内容如表 2-1 所示。

表 2-1 土壤采样标签

统一编号：	邮编：
采样时间： 年 月 日 时	土壤类型：
采样地点： 市 镇（街道） 村 地块	农户名：
地块在村的（中部、东部、南部、西部、北部、东南、西南、东北、西北）	
采样深度：① 0~20 cm ② 0~25 cm ③ 0~40 cm ④ cm（不是①②③的，在④上填写）该土样由点混合（规范要求 15~20 点）	
经度： 度 分 秒	纬度： 度 分 秒
采样人：	联系电话：

（二）水样采样方法

水样在灌溉高峰期采集。采样时用 500 mL 聚乙烯瓶在抽水机出口处或农渠出水口采集 4 瓶，记载水源类型、取样时间、取样人等内容。采集后尽快送化验室，根据测定项目当日进行化验，或加入稳定剂后在规定的时间内尽快化验，以保证化验数据的准确性。

（三）植株样采样方法

在蔬菜、果品的收获盛期采集。采用“棋盘”法，采样点 10～15 个。蔬菜采集可食部分，对于个体大的样品，可先纵向对称切成 4 份或 8 份后，四分法留取 2 kg。果品在上、中、下、内、外均匀采摘，四分法留取 2～3 kg。

（四）采样关键技术的确定

1. 布点和采样方法的确定

在第二次土壤普查时由于常年实行集体生产经营制，农业生产管理，如种植制度、施肥、浇水等技术十分相似，采样主要按行政区域均匀布点。第二次土壤普查后农村实行土地承包制，耕地的管理方式、种植制度、施肥、浇水等都由个人决定，长期以来耕地肥力水平出现了较大的差异。如果仍均匀布点，土样就是一个各种肥力水平的混合样，只能反映出来一个平均水平，代表不了高、中、低肥力水平，无法准确指导科学施肥，所以布点时以评价单元为基础布点，典型地块上采样采用同样的方式。

2. 采样时间的确定

一般来讲，通过采样所获取的数据应该是一个生育周期结束后，第二个周期开始前的数据，与以往调查、试验的数据相比具有继承性，也有可遵循的施肥指标体系。据此，菏泽市小麦-玉米、大蒜-辣椒等一年两作作物的土壤，在秋季作物收获前，约 9 月采样。保护地在主导蔬菜收获后的晾棚期间采样；露天菜地在主导蔬菜收获后，下茬蔬菜施肥前采样；果园在果实收获后，未施用底肥前采样。

3. 蔬菜地沟、垄采样点比例的确定

蔬菜地在施肥与浇水管理环节上与大田作物明显不同，一般在垄上种植，沟里施肥，一个周期下来造成沟、垄土壤养分含量差异很大。如果只采垄上土壤，则养分含量低；如果只采沟里土壤，则养分含量就高。二者都不能真实反映土壤养分状况，因此按照沟、垄面积比例确定沟、垄取土点位的比例。

4. 采样点的 GPS 定位

利用 GPS 对采样点定位，提高了采样点位的准确性，也为采样点的录入、成果图编制的自动化和准确性奠定了基础。

三、调查内容及调查表的填写

调查表格涉及采样地块的立地条件、农户施肥管理、产量水平等众多内容，是耕地地力评价的基础材料之一，许多因素是耕地评价的指标，因此调查表要按要求认真填写。在调查前组织野外调查人员认真阅读填表说明，统一培训并模拟填写，调查表如表 2-2、表 2-3 所示。

表 2-2　测土配方施肥采样地块基本情况调查表

统一编号：　　　调查组号：　　　采样序号：

采样目的：　　　采样日期：　　　上次采样日期：

地理位置	省（市）名称		地（市）名称		县（旗）名称	
	乡（镇）名称		村组名称		邮政编码	
	农户名称		地块名称		电话号码	
	地块位置		距村距离/m			
	纬度（度：分：秒）		经度（度：分：秒）		海拔高度/m	
自然条件	地貌类型		地形部位			
	地面坡度/（°）		田面坡度/（°）		坡向	
	通常地下水位/m		最浅地下水位/m		最深地下水位/m	
	常年降水量/mm		常年有效积温/℃		常年无霜期/d	
生产条件	农田基础设施		排水能力		灌溉能力	
	水源条件		输水方式		灌溉方式	
	熟制		典型种植制度		常年产量水平/（kg/亩）	
土壤情况	土类		亚类		土属	
	土种		俗名			
	成土母质		剖面构型		土壤质地（手测）	
	土壤结构		障碍因素		侵蚀程度	
	耕层厚度/cm		采样深度/cm			
	田块面积/亩		代表面积/亩			
来年种植意向	茬口	第一季	第二季	第三季	第四季	第五季
	作物名称					
	品种名称					
	目标产量					
采样调查单位	单位名称		联系人			
	地址		邮政编码			
	电话		传真		采样调查人	
	E-mail					

注：每个取样地块一张表。

表 2-3　农户施肥情况调查表

统一编号：

<table>
<tr><td rowspan="4">施肥相关情况</td><td colspan="2">生长季节</td><td colspan="2"></td><td colspan="2">作物名称</td><td colspan="2"></td><td>品种名称</td><td></td></tr>
<tr><td colspan="2">播种季节</td><td colspan="2"></td><td colspan="2">收获日期</td><td colspan="2"></td><td>产量水平</td><td></td></tr>
<tr><td colspan="2">生长期内降水次数</td><td colspan="2"></td><td colspan="2">生长期内降水总量</td><td colspan="2"></td><td>—</td><td>—</td></tr>
<tr><td colspan="2">生长期内灌水次数</td><td colspan="2"></td><td colspan="2">生长期内灌水总量</td><td colspan="2"></td><td>灾害情况</td><td></td></tr>
<tr><td rowspan="5">推荐施肥情况</td><td colspan="2">是否推荐施肥指导</td><td></td><td>推荐单位性质</td><td></td><td>推荐单位名称</td><td colspan="2"></td><td colspan="2">有机肥/（kg/亩）</td></tr>
<tr><td rowspan="4">配方内容</td><td rowspan="3">目标产量/（kg/亩）</td><td rowspan="3">推荐肥料成本/（元/亩）</td><td colspan="5">化肥/（kg/亩）</td><td rowspan="3">肥料名称</td><td rowspan="3">实物量</td></tr>
<tr><td colspan="3">大量元素</td><td colspan="2">其他元素</td></tr>
<tr><td>N</td><td>P_2O_5</td><td>K_2O</td><td>养分名称</td><td>养分用量</td></tr>
<tr><td></td><td></td><td></td><td></td><td></td><td></td><td></td><td></td><td></td></tr>
<tr><td colspan="2" rowspan="4">实际施肥总体情况</td><td rowspan="3">实际产量/（kg/亩）</td><td rowspan="3">实际肥料成本/（元/亩）</td><td colspan="5">化肥/（kg/亩）</td><td colspan="2">有机肥/（kg/亩）</td></tr>
<tr><td colspan="3">大量元素</td><td colspan="2">其他元素</td><td rowspan="2">肥料名称</td><td rowspan="2">实物量</td></tr>
<tr><td>N</td><td>P_2O_5</td><td>K_2O</td><td>养分名称</td><td>养分用量</td></tr>
<tr><td></td><td></td><td></td><td></td><td></td><td></td><td></td><td></td><td></td></tr>
<tr><td colspan="2">汇总</td><td></td><td></td><td></td><td></td><td></td><td></td><td></td><td></td><td></td></tr>
</table>

（续表）

	施肥序次	施肥时期	项目			施肥情况					
						第一种	第二种	第三种	第四种	第五种	第六种
实际施肥明细	第一次		肥料种类								
			肥料名称								
			养分含量情况/%	大量元素	N						
					P_2O_5						
					K_2O						
				其他元素	养分名称						
					养分含量						
			实物量/（kg/亩）								
	第二次		肥料种类								
			肥料名称								
			养分含量情况/%	大量元素	N						
					P_2O_5						
					K_2O						
				其他元素	养分名称						
					养分含量						
			实物量/（kg/亩）								

（续表）

	施肥序次	施肥时期	项目			施肥情况					
						第一种	第二种	第三种	第四种	第五种	第六种
实际施肥明细	第……次		肥料种类								
			肥料名称								
			养分含量情况/%	大量元素	N						
					P_2O_5						
					K_2O						
				其他元素	养分名称						
					养分含量						
			实物量/（kg/亩）								
	第六次		肥料种类								
			肥料名称								
			养分含量情况/%	大量元素	N						
					P_2O_5						
					K_2O						
				其他元素	养分名称						
					养分含量						
			实物量/（kg/亩）								

注：每季作物一张表，请填写齐全采样前一个年度的每季作物。农户调查点必须填写完“实际施肥明细”，其他点必须填写完“实际施肥总体情况”及以上部分。

达到理解正确、掌握标准一致时进行野外调查工作。表格中部分内容如土壤类型、土壤质地等先在室内填写，再到野外校验。通过向田块户主询问，调查该田块的前茬作物种类、产量、施肥和灌溉情况等内容，按表格内容逐项进行填写。野外调查内容在野外完成，如有漏填即于当天补填。

四、采样人员的组织管理

各项目所在县区农业农村局每年抽调 10 名技术骨干，与街道农技人员结合成立 10 个采样小组。每组实行组长负责制，保证采样的质量。对于采样调查表的填报，由专人进行审核把关。采样的同时完整填写采样地块基本情况表与施肥情况调查表。

五、样品采集的质量控制

（1）重新划分用地类型：按粮田、菜地、园地等用地类型进行划分。

（2）考虑地形地貌、土壤类型、肥力、作物种类等布点，保证采样点具有典型性、代表性和空间分布的均匀性。

（3）考虑设施类型、作物种类、种植年限、不同时期布点，保证化验数据的可用性。

（4）由经过培训的有经验的人员进行土样采集。

（5）统一采样工具，如不锈钢取土钻、竹铲，保证每个土样采样点不少于 15 个；按方案要求统一取土深度；统一采用 GPS 定位，记录经纬度，保证点位记录的精度。

（6）采样点距离铁路、公路 100 m 以上，不在住宅、路旁、沟渠、粪堆、废物堆附近设采样点。

第二节　土壤样品的制备

一、新鲜样品

某些土壤成分如二价铁、硝态氮、铵态氮等在风干过程中会发生显著变化，必须用新鲜样品进行分析。为了能真实反映土壤在田间自然状态下的某些理化性状，新鲜样品要及时送回室内进行处理分析，用粗玻璃棒或塑料棒将样品混匀后迅速称样测定。

新鲜样品一般不易贮存，如需要暂时贮存，可将新鲜样品装入塑料袋，扎紧袋口，放进冰箱冷藏或速冻保存。

二、风干样品

从野外采回的土壤样品要及时放在晾土盘上，摊成薄薄的一层，置于干净整洁的室内通风处自然风干，严禁暴晒，并注意防止酸、碱等气体及灰尘的污染。风干过程中要经常翻动并将大块的土样捏碎以加速干燥，同时剔除土壤以外的侵入体。

风干后的土壤充分混匀后，按照不同的分析要求研磨过筛，然后装入样品瓶中备用。瓶内外各放一张标签，写明编号、采样地点、土壤名称、采样深度、样品粒径、采样时间、采样人姓名及制样时间、制样人姓名等项目。制备好的样品要妥善贮存，避免日晒、高温、潮湿和酸碱等气体的污染。全部分析工作结束后，分析数据核实无误，试样一般还要保存 1 年以上，以备查询。需要长期保存的样品，应保存在广口瓶中，用蜡封好瓶口。

三、试样分析

（一）常规五项分析试样

将风干后的样品平铺在制样板上，用木块碾压，并将植物残体、石块等侵入体和新生体剔除干净。细小已断的植物根系，可采用静电吸附的方法清除。压碎的土样用 2 mm 孔径筛过筛，未通过的土粒重新碾压，直至全部样品通过 2 mm 孔径筛为止。通过 2 mm 孔径筛的土样可供 pH 值、大量元素、有机质等项目的测定。

将通过 2 mm 孔径筛的土样用四分法取出一部分继续碾磨，使之全部通过 0.25 mm 孔径筛，供有机质、全氮等项目的测定。

（二）微量元素分析试样

用于微量元素分析的土样，其处理方法同一般样品的化学分析，但在采样、风干、研磨、过筛、贮存等环节，不要接触容易造成样品污染的铁、铜等金属器具。采样、制样使用不锈钢、木、竹或塑料工具，过筛使用尼龙网筛等。通过 2 mm 孔径尼龙筛的样品可用于测定土壤中有效态微量元素。

第三节　植株样品的采集与制备

一、植株样品的采集

试验用植株样品，按“梅花”形采样。每小区小麦取 2 个 0.5 m^2，玉米取6株，地上部秸秆、籽粒全部采集，及时送交化验室登记、晾晒。

二、植株样品制备与保存

小麦、玉米样品及时晒干，秸秆、籽粒单独粉碎，充分混匀后用四分法缩分至0.5 kg。装入样品瓶，内外放好标签，移交检测室检测。检测剩留样品移交样品管理室保存6个月，待数据核实无误时进行销毁处理，不予保存。

第四节　水样的采集与保存

水样的采集时间为雨季前（5—6月）和雨季后（9—10月）。同一采样点重复采集农田灌溉水样各1次，每次采集样品20个，共计40个；同时采集农村饮用井水各5个，共计采集饮用水水样10个。雨季后采集主要河流、水库等地表水源地5个。采集水样盛入100 mL塑料瓶，记载水源类型、取样时间、取样人等内容，用保温桶存放运输。尽快送至化验室，根据测定项目加入保存剂，并妥善保存、及时检测。检测剩留样品待数据核实无误时进行销毁处理，不予保存。

第五节　样品分析与质量控制

一、分析项目与方法

样品的室内分析是了解土壤理化性状的重要手段，根据《测土配方施肥技术规程》测试分析项目的要求，确定测土配方施肥采样调查与质量评价要求的化验分析项目为16项土壤理化性状，各项目分析方法以国家标准或农业农村部颁布标准为首选分析方法（表2-4）。

表2-4　土壤测定方法

分析项目	样品水分要求	样品称样量/g	样品细度	测定方法名称	方法适应范围	备注
pH值	风干土	20	2 mm孔径筛	玻璃电极法	各类土壤	水土比1∶2.5
有机质	烘干土	0.05～0.5	0.25 mm孔径筛	重铬酸钾-浓硫酸容量法—外加热法	有机质	
有效磷	风干土	2.5	2 mm孔径筛	碳酸氢钠浸提—钼锑抗比色法	各类土壤	液土比10∶1
速效钾	风干土	5	2 mm孔径筛	乙酸铵浸提—火焰光度法	各类土壤	液土比10∶1

（续表）

分析项目	样品水分要求	样品称样量/g	样品细度	测定方法名称	方法适应范围	备注
全氮	烘干土	0.5~1	0.25 mm 孔径筛	H_2SO_4-K_2SO_4-$CuSO_4$-Se 半微量开氏法	硝态氮含量低土壤	测定结果不包括硝态氮
				H_2SO_4-K_2SO_4-$CuSO_4$-Se $KMnO_4$-Fe 半微量开氏法	硝态氮含量高土壤	测定结果含硝态氮、亚硝态氮
碱解氮	风干土	2	2 mm 孔径筛	碱解扩散法	各类土壤	
缓效钾	风干土	5	2 mm 孔径筛	硝酸浸提—火焰光度法	各类土壤	液土比 10∶1
有效铁	风干土	10	2 mm 孔径尼龙筛	0.1 mol/L HCl 浸提—原子吸收分光光度法	各类土壤	液土比 5∶1
有效锰	风干土	10	2 mm 孔径尼龙筛	0.1 mol/L HCl 浸提—原子吸收分光光度法	各类土壤	液土比 5∶1
有效铜	风干土	10	2 mm 孔径尼龙筛	0.1 mol/L HCl 浸提—原子吸收分光光度法	各类土壤	液土比 5∶1
有效锌	风干土	10	2 mm 孔径尼龙筛	0.1 mol/L HCl 浸提—原子吸收分光光度法	各类土壤	液土比 5∶1
有效硼	风干土	10	2 mm 孔径尼龙筛	姜黄素比色法	各类土壤	液土比 2∶1
有效钼	风干土	5	2 mm 孔径筛	草酸-草酸铵提取—极谱法	各类土壤	液土比 10∶1
有效硫	风干土	10	2 mm 孔径筛	磷酸二氢钙或氯化钙浸提—硫酸钡比浊法	各类土壤	液土比 5∶1
交换性钙	风干土	10	2 mm 孔径尼龙筛	EDTA-铵盐—原子吸收分光光度法	各类土壤	液土比 5∶1
交换性镁	风干土	10	2 mm 孔径尼龙筛	EDTA-铵盐—原子吸收分光光度法	各类土壤	液土比 5∶1

二、化验分析质量控制

为了确保化验室检测质量，从检测环境条件、人力资源、计量器具、设备设施等方面进行控制。

1. 化验室环境条件的控制

化验室环境条件要求达到：环境温度 16~35℃，相对湿度 20%~75%，电源电压（220±11）V，注意接地良好。仪器室噪声＜55 dB，工作间噪声＜70 dB。含尘量＜0.28 mg/m^3，天平室、仪器室振动应在 4 级以下，振动速度＜0.20 mm/s。如果有特殊仪器设备、特殊样品试剂，应满足其各自额定的操作要求。

2. 人力资源的控制

按照土壤检测工作量的要求，配备相应的专业技术人员，通常各县区化验室要求配备 3~5 人，其中 1 人必须具有相应专业的本科学历或达到中级以上专业技术水平。为了提高检测人员素质，菏泽市土壤肥料工作站每年对各项目所在县区的化验员进行 1 次集中培训。此外，针对各县区化验室所购原子吸收仪、极谱仪、定氮仪、紫外分光光度计等仪器设备使用中存在的问题，工作站分别举办培训班，全市累计培训达 80 多人次。

3. 化验室仪器设备及计量器具的控制

化验室计量器具主要有仪器设备和玻璃量器，其控制方法如下。

（1）仪器设备统一采购。要求各县区所用检测仪器设备统一招标采购，统一采购的仪器设备型号一致，质量可靠，价格合理，便于售后服务，各个化验室的检测数据也便于比较。

（2）仪器设备的计量检定。要求影响检测质量较大的电子天平、小容量玻璃量器（容量瓶、滴定管、移液管）等要有检定周期，要求定期进行检定。

4. 化验室内的质量控制

（1）检测方法的选择。土壤统一采用全国农业技术推广服务中心推荐的《土壤分析技术规范》；植株采用山东省土壤肥料总站统一制定的氮、磷、钾检测方法；肥料检测采用相应的现行国标或行标检测方法。

（2）工作标准溶液的校准。标准滴定溶液要求按照 GB/T 601—2002《化学试剂　标准滴定溶液的制备》方法进行配制、标定、使用和保存。

（3）空白试验。空白试验一般平行测定的相对差值不应大于 50%，同时要求各化验室通过大量的试验，逐步总结出各种空白值的合理范围。

（4）精密度控制。通常情况下，肥料、植株样品采用全样平行，土壤样品需做 10%~30%的平行，5 个样品以下的，应增加为 100%的平行。

平行测试结果符合规定的允许差，最终结果为其平均值；如果平行测试结果超过规定的允许差，需再加测 1 次，取符合规定允许差的测定值；如果多组平行测试结果超过规定的允许差，应考虑整批重做。

（5）采用参比样控制准确度。山东省土壤肥料总站于 2006 年制备了 3 个土壤参比样品（土壤养分含量高、中、低），该样品已经由 8 个有资质能力的化验室进行定值，要求每批样品或每 10~15 个样品加测 1 个参比样品，该样品下发至每个县区，每个样品量在 30~50 kg，其测试结果与参比样品标准值的差值，应控制在标准偏差（S）范围内。如果参比样品测试结果很差，则应对整个测试过程进行检查，找出差的原因再重新测试。

（6）化验室间的质量控制。化验室采用参比样作为密码样进行检测，按时参加上级部门组织的化验室能力验证和考核，随机抽取已检样，编成密码样跨批抽查。同一化验室安排不同人员进行双人比对，不同化验室之间进行双边或多边比对，通过留样复检等方式进行质量控制。

质量管理中还要求各化验人员对检测结果的合理性进行预判，主要是结合土壤元素（养分含量）的空间分布规律、土壤元素（养分含量）的垂直分布规律、土壤元素（养分含量）与成土母质的关系、土壤元素（养分含量）与地形地貌的关系、土壤元素（养分含量）与利用状况的关系、各检测项目之间的相互关系等。

第三章　耕地地力评价

耕地作为土地资源中最宝贵的自然资源，是粮食生产的基本物质资料，其质量关系到国家粮食安全、农产品质量安全及生态安全，是保障社会经济可持续发展、满足人民日益增长的物质需要的必要基础。因此，开展耕地质量等级调查评价、全面摸清我国耕地质量被列为第三次全国国土调查的基础工作之一。

第一节　评价的原则依据及流程

一、评价的原则依据

（一）评价的原则

影响耕地地力的因素较多，主要包括耕地的土壤理化性状、所处自然环境条件、农田基础设施及耕作施肥管理水平等。根据评价的目的要求，在菏泽市耕地地力评价中，遵循如下基本原则。

1. 综合因素研究与主导因素分析相结合原则

土地是一个自然经济综合体，是人们利用的对象，对土地质量的鉴定涉及自然和社会经济多个方面，耕地地力也是各类要素的综合体现。所谓综合因素研究是指对地形地貌、土壤理化性状、相关社会经济因素总体上进行全面的研究、分析与评价，以全面了解耕地地力状况。主导因素是指对耕地地力起决定作用的、相对稳定的因子，在评价中要着重对其进行研究分析。因此，把综合因素与主导因素结合起来进行评价可以对耕地地力做出科学准确的评定。

2. 共性评价与专题研究相结合原则

菏泽市耕地利用有粮田、蔬菜地、园地等多种类型，土壤理化性状、环境条件、管理水平等不一，因此耕地地力水平有较大的差异。考虑全市耕地地力的系统性、可比性，针对不同的耕地利用等状况，应选用统一的评价指标和标准，即耕地地力的评价不针对某一特定的利用类型。另外，为了了解不同利用类型的耕地地力状况及其内部的差异情况，对有代表性的主要类型如蔬菜地等进行专题的深入研究。这样，共性的评价与专题研究相结合，使整个评价和研究具有更大的应用价值。

3. 定量和定性相结合原则

土地系统是一个复杂的灰色系统，定量和定性要素共存，相互作用、相互影响。因此，为了保证评价结果的客观合理，宜采用定量和定性评价相结合的方法。总体上，尽量采用定量评价方法，对可定量化的评价因子如有机质等养分含量、土层厚度等按其数值参与计算，对非数量化的定性因子如土壤表层质地、质地构型等则进行量化处理，确定其相应的指数，并建立评价数据库，以计算机进行运算和处理，尽量避免人为随意性因素影响。在评价因素筛选、权重确定、评价标准、等级确定等评价过程中，尽量采用定量化的数学模型，在此基础上充分运用人工智能和专家知识，对评价的中间过程和评价结果进行必要的定性调整，定量与定性相结合，从而保证评价结果的准确合理。

4. 采用卫星遥感和 GIS 支持的自动化评价方法原则

自动化、定量化的土地评价技术方法是当前土地评价的重要方向之一。近年来，随着计算机技术，特别是 GIS 技术在土地评价中的不断应用和发展，基于 GIS 技术进行自动定量化评价的方法已不断成熟，使土地评价的精度和效率大大提高。本次的耕地地力评价工作将采用最新 SPOT5 卫星遥感数据提取和更新耕地资源现状信息，通过数据库建立、评价模型及其与 GIS 空间叠加等分析模型的结合，实现全数字化、自动化的评价流程，在一定程度上代表了当前土地评价的最新技术方法。

（二）评价的依据

根据《第三次全国国土调查耕地质量等级调查评价工作方案》《农业部办公厅关于做好耕地质量等级调查评价工作的通知》的要求，依据《耕地质量等级》《全国耕地质量等级评价指标体系》进行耕地质量等级评价。按照《耕地质量等级》，以县域为单位，开展耕地质量等级评价，在此基础上逐级汇总完成 9 大区耕地质量评价工作。《耕地质量等级》国家标准的发布与实施，为全国耕地质量等级评价工作的开展，提供了统一的技术标准。

耕地地力是耕地本身的生产能力，因此耕地地力的评价则依据与此相关的各类自然和社会经济要素，具体包括 3 个方面。

（1）耕地地力的自然环境要素。包括耕地所处的地形地貌条件、水文地质条件、成土母质条件以及土地利用状况等。

（2）耕地地力的土壤理化要素。包括土壤剖面构型、耕层厚度、质地、容重等物理性状，有机质、N、P、K 等主要养分、微量元素、pH 值、阳离子交换量等化学性状等。

(3) 耕地地力的农田基础设施条件。包括耕地的灌排条件、培肥管理条件等。

二、评价的流程

整个评价可分为3个方面的主要内容，按先后次序分别如下。

(1) 资料工具准备及数据库建立。根据评价的目的、任务、范围、方法，收集准备与评价有关的各类自然及社会经济资料，进行资料的分析处理。选择适宜的计算机硬件和GIS等分析软件，建立耕地质量评价基础数据库。

(2) 耕地地力评价。划分评价单元，提取影响地力的关键因素并确定权重，选择相应评价方法，制定评价标准，确定耕地地力等级。

(3) 评价结果分析。依据评价结果，量算各等级耕地面积，编制耕地地力分布图。分析耕地地力问题，提出耕地资源可持续利用的措施建议。评价的工作流程见图3-1 。

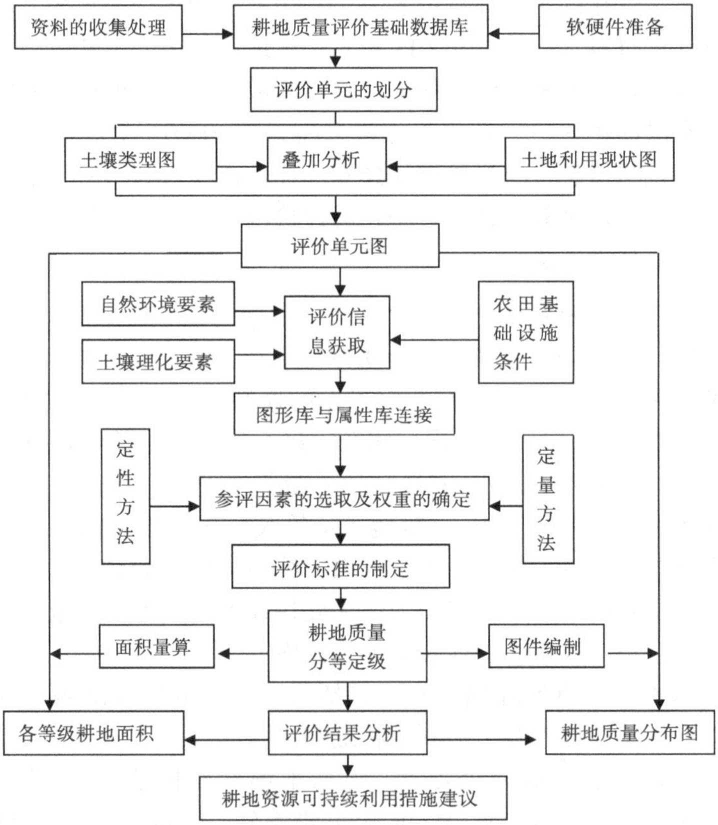

图3-1 菏泽市耕地分级评价流程图

第二节 软硬件准备、数据收集与处理

一、软硬件准备

（一）硬件准备

数据处理服务器（HUAWEI 2288H V5 2U12）3 台；

笔记本电脑（ThinkPad）6 台；

涉密处理台式机（THTF S8500）3 台。

（二）软件准备

全国耕地资源信息管理系统（V4.4.4）2 套；

ArcGIS（V10.2）3 套；

MapGIS（6.7）2 套；

MapGIS（9.1）1 套。

二、数据收集

根据《全国耕地质量等级评价指标体系》，结合《全国耕地资源管理信息系统》，确定评价需要的数据内容及来源。主要包括图件和数据两类，其中图件包括土壤图、地貌类型图、行政区划图、土地利用现状图、灌溉分区图、排水分区图、表层质地图、剖面构型图、耕地盐渍化图等；数据表为耕地质量调查点基本情况和化验结果数据表、行政区划代码表、行政区划基本情况数据表和土壤类型代码表。

（一）矢量数据

从自然资源和规划局获取第三次国土调查的土地利用现状图和行政区划图（SHP 格式 CGCS2000 坐标系）；土壤图、地貌类型图等使用原来制作耕地地力评价时生成的矢量图文件（从原菏泽市工作空间库中拷取）。因土壤图、地貌类型图原来采取的坐标系与此次使用坐标系不同，需要进行坐标系转换并参照行政区划图对转换后的矢量图层进行修正。

矢量图校正后，表层质地图、剖面构型图、耕地盐渍化图将菏泽市部分剪裁形成菏泽市表层质地图、菏泽市剖面构型图和菏泽市耕地盐渍化图。

（二）参评数据

收集整理参与评价的耕地质量等级调查采样与检测数据表，表格中包含以下内容项：县内编号、统一编号、省名称、市名称、县名称、乡名称、村名称、经度、纬度、土类、土种、土属、成土母质、地貌类型、地形部位、有效土层厚度、耕层厚度、耕层质地、土壤容重、生物多样性、农田林网化程度、清洁程度、土壤 pH 值、盐渍化程度、地下水埋深、障碍因素、障碍层类型、灌溉能力、灌溉方式、水源类型、排水能力、有机质、全氮、有效磷、速效钾、缓效钾、有效铜、有效锌、有效铁、有效锰、有效硼、有效钼、有效硫、有效硅等，所有参评数据整理成一个 Excel 表格。

（三）灌排分区图

根据水源类型、位置、灌溉方式、灌水量，综合判断灌溉用水量在多年灌溉中能够得到满足的程度，灌溉能力分为充分满足、满足、基本满足和不满足 4 个级别。

根据耕地的排水方式、排水设施现状等，综合判断农田保证作物正常生长，及时排除地表积水，有效控制和降低地下水位的能力，排水能力分为充分满足、满足、基本满足和不满足 4 个级别。

以第三次国土调查的土地利用现状图为底图，在 JPEG 文件上进行圈画和标注，分别根据灌溉能力（S1，充分满足；S2，满足；S3，基本满足；S4，不满足）、排水能力（P1，充分满足；P2，满足；P3，基本满足；P4，不满足）进行不同区域的圈画和标注，形成 JPEG 图片格式的灌溉能力分区图和排水能力分区图。

对 JPEG 格式的灌溉能力分区图和排水能力分区图进行矢量化处理，编辑生成符合 CGCS2000 坐标系的菏泽市灌溉能力分区图（SHP）和菏泽市排水能力分区图（SHP）矢量图。

灌溉分区图与排水分区图的编制过程中，参考了各县区 2018—2021 年度已建设完成的高标准农田建设项目。

三、数据处理

对收集整理的矢量图件及数据表格进行检查，对照评价体系和评价步骤及数据标准进行检查、处理、修正。

所有矢量图须为 CGCS2000_3_Degree_GK_Zone_38 坐标系，非此坐标系的矢量图需要进行坐标投影转换，并参照符合标准的行政区划图对转换后的图层进行误差修正。所有矢量图数据字段参照全国耕地资源管理信息系统的空间检测标准进行对照检查，对缺失的数据项进行补正。

耕地质量等级调查采样与检测数据表参照评价指标体系和评价步骤要求进行数据项及数据内容的检查。对缺失的数据项进行补正；对与评价指标中要求的项目内容不同的进行修改使其符合评价要求；对数据表中的各项数据进行异常值筛选，并对筛选出的异常值进行检查修正。

第三节　评价指标及指标权重的确定

一、评价指标

耕地质量是由耕地地力、土壤健康状况和田间基础设施构成的满足农产品持续产出和质量安全的能力。选取的指标主要能反映耕地土壤本身的质量。结合菏泽市实际情况，根据《耕地质量等级》和《全国耕地质量等级评价指标体系》，确定菏泽市为黄淮海区的黄淮平原农业区，根据评价区域划分设定评价指标（表3-1）。

表3-1　评价数据来源及数据项标准要求

序号	评价要素	数据来源	数值约束
1	灌溉能力	灌溉分区图	充分满足、满足、基本满足、不满足
2	耕层质地	表层质地图	中壤、轻壤、重壤、黏土、砂壤、砾质壤土、砂土、砾质砂土、壤质砾石土、砂质砾石土
3	质地构型	剖面构型图	夹黏型、上松下紧型、通体壤、紧实型、夹层型、海绵型、上紧下松型、松散型、通体砂、薄层型、裸露岩石
4	有机质/（g/kg）	调查采样与检测数据表	3.0~40.0
5	地形部位	地貌类型图	具体内容标准参考地貌类型分区数据表
6	盐渍化程度	耕地盐渍化图	无、轻度、中度、重度
7	排水能力	排水分区图	充分满足、满足、基本满足、不满足
8	有效磷/（mg/kg）	调查采样与检测数据表	3.0~600
9	速效钾/（mg/kg）	调查采样与检测数据表	30~400
10	pH值	调查采样与检测数据表	3.5~9.0
11	有效土层厚度/cm	调查采样与检测数据表	≥100、60~100、30~60、<30
12	土壤容重	调查采样与检测数据表	适中、偏轻、偏重
13	地下水埋深/m	调查采样与检测数据表	≥3、2~3、<2

（续表）

序号	评价要素	数据来源	数值约束
14	障碍因素	调查采样与检测数据表	无、夹砂层、砂姜层、砾质层
15	耕层厚度/cm	调查采样与检测数据表	≥20、15~20、<15
16	农田林网化程度	调查采样与检测数据表	高、中、低
17	生物多样性	调查采样与检测数据表	丰富、一般、不丰富
18	清洁程度	调查采样与检测数据表	清洁、尚清洁

二、坐标系确定

根据菏泽市所处地理位置，确定评价所需工作空间的坐标系统为CGCS2000坐标系3分度38度带（CGCS2000_3_Degree_GK_Zone_38）。

三、指标权重

根据《全国耕地质量等级评价指标体系》确定评价指标的权重（表3-2）。

表3-2　评价指标权重

指标	权重	指标	权重	指标	权重
灌溉能力	0.155 0	耕层质地	0.130 0	质地构型	0.111 0
有机质	0.104 0	地形部位	0.077 0	盐渍化程度	0.076 0
排水能力	0.057 0	有效磷	0.056 0	速效钾	0.048 0
pH值	0.036 0	有效土层厚度	0.030 0	土壤容重	0.030 0
地下水埋深	0.020 0	障碍因素	0.020 0	耕层厚度	0.020 0
农田林网化程度	0.010 0	生物多样性	0.010 0	清洁程度	0.010 0

四、等级划分标准

根据《耕地质量等级》《全国耕地质量等级评价指标体系》，参照山东省耕地质量等级评价成果，结合菏泽市耕地质量实际情况，确定菏泽市耕地质量等级划分标准（表3-3）。

表 3-3　菏泽市耕地质量等级划分标准

耕地质量等级	综合指数范围	耕地质量等级	综合指数范围
一等	≥0.964 0	六等	0.809 0~0.840 0
二等	0.933 0~0.964 0	七等	0.788 0~0.809 0
三等	0.902 0~0.933 0	八等	0.747 0~0.788 0
四等	0.871 0~0.902 0	九等	0.716 0~0.747 0
五等	0.840 0~0.871 0	十等	<0.716 0

第四节　评价步骤

在各评价数据收集整理完成后，进入耕地质量等级评价阶段，评价的主要步骤按先后顺序分别为：建立工作空间、导入数据、生成耕地地块图、生成点位图、生成评价单元、建立评价模型进行耕地质量等级评价。

一、建立工作空间

在全国耕地资源管理信息系统中进入［工作空间维护］-［新建工作空间］（图 3-2）。设置省市名称、地市区域、空间名称、单位名称，坐标系统设置为 CGCS2000_3_Degree_GK_Zone_38，空间路径设置为工作空间文件夹存储的位置。

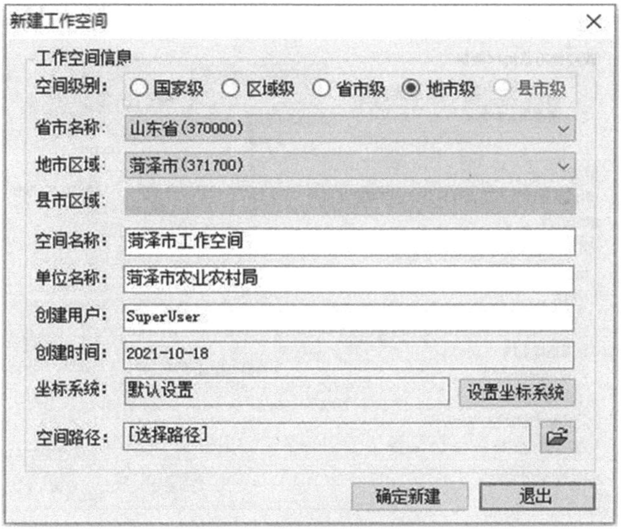

图 3-2　新建工作空间

二、导入数据

（一）导入矢量数据

在菏泽市工作空间的矢量图图库中导入收集并处理好的矢量图文件（行政区划图、土地利用现状图、土壤图、地貌类型图、灌溉分区图、排水分区图、表层质地图、剖面构型图、耕地盐渍化图等）。

（二）导入原始数据

在菏泽市工作空间中进入外部数据管理，分别导入整理好的数据表格文件（行政区划代码表、土壤类型代码表、耕地质量调查点基本情况和化验结果数据表及行政区划基本情况数据表）。

三、生成耕地地块图

在系统中打开土地利用现状图，按土地利用方式筛选出水田、水浇地与旱地并导出为耕地地块图，共导出生成215 833个耕地地块。

四、生成点位图

在系统中点开菜单［分析］-［添加XY数据］（图3-3），输入表格选择［耕地质量调查点基本情况和化验结果数据表］，输出点图重命名为［耕地质

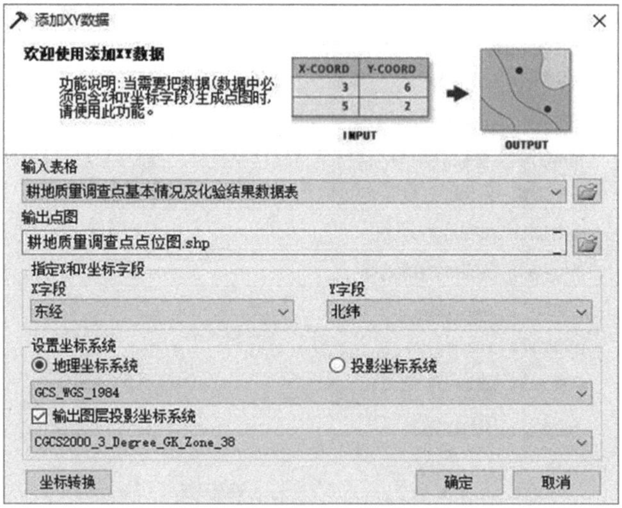

图3-3　添加XY数据

量调查点点位图]，指定 X 字段及 Y 字段对应经度与纬度字段，设置投影坐标系统使之与新建工作空间时一致。

对生成的点位图进行异常检查，对超出行政边界或未在耕地地块范围的数据点进行记录并修正。根据取土点所在的县区、乡镇和村庄进行逐一检查，对发现不在村庄界限范围内的结合原始数据进行修正，调整点位的位置并重新计算经度和纬度。

经校正后，全市共有点位数据7 827条记录。

五、生成评价单元

在系统中将耕地地块图、土壤图、地貌类型图、行政区划图、点位图添加进图集进行生成评价单元图的操作。

（一）叠加求交

对｛耕地地块图｝与｛土壤图｝进行叠加求交操作生成｛耕地地块图_叠加求交｝图，再对生成的｛耕地地块图_叠加求交｝图与行政区划图进行叠加求交生成｛管理单元图｝。

运用［多部件转单部件］工具将｛管理单元图｝的叠加图斑打散，再以行政区划和土壤代码为依据进行［合并小多边形］操作。

（二）空间插值

对耕地质量调查点位图中的土壤养分指标数据通过空间插值的方法提取到管理单元图中。

（三）以点代面

对耕地质量调查点位图中的耕层厚度、有效土层厚度、生物多样性、农田林网化程度、障碍因素、清洁程度等与空间相关性不强的指标数据通过以点带面操作将值提取到管理单元图中。

（四）属性提取

将地貌类型图中的地貌类型和地形部位、灌溉能力分区图中的灌溉能力及排水能力分区图中的排水能力通过属性提取的方式赋值给管理单元图。

将表层质地图、耕地盐渍化图及剖面构型图中的耕层质地、盐渍化程度和质地构型数据通过属性提取的方式赋值给管理单元图。

（五）数据关联

将与土属类型存在关联的指标数据通过数据关联的方式提取到管理单元图中。通过以上操作最终生成耕地资源管理单元图，最终划分形成评价单元200 985个。

第五节 建立评价模型

一、层次分析模型

层次分析方法的基本原理是把复杂问题中的各个因素按照相互之间的隶属关系排成从高到低的若干层次，根据对一定客观现实的判断就同一层次相对重要性相互比较的结果，决定层次各元素重要性先后次序（表3-4至表3-9、图3-4）。

层次分析模型的构建步骤为：①建立层次结构模型；②构造判断矩阵；③层次单排序及其一致性检验；④层次总排序；⑤层次总排序一致性检验。

表3-4 菏泽市层次分析模型构建矩阵

目标层	耕地质量			
准则层	立地条件	物理性状	化学性状	环境条件
指标层	灌溉能力 地形部位 盐渍化程度 排水能力 有效土层厚度	耕层质地 质地构型 土壤容重 障碍因素 耕层厚度	有机质 有效磷 速效钾 pH值	地下水埋深 农田林网化程度 生物多样性 清洁程度

表3-5 准则层判断矩阵

项目	立地条件	物理性状	化学性状	环境条件
立地条件	1.000 000	1.270 096	1.618 852	7.900 000
物理性状	0.787 342	1.000 000	1.274 590	6.220 000
化学性状	0.617 722	0.784 566	1.000 000	4.880 000
环境条件	0.126 582	0.160 772	0.204 918	1.000 000

表3-6 立地条件判断矩阵

项目	灌溉能力	地形部位	盐渍化程度	排水能力	有效土层厚度
灌溉能力	1.000 000	2.012 987	2.039 474	2.719 298	5.166 667
地形部位	0.496 774	1.000 000	1.013 158	1.350 877	2.566 667
盐渍化程度	0.490 323	0.987 013	1.000 000	1.333 333	2.533 333
排水能力	0.367 742	0.740 260	0.750 000	1.000 000	1.900 000
有效土层厚度	0.193 548	0.389 610	0.394 737	0.526 316	1.000 000

表 3-7　物理性状判断矩阵

项目	耕层质地	质地构型	土壤容重	障碍因素	耕层厚度
耕层质地	1.000 000	1.171 171	4.333 333	6.500 000	6.500 000
质地构型	0.853 846	1.000 000	3.700 000	5.550 000	5.550 005
土壤容重	0.230 769	0.270 270	1.000 000	1.500 000	1.500 000
障碍因素	0.153 846	0.180 180	0.666 667	1.000 000	1.000 000
耕层厚度	0.153 846	0.180 180	0.666 667	1.000 000	1.000 000

表 3-8　化学性状判断矩阵

项目	有机质	有效磷	速效钾	pH 值
有机质	1.000 000	1.857 145	2.166 669	2.888 889
有效磷	0.538 461	1.000 000	1.166 667	1.555 556
速效钾	0.461 538	0.857 143	1.000 000	1.333 333
pH 值	0.346 154	0.642 857	0.750 000	1.000 000

表 3-9　环境条件判断矩阵

项目	地下水埋深	农田林网化程度	生物多样性	清洁程度
地下水埋深	1.000 000	2.000 000	2.000 000	2.000 000
农田林网化程度	0.500 000	1.000 000	1.000 000	1.000 000
生物多样性	0.500 000	1.000 000	1.000 000	1.000 000
清洁程度	0.500 000	1.000 000	1.000 000	1.000 000

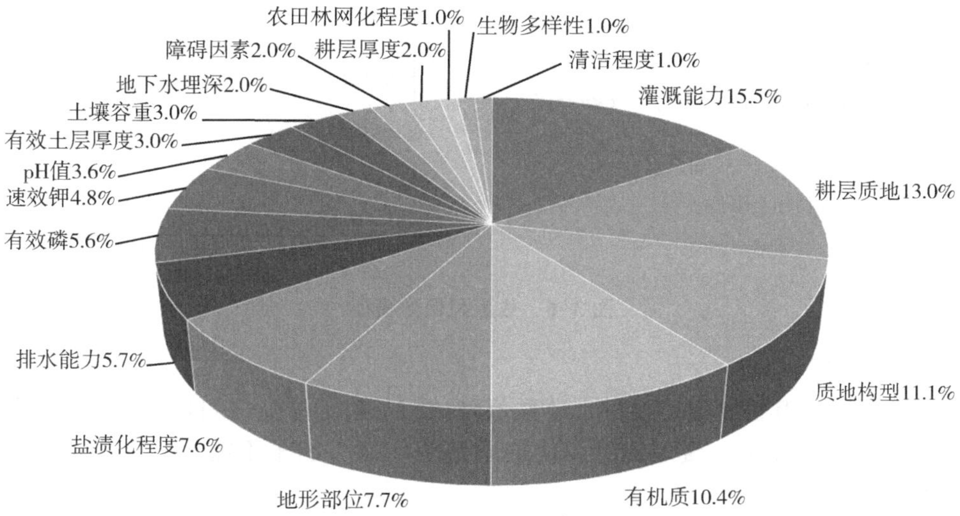

图 3-4　菏泽市层次分析模型指标权重占比

二、隶属函数模型

根据模糊数学的理论，将选定的评价指标与耕地生产能力的关系分为戒上型、戒下型（表 3-10）以及概念型（表 3-11）3 种类型的隶属函数。

1. 戒上型函数模型

评价因子数值越大，耕地质量水平越高，到了某一临界值后，对耕地质量的正贡献效果趋于恒定（图 3-5）。

$$y_i=\begin{cases}0 & u_i\leq u_t\\ 1/\left[1+a_i\left(u_i-c_i\right)^2\right], & u_t<u_i<c_i\\ 1 & c_i\leq u_i\end{cases}$$

式中，y_i为第i因素评语；u_i为样品观测值；c_i为标准指标；a_i为系数；u_t为指标下限值。

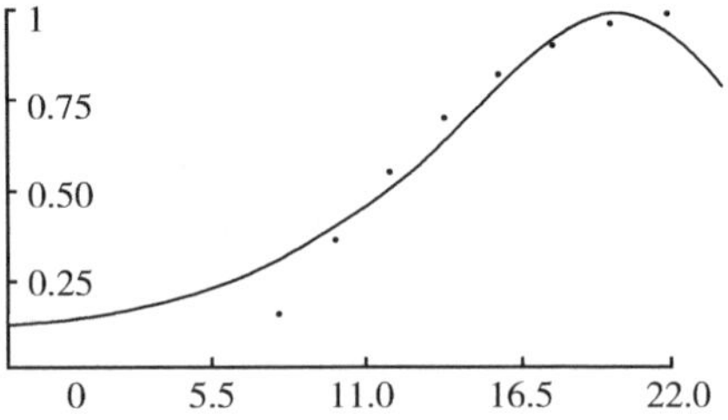

图 3-5　戒上型函数模型

2. 戒下型函数模型

评价因子数值越大，耕地质量水平越低，到了某一临界值后，对耕地质量的负贡献效果趋于恒定（图 3-6）。

$$y_i=\begin{cases}0 & u_t\leq u_i\\ 1/\left[1+a_i\left(u_i-c_i\right)^2\right], & c_i<u_i<u_t\\ 1 & u_i\leq c_i\end{cases}$$

式中，u_t为指标上限值。

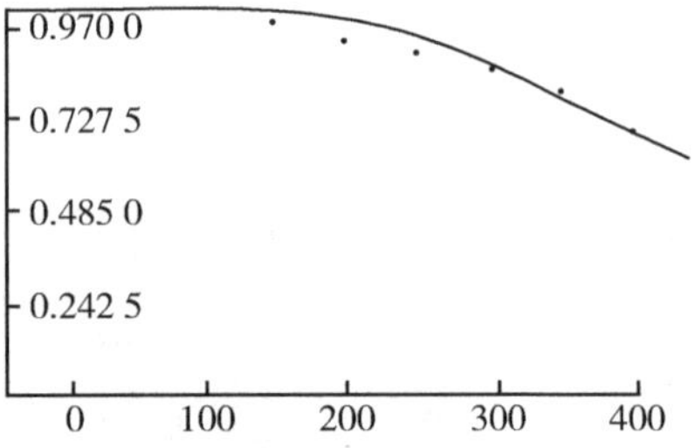

图 3-6　戒下型函数模型

3. 概念型指标

这类指标其性状是定性的、非数值型的，与耕地质量之间是一种非线性的关系，如地形部位、质地构型、耕层质地等。这类因子不需要建立隶属函数模型。

表 3-10 数值型指标隶属函数

指标名称	函数类型	a 值	c 值	u 的下限值	u 的上限值	备注
有机质	戒上型	0.005 431	18.219 012	0	18.2	
速效钾	戒上型	0.000 010	277.304 960	0	277	
有效磷	戒上型	0.000 102	79.043 468	0	79.0	有效磷＜110
有效磷	戒下型	0.000 007	148.611 679	148.6	500	有效磷≥110

注：y 为隶属度；a 为系数；u 为实测值；c 为标准指标。当函数类型为戒上型，u≤下限值时，y 为 0；u≥上限值时，y 为 1。当函数类型为戒下型，u≤下限值时，y 为 1；u≥上限值时，y 为 0。

表 3-11 概念型指标隶属度

地形部位	低海拔湖积平原	低海拔湖积冲积平原	低海拔冲积湖积平原	低海拔冲积湖积三角洲平原	低海拔湖积冲积三角洲平原
隶属度	1.00	1.00	1.00	1.00	1.00
地形部位	低海拔冲积平原	低海拔洪积平原	低海拔冲积洪积平原	低海拔冲积扇平原	低海拔洪积扇平原
隶属度	1.00	1.00	1.00	1.00	1.00
地形部位	低海拔冲积洪积扇平原	低海拔河谷平原	低海拔侵蚀冲积河谷平原	低海拔侵蚀剥蚀平原	低海拔泻湖洼地
隶属度	1.00	1.00	0.95	0.95	0.90
地形部位	低海拔冲积洼地	低海拔冲积洪积洼地	低海拔侵蚀剥蚀低台地	低海拔喀斯特侵蚀低台地	低海拔冲积洪积低台地
隶属度	0.90	0.90	0.85	0.85	0.85
地形部位	低海拔洪积低台地	低海拔海蚀低台地	低海拔半固定缓起伏沙地	低海拔固定缓起伏沙地	低海拔冲积高地
隶属度	0.85	0.85	0.85	0.85	0.85
地形部位	低海拔冲积决口扇	低海拔河流低阶地	低海拔冲积河漫滩	低海拔湖积低阶地	低海拔湖积冲积洼地
隶属度	0.85	0.85	0.85	0.85	0.85
地形部位	低海拔湖滩	低海拔湖积微高地	低海拔熔岩平原	低海拔冲积海积平原	低海拔冲积海积洼地
隶属度	0.85	0.85	0.85	0.85	0.80
地形部位	低海拔海积冲积平原	低海拔海积冲积三角洲平原	中海拔干燥剥蚀高平原	中海拔干燥洪积平原	中海拔侵蚀冲积黄土河谷平原
隶属度	0.80	0.80	0.80	0.80	0.80
地形部位	中海拔河谷平原	中海拔冲积平原	中海拔洪积平原	中海拔冲积洪积平原	中海拔洪积扇平原
隶属度	0.80	0.80	0.80	0.80	0.80

（续表）

地形部位	中海拔湖积平原	中海拔冲积湖积平原	中海拔湖积冲积平原	低海拔熔岩低台地	低海拔海蚀低阶地
隶属度	0.80	0.80	0.80	0.80	0.75
地形部位	低海拔海滩	低海拔冲积海积微高地	低海拔海积冲积微高地	低海拔冲积海积三角洲平原	中海拔干燥剥蚀低台地
隶属度	0.75	0.75	0.75	0.75	0.70
地形部位	中海拔侵蚀剥蚀低台地	中海拔半固定缓起伏沙地	中海拔固定缓起伏沙地	中海拔冲积洪积低台地	中海拔洪积低台地
隶属度	0.70	0.70	0.70	0.70	0.70
地形部位	中海拔河流低阶地	中海拔冲积河漫滩	中海拔湖滩	中海拔湖积低阶地	低海拔侵蚀剥蚀高台地
隶属度	0.70	0.70	0.70	0.70	0.70
地形部位	低海拔喀斯特侵蚀高台地	低海拔侵蚀堆积黄土峁梁	低海拔侵蚀堆积黄土斜梁	低海拔侵蚀堆积黄土梁塬	低海拔侵蚀冲积黄土台塬
隶属度	0.70	0.70	0.70	0.70	0.70
地形部位	低海拔侵蚀堆积黄土岗地	低海拔侵蚀堆积黄土塬	低海拔洪积高台地	低海拔冲积洪积高台地	低海拔侵蚀冲积黄土河流高阶地
隶属度	0.70	0.70	0.70	0.70	0.70
地形部位	低海拔河流高阶地	低海拔海蚀高台地	低海拔海积洼地	低海拔海积平原	侵蚀剥蚀低海拔低丘陵
隶属度	0.70	0.70	0.70	0.70	0.65
地形部位	喀斯特侵蚀低海拔低丘陵	侵蚀剥蚀低海拔熔岩低丘陵	中海拔侵蚀堆积黄土墟	中海拔侵蚀堆积黄土梁墟	中海拔侵蚀堆积黄土残塬
隶属度	0.65	0.65	0.65	0.65	0.65
地形部位	中海拔干燥洪积高台地	中海拔洪积高台地	中海拔侵蚀冲积黄土台塬	黄土覆盖中起伏低山	侵蚀剥蚀中海拔低丘陵
隶属度	0.65	0.65	0.65	0.50	0.50
地形部位	侵蚀剥蚀小起伏低山	喀斯特侵蚀小起伏低山	喀斯特小起伏低山	侵蚀剥蚀小起伏熔岩低山	黄土覆盖小起伏低山
隶属度	0.50	0.50	0.50	0.50	0.50
地形部位	中海拔侵蚀剥蚀高台地	中海拔熔岩高台地	中海拔干燥剥蚀高台地	低海拔陡深河谷	侵蚀剥蚀低海拔高丘陵
隶属度	0.50	0.50	0.50	0.50	0.50
地形部位	喀斯特侵蚀低海拔高丘陵	侵蚀剥蚀低海拔熔岩高丘陵	喀斯特低海拔高丘陵	黄土覆盖小起伏中山	侵蚀剥蚀中海拔高丘陵
隶属度	0.50	0.50	0.50	0.40	0.40

（续表）

地形部位	侵蚀剥蚀中起伏低山	喀斯特侵蚀中起伏低山	侵蚀剥蚀中起伏熔岩低山	侵蚀剥蚀中起伏中山	喀斯特侵蚀中起伏中山	
隶属度	0.40	0.40	0.40	0.35	0.35	
地形部位	黄土覆盖中起伏中山	侵蚀剥蚀小起伏中山	喀斯特侵蚀小起伏中山	侵蚀剥蚀大起伏中山	喀斯特侵蚀大起伏中山	
隶属度	0.35	0.35	0.35	0.20	0.20	
灌溉能力	充分满足	满足	基本满足	不满足		
隶属度	1.00	0.85	0.70	0.50		
耕层质地	中壤	轻壤	重壤	黏土	砂壤	砾质壤土
隶属度	1.00	0.94	0.92	0.88	0.80	0.55
耕层质地	砂土	砾质砂土	壤质砾石土	砂质砾石土		
隶属度	0.50	0.45	0.45	0.40		
质地构型	夹黏型	上松下紧型	通体壤	紧实型	夹层型	海绵型
隶属度	0.95	0.93	0.90	0.85	0.80	0.75
质地构型	上紧下松型	松散型	通体砂	薄层型	裸露岩石	
隶属度	0.75	0.65	0.60	0.40	0.20	
盐渍化程度	无	微度	轻度	中度	重度	
隶属度	1.00	0.90	0.80	0.60	0.35	
排水能力	充分满足	满足	基本满足	不满足		
隶属度	1.00	0.85	0.70	0.50		
pH 值	≥8.50	8.00~8.50	7.50~8.00	6.50~7.50	6.00~6.50	5.50~6.00
隶属度	0.50	0.80	0.90	1.00	0.90	0.80
pH 值	4.50~5.50	<4.50				
隶属度	0.75	0.50				
有效土层厚度/cm	≥100	60~100	30~60	<30		
隶属度	1.00	0.80	0.60	0.40		
土壤容重	适中	偏轻	偏重			
隶属度	1.00	0.80	0.80			
地下水埋深/m	≥3	2~3	<2			
隶属度	1.00	0.80	0.60			
障碍因素	无	夹砂层	砂姜层	砾质层		
隶属度	1.00	0.80	0.70	0.50		

（续表）

耕层厚度/cm	≥20	15~20	<15
隶属度	1.00	0.80	0.60
农田林网化程度	高	中	低
隶属度	1.00	0.80	0.60
生物多样性	丰富	一般	不丰富
隶属度	1.00	0.80	0.60
清洁程度	清洁	尚清洁	
隶属度	1.00	0.80	

第六节　耕地地力等级的确定

一、耕地质量综合指数

根据建立的评价模型确定耕地质量评价每个指标因子的权重和隶属度，按照《耕地质量等级》的规定采用累加法计算评价单元综合指数，根据模型计算出每个耕地质量评价单元的综合指数（图 3-7）。

$$P = \sum (F_i \times C_i) \tag{1}$$

式中，P ——耕地质量综合指数（Integrated Fertility Index）；

F_i ——第 i 个评价指标的隶属度；

C_i ——第 i 个评价指标的组合权重。

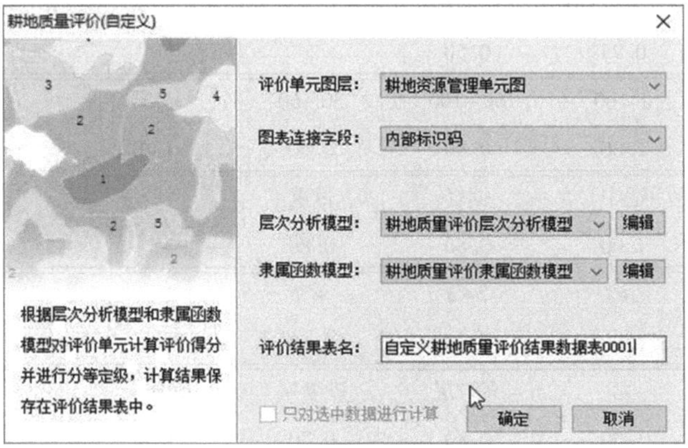

图 3-7　耕地质量评价

二、耕地质量等级定级

根据每个评价单元的综合指数，通过耕地质量等级的划分方法将所有评价单元定级。

三、耕地等级面积及比重

根据每个评价单元的面积和质量等级汇总计算各等级的面积，然后根据各等级面积和耕地总面积计算各等级在全域内的比重。

$$R_i = \frac{A_i}{G_A} \qquad (2)$$

式中，R_i ——i 等耕地面积比重；

A_i ——i 等耕地面积；

G_A ——耕地总面积。

等级面积比重（%）一般采用四舍五入方式保留两位小数，因存在统计汇总误差，当保留两位小数的各等级面积占比累加和不等于 100 时，结合四舍五入前的比重数值按最近原则对部分等级比重数据进行调整。

四、耕地质量平均等级

耕地质量平均等级是反映评价区域的总体耕地质量水平，其计算公式为：

$$A_G = \sum (G_i \times R_i) = \sum \left(G_i \times \frac{A_i}{G_A} \right) \qquad (3)$$

式中，A_G ——耕地质量平均等级；

G_i ——i 等耕地等级数值；

R_i ——i 等耕地面积比重；

A_i ——i 等耕地面积；

G_A ——耕地总面积。

第四章　耕地地力分析

通过评价，按照耕地质量等级划分标准，菏泽市耕地地力等级从二等到八等共7个等级。

由表4－1可以看出，二等耕地25 586.01 hm^2，占全市耕地总面积的3.32%；三等耕地198 214.51 hm^2，占全市耕地总面积的25.72%；四等耕地341 634.88 hm^2，占全市耕地总面积的44.33%；五等耕地176 250.61 hm^2，占全市耕地总面积的22.87%；六等耕地27 204.40 hm^2，占全市耕地总面积的3.53%；七等耕地1 618.39 hm^2，占全市耕地总面积的0.21%；八等耕地154.13 hm^2，占全市耕地总面积的0.02%。

全市耕地加权平均等级为3.98。

表4-1　耕地地力等级评价结果

耕地质量等级	综合指数范围	等级面积/hm^2	占耕地总面积比例/%
一等	≥0.964 0	0	0
二等	0.933 0~0.964 0	25 586.01	3.32
三等	0.902 0~0.933 0	198 214.51	25.72
四等	0.871 0~0.902 0	341 634.88	44.33
五等	0.840 0~0.871 0	176 250.61	22.87
六等	0.809 0~0.840 0	27 204.40	3.53
七等	0.788 0~0.809 0	1 618.39	0.21
八等	0.747 0~0.788 0	154.13	0.02
九等	0.716 0~0.747 0	0	0
十等	<0.716 0	0	0

二等至三等耕地总面积223 800.52 hm^2，占全市耕地总面积的29.04%。

主要分布在辖区内东部的成武县和巨野县、北部的郓城县和鄄城县、中部的牡丹区和定陶区，辖区西部的东明县和南部曹县与单县分布较少（图 4-1）。

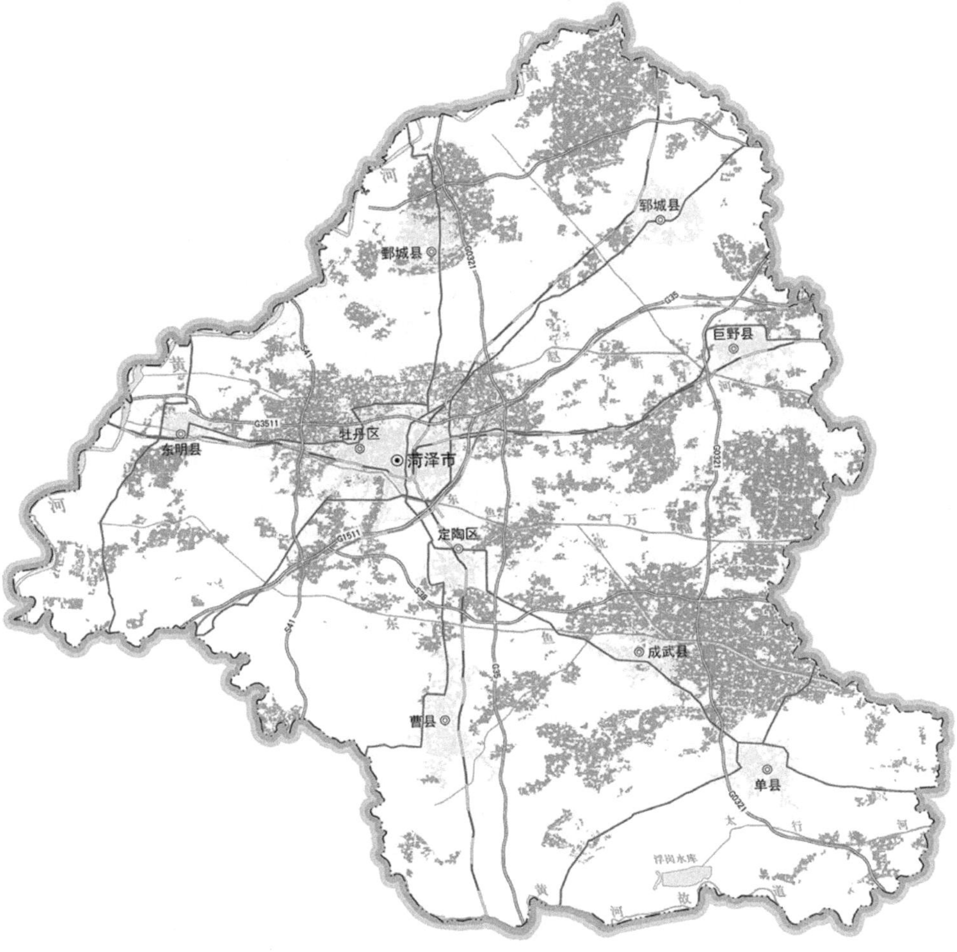

图 4-1　二等至三等耕地分布

四等至六等耕地总面积545 089.89 hm^2，占全市耕地总面积的70.73%。分布在全市的大部分区域，其中郓城县的北部、鄄城县的中部、牡丹区的中部、巨野县的东南部及成武县的中东部分布较少（图4-2）。

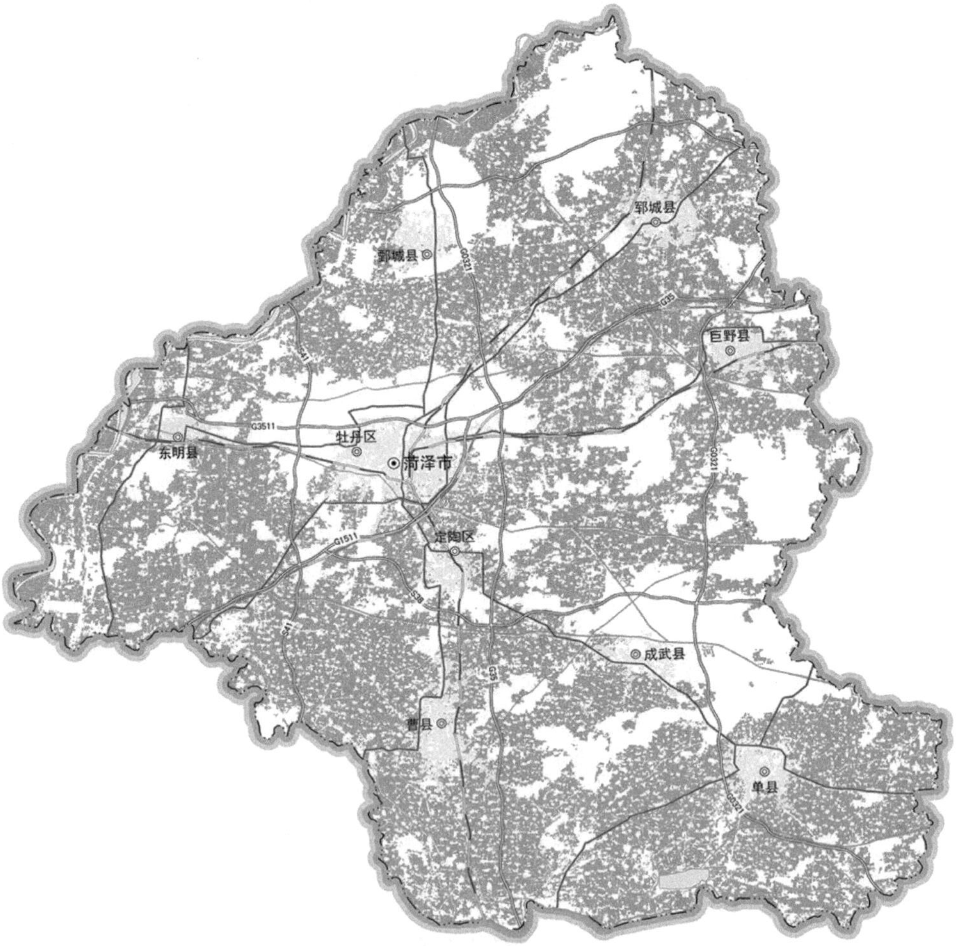

图4-2　四等至六等耕地分布

七等至八等耕地总面积 1 772.52 hm^2，占全市耕地总面积的 0.23%。零星分布郓城县的西部、定陶区的北部、东明县的东南部和曹县与单县的南部地区（图 4-3）。

图 4-3　七等至八等耕地分布

第一节　县区耕地地力等级面积及占比

结合评价结果图，叠加各乡镇街道行政区划图，统计得出各县区等级耕地面积及所占比例（表 4-2）。

表 4-2　各县区耕地各等级面积及占比

县区	项目	二等	三等	四等	五等	六等	七等	八等	合计
牡丹区	面积	4 917. 20	31 386. 36	33 344. 27	5 006. 87	74. 73	—	—	74 729. 43
	占比	6. 58	42. 00	44. 62	6. 70	0. 10	—	—	100. 00
定陶区	面积	1 572. 20	13 315. 22	24 988. 24	12 868. 32	969. 16	129. 22	—	53 842. 36
	占比	2. 92	24. 73	46. 41	23. 90	1. 80	0. 24	—	100. 00
曹县	面积	545. 44	15 929. 22	47 824. 84	49 200. 83	9 855. 04	471. 06	136. 36	123 962. 79
	占比	0. 44	12. 85	38. 58	39. 69	7. 95	0. 38	0. 11	100. 00
单县	面积	796. 58	15 082. 54	50 310. 08	34 221. 33	4 360. 21	41. 93	—	104 812. 67
	占比	0. 76	14. 39	48. 00	32. 65	4. 16	0. 04	—	100. 00
成武县	面积	2 679. 62	33 695. 27	20 997. 05	8 978. 74	306. 62	—	—	66 657. 30
	占比	4. 02	50. 55	31. 50	13. 47	0. 46	—	—	100. 00
巨野县	面积	5 112. 99	32 744. 30	38 740. 36	10 791. 14	803. 60	114. 80	—	88 307. 19
	占比	5. 79	37. 08	43. 87	12. 22	0. 91	0. 13	—	100. 00
郓城县	面积	6 088. 70	27 658. 57	49 789. 66	18 043. 72	4 013. 25	275. 31	21. 18	105 890. 39
	占比	5. 75	26. 12	47. 02	17. 04	3. 79	0. 26	0. 02	100. 00
鄄城县	面积	3 715. 88	13 591. 94	29 871. 96	16 161. 43	2 543. 14	—	—	65 884. 35
	占比	5. 64	20. 63	45. 34	24. 53	3. 86	—	—	100. 00
东明县	面积	199. 48	15 021. 83	45 828. 73	20 841. 49	4 223. 81	615. 79		86 731. 13
	占比	0. 23	17. 32	52. 84	24. 03	4. 87	0. 71	—	100. 00

注：面积单位为 hm^2，占比单位为%。

第二节　耕地地力等级分述

在全市的大部分耕地中，有效土层厚度大于 100 cm，土壤清洁。

一、二等耕地

评价综合指数≥0. 933 0 且＜0. 964 0 的为二等耕地，全市二等耕地面积

25 586.01 hm^2，占全市耕地总面积的 3.32%。主要分布在郓城县北部的侯咽集镇，鄄城县中部的大埝、箕山、凤凰三镇，巨野县东南部的陶庙镇和谢集镇，牡丹区东部的安兴镇和皇镇街道，定陶区东北部的黄店镇和半堤镇，成武县西北部的伯乐集镇和汶上集镇（图 4-4）。

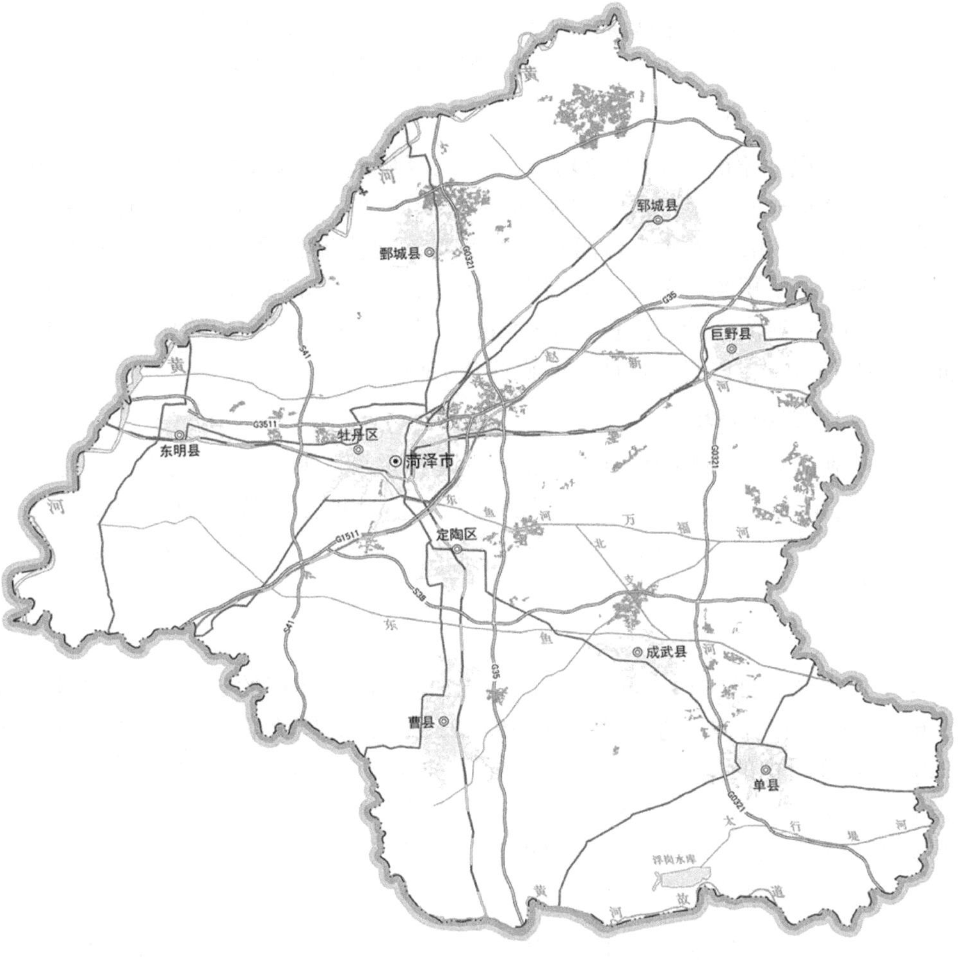

图 4-4　二等耕地分布

郓城县二等耕地面积6 088.70 hm^2，占郓城县耕地总面积的 5.75%，占全市二等耕地总面积的 23.70%；巨野县二等耕地面积5 112.99 hm^2，占巨野县耕地总面积的 5.79%，占全市二等耕地总面积的 19.99%；牡丹区二等耕地面积 4 917.20 hm^2，占牡丹区耕地总面积的 6.58%，占全市二等耕地总面积的 19.18%；鄄城县二等耕地面积3 715.88 hm^2，占鄄城县耕地总面积的 5.64%，占全市二等耕地总面积的 14.51%；成武县二等耕地面积2 679.62 hm²，占成武县耕地总面积的4.02%，占全市二等耕地总面积的 10.41%；定陶区二等耕地面积1 572.20 hm²，占定陶区耕地总面积的 2.92%，占全市二等耕地总面积的6.15%；单县二等耕地面积 796.58 hm²，占单县耕地总面积的 0.76%，占全市二等耕地总面积的 3.15%；曹县二等耕地面积 545.44 hm²，占曹县耕地总面积的0.44%，占全市二等耕地总面积的 2.12%；东明县二等耕地面积 199.48 hm²，占东明县耕地总面积的 0.23%，占全市二等耕地总面积的 0.79%。

（一）地形部位

平坦洪积平原面积9 858.29 hm²，占二等耕地总面积的 38.53%；倾斜洪积平原面积9 855.73 hm²，占二等耕地总面积的 38.52%；起伏洪积低台地面积2 466.49 hm²，占二等耕地总面积的 9.64%；起伏洪积平原面积2 113.40 hm²，占二等耕地总面积的 8.26%；倾斜洪积低台地面积885.28 hm²，占二等耕地总面积的3.46%；河流低阶地面积 204.69 hm²，占二等耕地总面积的 0.80%；决口扇面积 202.13 hm²，占二等耕地总面积的 0.79%。

（二）耕层质地

二等耕地的耕层质地包括轻壤、中壤和重壤 3 种类型。其中，中壤面积17 633.88 hm²，占二等耕地总面积的 68.92%；重壤面积5 063.47 hm²，占二等耕地总面积的 19.79%；轻壤面积 2 888.66 hm²，占二等耕地总面积的 11.29%。

（三）质地构型

上松下紧型面积13 189.59 hm²，占二等耕地总面积的 51.55%；紧实型面积6 045.97 hm²，占二等耕地总面积的 23.63%；通体壤面积4 014.44 hm²，占二等耕地总面积的 15.69%；上紧下松型面积1 665.65 hm²，占二等耕地总面积的 6.51%；通体砂面积 585.92 hm²，占二等耕地总面积的 2.29%；夹层型面积 84.43 hm²，占二等耕地总面积的 0.33%。

（四）耕层厚度

耕层厚度在 15~20 cm 的面积25 391.56 hm²，占二等耕地总面积的 99.24%；耕层厚度小于 15 cm 的面积 194.45 hm²，占二等耕地总面积的 0.76%。

（五）土壤容重

土壤容重适中面积25 181.75 hm²，占二等耕地总面积的 98.42%；偏重面积 404.26 hm²，占二等耕地总面积的 1.58%。

（六）地下水埋深

地下水埋深大于 3 m 的面积 25 586.01 hm²，占二等耕地总面积的 100.00%。

（七）盐渍化程度

无盐渍化面积25 524.60 hm^2，占二等耕地总面积的 99.76%；微度盐渍化面积 61.41 hm^2，占二等耕地总面积的 0.24%。

（八）障碍因素

无障碍因素面积 25 545.07 hm^2，占二等耕地总面积的 99.84%；夹砂层面积 40.94 hm^2，占二等耕地总面积的 0.16%。

（九）生物多样性

生物多样性一般面积 25 573.22 hm^2，占二等耕地总面积的 99.95%；丰富面积 12.79 hm^2，占二等耕地总面积的 0.05%。

（十）农田林网化程度

农田林网化程度中面积 18 273.53 hm^2，占二等耕地总面积的 71.42%；程度低面积7 312.48 hm^2，占二等耕地总面积的 28.58%。

（十一）灌溉能力

灌溉能力充分满足面积 25 337.83 hm^2，占二等耕地总面积的 99.03%；灌溉能力满足面积 248.18 hm^2，占二等耕地总面积的 0.97%。

（十二）排水能力

排水能力充分满足面积 176.54 hm^2，占二等耕地总面积的 0.69%；排水能力满足面积16 968.64 hm^2，占二等耕地总面积的 66.32%；排水能力基本满足面积8 440.82 hm^2，占二等耕地总面积的 32.99%。

（十三）养分含量

由表 4-3 可以看出，二等耕地的土壤 pH 值为 8.0，比较适宜于作物生长发育；有机质含量平均值为 17.8 g/kg，属于中等含量水平；有效磷含量平均值为 24.8 mg/kg，属于中等含量水平；速效钾含量平均值为 183.3 mg/kg，属于中等偏高含量水平。

表 4-3 二等耕地主要养分含量

项目	pH 值	有机质/（g/kg）	有效磷/（mg/kg）	速效钾/（mg/kg）
平均值	8.0	17.8	24.8	183.3
含量范围	7.6~8.3	12.5~23.3	13.3~35.6	114.4~298.0

(十四) 合理利用

二等耕地是菏泽市重要的优质耕地，是主要的粮食和蔬菜生产基地，但从生产条件及土壤肥力状况上看还具备提升潜力，应该加强以下措施来提高耕地地力水平：一是增施有机肥料，推广秸秆还田，不断培肥地力；二是采取深耕或深翻措施，破除耕地犁底层，有利于根系下扎，提高土壤保肥水能力；三是加强农田基础建设，结合高标准农田等国家项目，推广节水灌溉或水肥一体化技术，提高灌溉保证率；四是科学施肥，因地制宜推广测土配肥施肥技术，加强中、微量元素肥料施用，协调大、中、微量养分比例。

二、三等耕地

评价综合指数≥0.902 0 且＜0.933 0的为三等耕地，全市三等耕地面积198 214.51 hm^2，占全市耕地总面积的25.72%。主要分布在成武县东部和南部的大田集镇、张楼镇、党集镇、苟村镇、白浮图镇和天宫庙镇等，巨野县西部和南部的董官屯镇、田桥镇、大义镇、大谢集镇、陶庙镇、营里镇等，牡丹区北部、西部和南部的都司镇、黄堽镇、吴店镇、高庄镇、吕陵镇、马岭岗镇和王浩屯镇等，郓城县北部和西南部的黄集镇、李集镇、玉皇庙镇和黄泥冈镇等，曹县东北部的苏集镇、侯集回族镇、古营集镇等，单县北部的李新庄镇、徐寨镇和谢集镇，鄄城县中部的李进士堂镇、大埝镇、董口镇等，东明县中部的渔沃街道、沙窝镇、东明集镇等（图4-5）。

成武县三等耕地面积33 695.27 hm^2，占成武县耕地总面积的50.55%，占全市三等耕地总面积的16.91%；巨野县三等耕地面积32 744.30 hm^2，占巨野县耕地总面积的37.08%，占全市三等耕地总面积的16.53%；牡丹区三等耕地面积31 386.36 hm^2，占牡丹区耕地总面积的42.00%，占全市三等耕地总面积的15.81%；郓城县三等耕地面积27 658.57 hm^2，占郓城县耕地总面积的26.12%，占全市三等耕地总面积的13.90%；曹县三等耕地面积15 929.22 hm^2，占曹县耕地总面积的12.85%，占全市三等耕地总面积的8.06%；单县三等耕地面积15 082.54 hm^2，占单县耕地总面积的14.39%，占全市三等耕地总面积的7.65%；东明县三等耕地面积15 021.83 hm^2，占东明县耕地总面积的17.32%，占全市三等耕地总面积的7.56%；鄄城县三等耕地面积13 591.94 hm^2，占鄄城县耕地总面积的20.63%，占全市三等耕地总面积的6.86%；定陶区三等耕地面积13 315.22 hm^2，占定陶区耕地总面积的24.73%，占全市三等耕地总面积的6.72%。

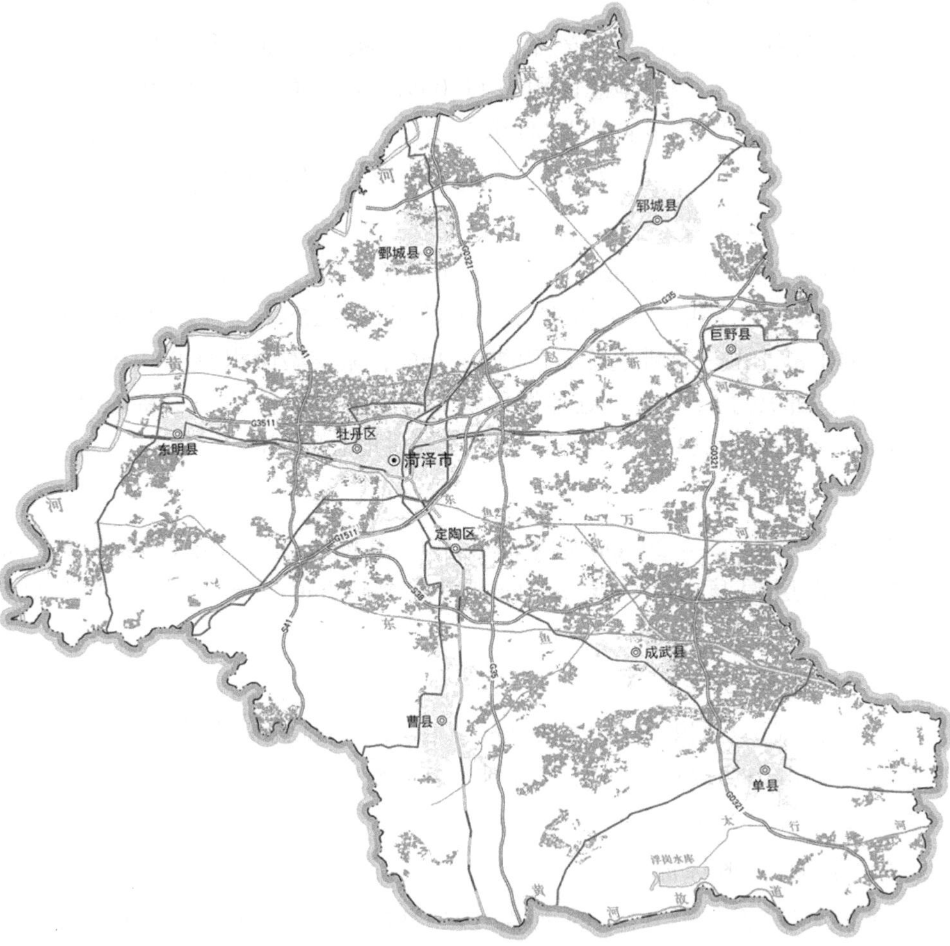

图 4-5　三等耕地分布

（一）地形部位

平坦洪积平原面积71 436. 51 hm²，占三等耕地总面积的 36. 04%；倾斜洪积平原面积 51 575. 42 hm²，占三等耕地总面积的 26. 02%；决口扇面积 20 495. 38 hm²，占三等耕地总面积的 10. 34%；倾斜洪积低台地面积 20 198. 06 hm²，占三等耕地总面积的 10. 19%；起伏洪积平原面积 19 742. 17 hm²，占三等耕地总面积的 9. 96%；河漫滩面积4 182. 33 hm²，占三等耕地总面积的 2. 11%；河流低阶地面积4 122. 86 hm²，占三等耕地总面积的 2. 08%；起伏洪积低台地面积3 865. 18 hm²，占三等耕地总面积的 1. 95%；古河道洼地面积2 596. 61 hm²，占三等耕地总面积的 1. 31%。

(二) 耕层质地

三等耕地的耕层质地包括砂壤、轻壤、中壤和重壤 4 种类型。砂壤面积 21 922.52 hm^2，占三等耕地总面积的 11.06%；轻壤面积78 710.98 hm^2，占三等耕地总面积的 39.71%；中壤面积71 555.44 hm^2，占三等耕地总面积的 36.10%；重壤面积26 025.57 hm^2，占三等耕地总面积的 13.13%。

(三) 质地构型

通体砂面积 55 420.78 hm^2，占三等耕地总面积的 27.96%；上松下紧型面积 53 815.24 hm^2，占三等耕地总面积的 27.15%；上紧下松型面积 32 011.64 hm^2，占三等耕地总面积的 16.15%；紧实型面积31 080.04 hm^2，占三等耕地总面积的 15.68%；通体壤面积22 576.63 hm^2，占三等耕地总面积的 11.39%；夹层型面积3 310.18 hm^2，占三等耕地总面积的 1.67%。

(四) 耕层厚度

耕层厚度在 15～20 cm 面积 195 340.40 hm^2，占三等耕地总面积的 98.55%；耕层厚度小于 15 cm 面积 2 874.11 hm^2，占三等耕地总面积的 1.45%。

(五) 土壤容重

土壤容重适中面积 193 615.93 hm^2，占三等耕地总面积的 97.68%；土壤容重偏重面积4 578.76 hm^2，占三等耕地总面积的 2.31%；土壤容重偏轻面积 19.82 hm^2，占三等耕地总面积的 0.01%。

(六) 地下水埋深

地下水埋深大于 3 m 的面积 198 214.51 hm^2，占三等耕地总面积的 100.00%。

(七) 盐渍化程度

无盐渍化面积 194 607.01 hm^2，占三等耕地总面积的 98.18%；微度盐渍化面积 2 656.07 hm^2，占三等耕地总面积的 1.34%；轻度盐渍化面积 951.43 hm^2，占三等耕地总面积的 0.48%。

(八) 障碍因素

无障碍因素面积 197 263.08 hm^2，占三等耕地总面积的 99.52%；夹砂层面积 951.43 hm^2，占三等耕地总面积的 0.48%。

(九) 生物多样性

生物多样性一般面积 197 837.90 hm^2，占三等耕地总面积的 99.81%；生物多样性丰富面积356.79 hm^2，占三等耕地总面积的0.18%；生物多样性不丰富面积19.82 hm^2，占三等耕地总面积的0.01%。

（十）农田林网化程度

农田林网化程度中面积149 731.24 hm^2，占三等耕地总面积的75.54%；程度低面积47 848.98 hm^2，占三等耕地总面积的24.14%；程度高面积634.29 hm^2，占三等耕地总面积的0.32%。

（十一）灌溉能力

灌溉能力充分满足面积120 573.89 hm^2，占三等耕地总面积的60.83%；灌溉能力满足面积74 052.94 hm^2，占三等耕地总面积的37.36%；灌溉能力基本满足面积3 587.68 hm^2，占三等耕地总面积的1.81%。

（十二）排水能力

排水能力充分满足面积931.61 hm^2，占三等耕地总面积的0.47%；排水能力满足面积155 241.60 hm^2，占三等耕地总面积的78.32%；排水能力基本满足面积42 041.30 hm^2，占三等耕地总面积的21.21%。

（十三）养分含量

由表4-4可以看出，三等耕地的土壤pH值为8.1，比二等耕地pH值略高；有机质含量平均值为17.0 g/kg，属于中等含量水平；有效磷含量平均值为24.3 mg/kg，属于中等含量水平；速效钾含量平均值为177.9 mg/kg，属于中等偏高含量水平。

表4-4　三等耕地主要养分含量

项目	pH值	有机质/（g/kg）	有效磷/（mg/kg）	速效钾/（mg/kg）
平均值	8.1	17.0	24.3	177.9
含量范围	7.6~8.4	10.8~23.0	11.9~40.4	91.5~334.0

（十四）合理利用

三等耕地也是菏泽市主要的粮食蔬菜生产主产区，产量水平处于中等偏上水平。但存在部分耕地灌溉水平参差不齐，灌溉条件受到限制。改良措施主要有：一是搞好农田基本建设，维护和建设农田水利设施，发展节水灌溉，提高灌溉水利用系数；二是加强深翻、秸秆还田技术推广力度，增加耕地厚度，改善土壤理化性状；三是增施有机肥，加强测土配肥施肥及水肥一体化技术的推广应用，协调土壤养分状况，提高耕地生产能力。

三、四等耕地

评价综合指数≥0.871 0 且<0.902 0 的为四等耕地。全市四等耕地面积 341 634.88 hm^2，占全市耕地总面积的 44.33%。在全市的大部分区域都有分布，其中郓城县的北部、巨野县的东南部、成武县的中部和东南部、单县的中部和西南部，牡丹区的中部、鄄城县的北部相对较少（图 4-6）。

图 4-6　四等耕地分布

单县四等耕地面积50 310.08 hm^2，占单县耕地总面积的 48.00%，占全市四等耕地总面积的 14.81%；郓城县四等耕地面积49 789.66 hm^2，占郓城县耕地总面积的 47.02%，占全市四等耕地总面积的 14.52%；曹县四等耕地面积

47 824.84 hm^2，占曹县耕地总面积的 38.58%，占全市四等耕地总面积的 14.03%；东明县四等耕地面积 45 828.73 hm^2，占东明县耕地总面积的 52.84%，占全市四等耕地总面积的 13.37%；巨野县四等耕地面积 38 740.36 hm^2，占巨野县耕地总面积的 43.87%，占全市四等耕地总面积的 11.35%；牡丹区四等耕地面积 33 344.27 hm^2，占牡丹区耕地总面积的 44.62%，占全市四等耕地总面积的 9.75%；鄄城县四等耕地面积 29 871.96 hm^2，占鄄城县耕地总面积的 45.34%，占全市四等耕地总面积的 8.74%；定陶区四等耕地面积 24 988.24 hm^2，占定陶区耕地总面积的 46.41%，占全市四等耕地总面积的 7.32%；成武县四等耕地面积 20 997.05 hm^2，占成武县耕地总面积的 31.50%，占全市四等耕地总面积的 6.11%。

（一）地形部位

平坦洪积平原面积 111 270.48 hm^2，占四等耕地总面积的 32.57%；决口扇面积 70 376.79 hm^2，占四等耕地总面积的 20.60%；倾斜洪积平原面积 53 465.86 hm^2，占四等耕地总面积的 15.65%；倾斜洪积低台地面积 31 396.25 hm^2，占四等耕地总面积的 9.19%；河漫滩面积 25 725.11 hm^2，占四等耕地总面积的 7.53%；起伏洪积平原面积 18 824.08 hm^2，占四等耕地总面积的 5.51%；古河道洼地面积 12 503.84 hm^2，占四等耕地总面积的 3.66%；起伏洪积低台地面积 9 394.96 hm^2，占四等耕地总面积的 2.75%；河流低阶地面积 8 677.53 hm^2，占四等耕地总面积的 2.54%。

（二）耕层质地

四等耕地的耕层质地包括砂壤、轻壤、中壤、重壤和黏土 5 种类型。其中，砂壤面积 117 727.38 hm^2，占四等耕地总面积的 34.46%；轻壤面积 116 770.80 hm^2，占四等耕地总面积的 34.18%；中壤面积 64 022.38 hm^2，占四等耕地总面积的 18.74%；重壤面积 42 294.40 hm^2，占四等耕地总面积的 12.38%；黏土面积 819.92 hm^2，占四等耕地总面积的 0.24%。

（三）质地构型

通体砂面积 195 859.28 hm^2，占四等耕地总面积的 57.33%；上紧下松型面积 37 443.18 hm^2，占四等耕地总面积的 10.96%；紧实型面积 34 949.25 hm^2，占四等耕地总面积的 10.23%；上松下紧型面积 32 967.77 hm^2，占四等耕地总面积的 9.65%；通体壤面积 32 591.97 hm^2，占四等耕地总面积的 9.54%；夹层型面积 7 823.44 hm^2，占四等耕地总面积的 2.29%。

（四）耕层厚度

耕层厚度在 15～20 cm 的面积 333 948.10 hm^2，占四等耕地总面积的 97.75%；耕层厚度小于 15 cm 的面积 7 686.78 hm^2，占四等耕地总面积的 2.25%。

（五）土壤容重

土壤容重适中面积 331 454.16 hm^2，占四等耕地总面积的 97.02%；土壤容重偏重面积9 189.98 hm^2，占四等耕地总面积的 2.69%；土壤容重偏轻面积 990.74 hm^2，占四等耕地总面积的 0.29%。

（六）地下水埋深

地下水埋深大于 3 m 的面积 341 634.88 hm^2，占四等耕地总面积的 100.00%。

（七）盐渍化程度

无盐渍化面积 329 404.35 hm^2，占四等耕地总面积的 96.42%；微度盐渍化面积 7 857.60 hm^2，占四等耕地总面积的 2.30%；轻度盐渍化面积 4 338.76 hm^2，占四等耕地总面积的 1.27%；中度盐渍化面积 34.16 hm^2，占四等耕地总面积的 0.01%。

（八）障碍因素

无障碍因素面积 338 867.64 hm^2，占四等耕地总面积的 99.19%；夹砂层面积2 767.24 hm^2，占四等耕地总面积的 0.81%。

（九）生物多样性

生物多样性一般面积 341 190.75 hm^2，占四等耕地总面积的 99.87%；生物多样性不丰富面积 273.31 hm^2，占四等耕地总面积的 0.08%；生物多样性丰富面积 170.82 hm^2，占四等耕地总面积的 0.05%。

（十）农田林网化程度

农田林网化程度中面积 248 266.07 hm^2，占四等耕地总面积的 72.67%；农田林网化程度低面积92 856.36 hm^2，占四等耕地总面积的 27.18%；农田林网化程度高面积 512.45 hm^2，占四等耕地总面积的 0.15%。

（十一）灌溉能力

灌溉能力充分满足面积 63 373.27 hm^2，占四等耕地总面积的 18.55%；灌溉能力满足面积 203 477.73 hm^2，占四等耕地总面积的 59.56%；灌溉能力基本满足面积74 544.73 hm^2，占四等耕地总面积的 21.82%；灌溉能力不满足面积 239.14 hm^2，占四等耕地总面积的 0.07%。

（十二）排水能力

排水能力充分满足面积 273.31 hm^2，占四等耕地总面积的 0.08%；排水能力满足面积 265 791.94 hm^2，占四等耕地总面积的 77.80%；排水能力基本满足面积 75 569.64 hm^2，占四等耕地总面积的 22.12%。

（十三）养分含量

由表 4-5 可以看出，四等耕地的土壤 pH 值为 8.1，与三等耕地 pH 值一致，比二等耕地 pH 略高；有机质含量平均值为 16.9 g/kg，属于中等含量水平；有效磷含量平均值为 23.6 mg/kg，属于中等含量水平；速效钾含量平均值为 170.5 mg/kg，属于中等偏高含量水平。

表 4-5　四等耕地主要养分含量

项目	pH 值	有机质/（g/kg）	有效磷/（mg/kg）	速效钾/（mg/kg）
平均值	8.1	16.9	23.6	170.5
含量范围	7.5~8.4	10.6~22.3	12.0~40.3	88.7~334.0

（十四）合理利用

四等耕地在菏泽市耕地面积中占比最大，产量水平中等偏上。该等耕地水源保障率不高，农田水利设施还不够完善，灌溉保证率较二等耕地有较大的差距。部分耕地土壤砂性大，保水保肥性差，部分耕地有盐渍化威胁。改良措施主要有：一是加强土地平整，重视农田水利设施建设，推广管灌、喷灌或滴灌等节水灌溉措施，提高灌溉保证率；二是深翻改土，增施有机肥料，推广秸秆还田，改良土壤质地，加深耕层厚度，提高有机质含量；三是落实好测土配肥施肥技术，针对作物不同的缺素问题（部分玉米缺锌、个别田块小麦缺硼），协调氮磷钾比例，增施中微量元素肥料；四是对有盐渍化威胁的耕地，合理制订灌溉方案，充分利用河水灌溉，加强耕地培肥，打造旱能浇、涝能排的耕地。

四、五等耕地

评价综合指数≥0.840 0 且＜0.871 0的为五等耕地，全市五等耕地面积 176 250.61 hm^2，占全市耕地总面积的 22.87%。主要分布在曹县的庄寨镇、常乐集镇、魏湾镇、倪集街道、普连集镇、青岗集镇、孙老家镇、阎店楼镇、朱洪庙镇、仵楼镇等大部分地区，单县西南部的莱河镇、东城街道、黄岗镇、龙王庙镇、浮岗镇、高韦庄镇和高老家乡等，成武县西南部和西北部的九女集镇、天宫庙镇、伯乐集镇、汶上集镇和南鲁集镇等，定陶区东部和北部的黄店镇、陈集镇、仿山镇和半堤镇等，东明县西部和东部的沙窝镇、长兴集乡、焦园乡、陆圈镇、大屯镇等，牡丹区北部和南部的小留镇、高庄镇和大黄集镇，巨野县东部和西部的独山镇、大平镇和龙堌镇，郓城县南部的丁里长街道、随官屯镇、郭屯镇、武安镇、黄安镇和唐庙镇等，鄄城县西部和南部的旧城镇、临濮镇、什集镇、彭楼镇、郑营镇和阎什镇等（图 4–7）。

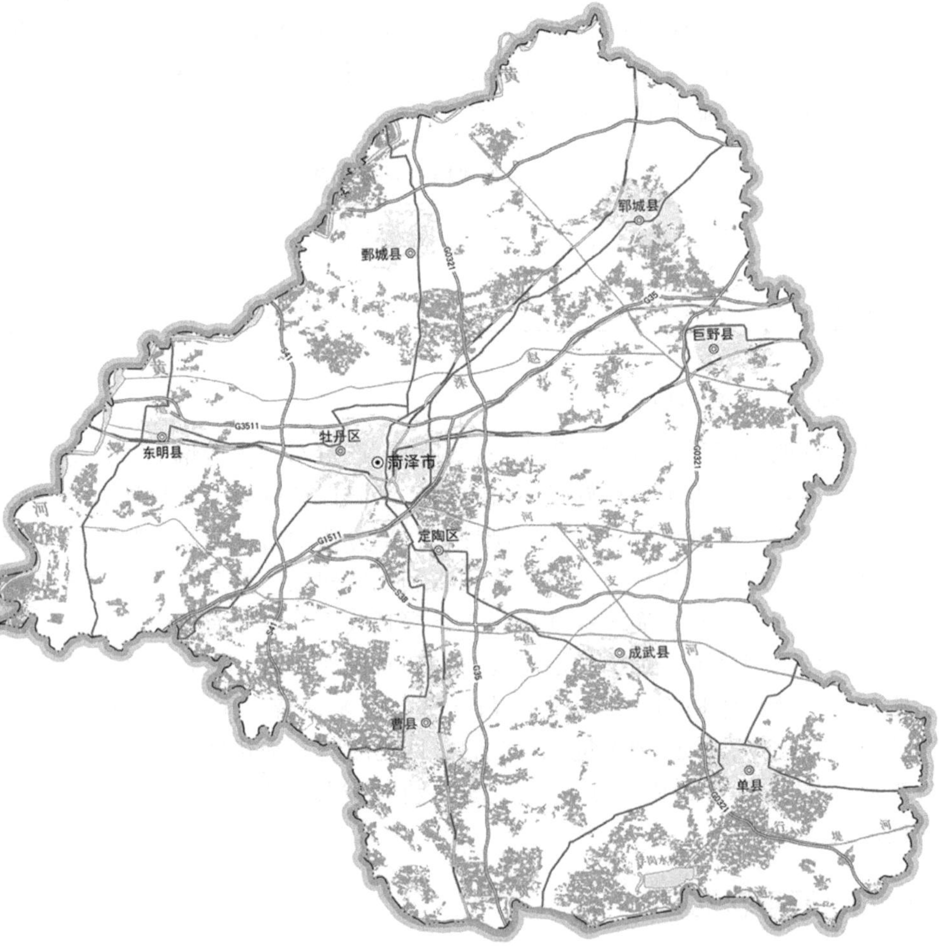

图 4–7　五等耕地分布

曹县五等耕地面积49 200. 83 hm^2，占曹县耕地总面积的 39. 69%，占全市五等耕地总面积的 27. 97%；单县五等耕地面积34 221. 33 hm^2，占单县耕地总面积的 32.65%，占全市五等耕地总面积的 19.52%；东明县五等耕地面积 20 841.49 hm^2，占东明县耕地总面积的 24.03%，占全市五等耕地总面积的 11.79%；郓城县五等耕地面积 18 043.72 hm^2，占郓城县耕地总面积的 17.04%，占全市五等耕地总面积的 10.20%；鄄城县五等耕地面积 16 161.43 hm^2，占鄄城县耕地总面积的 24.53%，占全市五等耕地总面积的 9.17%；定陶区五等耕地面积 12 868.32 hm^2，占定陶区耕地总面积的 23.90%，占全市五等耕地总面积的 7.31%；巨野县五等耕地面积 10 791.14 hm^2，占巨野县耕地总面积的 12.22%，占全市五等耕地总面积的 6.13%；成武县五等耕地面积 8 978.74 hm^2，占成武县耕地总面积的 13.47%，占全市五等耕地总面积的 5.07%；牡丹区五等耕地面积 5 006.87 hm^2，占牡丹区耕地总面积的 6.70%，占全市五等耕地总面积的 2.84%。

（一）地形部位

平坦洪积平原面积 46 970.79 hm^2，占五等耕地总面积的 26.65%；决口扇面积 44 203.65 hm^2，占五等耕地总面积的 25.08%；河漫滩面积 23 970.08 hm^2，占五等耕地总面积的 13.60%；倾斜洪积低台地面积 20 304.07 hm^2，占五等耕地总面积的 11.52%；倾斜洪积平原面积 11 949.79 hm^2，占五等耕地总面积的 6.78%；古河道洼地面积 10 522.16 hm^2，占五等耕地总面积的 5.97%；起伏洪积低台地面积 7 085.27 hm^2，占五等耕地总面积的 4.02%；起伏洪积平原面积 5 798.65 hm^2，占五等耕地总面积的 3.29%；河流低阶地面积 5 446.14 hm^2，占五等耕地总面积的 3.09%。

（二）耕层质地

五等耕地的耕层质地包括砂土、砂壤、轻壤、中壤、重壤和黏土 6 种类型。其中，砂土面积 4 547.27 hm^2，占五等耕地总面积的 2.58%；砂壤面积 113 787.39 hm^2，占五等耕地总面积的 64.56%；轻壤面积 30 174.10 hm^2，占五等耕地总面积的 17.12%；中壤面积 13 729.92 hm^2，占五等耕地总面积的 7.79%；重壤面积 11 544.41 hm^2，占五等耕地总面积的 6.55%；黏土面积 2 467.51 hm^2，占五等耕地总面积的 1.40%。

（三）质地构型

通体砂面积 125 137.93 hm^2，占五等耕地总面积的 71.00%；上紧下松型面积 21 396.82 hm^2，占五等耕地总面积的 12.14%；通体壤面积 16 232.68 hm^2，占五等耕地总面积的 9.21%；上松下紧型面积 7 525.90 hm^2，占五等耕地总面积的 4.27%；紧实型面积 4 441.52 hm^2，占五等耕地总面积的 2.52%；夹层型面积 1 515.76 hm^2，占五等耕地总面积的 0.86%。

（四）耕层厚度

耕层厚度在 15～20 cm 的面积 172 566.97 hm^2，占五等耕地总面积的 97.91%；耕层厚度小于 15 cm 的面积 3 683.64 hm^2，占五等耕地总面积的 2.09%。

（五）土壤容重

土壤容重适中面积 170 910.22 hm^2，占五等耕地总面积的 96.97%；土壤容重偏重面积4 935.02 hm^2，占五等耕地总面积的 2.80%；土壤容重偏轻面积 405.38 hm^2，占五等耕地总面积的 0.23%。

（六）地下水埋深

地下水埋深大于 3 m 的面积 175 933.36 hm^2，占五等耕地总面积的 99.82%；地下水埋深在 2～3 m 的面积 317.25 hm^2，占五等耕地总面积的 0.18%。

（七）盐渍化程度

无盐渍化面积 162 291.56 hm^2，占五等耕地总面积的 92.08%；微度盐渍化面积 5 252.27 hm^2，占五等耕地总面积的 2.98%；轻度盐渍化面积 8 089.90 hm^2，占五等耕地总面积的 4.59%；中度盐渍化面积 581.63 hm^2，占五等耕地总面积的 0.33%；重度盐渍化面积 35.25 hm^2，占五等耕地总面积的 0.02%。

（八）障碍因素

无障碍因素面积 174 664.35 hm^2，占五等耕地总面积的 99.10%；夹砂层面积1 586.26 hm^2，占五等耕地总面积的 0.90%。

（九）生物多样性

生物多样性一般面积 176 197.73 hm^2，占五等耕地总面积的 99.97%；生物多样性不丰富面积 52.88 hm^2，占五等耕地总面积的 0.03%。

（十）农田林网化程度

农田林网化程度中面积 135 060.84 hm^2，占五等耕地总面积的 76.63%；农田林网化程度低面积41 189.77 hm^2，占五等耕地总面积的 23.37%。

（十一）灌溉能力

灌溉能力充分满足面积 4 882.14 hm^2，占五等耕地总面积的 2.77%；灌溉能力满足面积74 078.13 hm^2，占五等耕地总面积的 42.03%；灌溉能力基本满足面积91 967.57 hm^2，占五等耕地总面积的 52.18%；灌溉能力不满足面积

5 322. 77 hm^2，占五等耕地总面积的 3. 02%。

（十二）排水能力

排水能力满足面积142 304. 74 hm^2，占五等耕地总面积的 80. 74%；排水能力基本满足面积33 945. 87 hm^2，占五等耕地总面积的 19. 26%。

（十三）养分含量

由表 4-6 可以看出，五等耕地的土壤 pH 值为 8. 1，与三等、四等耕地 pH 值一致，比二等耕地 pH 值略高；有机质含量平均值为 16. 4 g/kg，属于中等含量水平；有效磷含量平均值为 21. 8 mg/kg，属于中等含量水平；速效钾含量平均值为 163. 2 mg/kg，属于中等偏高含量水平。

表 4-6　五等耕地主要养分含量

项目	pH 值	有机质/（g/kg）	有效磷/（mg/kg）	速效钾/（mg/kg）
平均值	8. 1	16. 4	21. 8	163. 2
含量范围	7. 7～8. 4	9. 7～22. 3	10. 9～40. 7	88. 0～306. 2

（十四）合理利用

五等耕地在菏泽市耕地面积中占比较多，产量水平中等。该等耕地水源基础一般，农田水利设施及灌溉保证率也较低，与较好地块相比有较大的差距。大部分耕地土壤偏砂，保水保肥性差，部分耕地存在盐渍化威胁。改良措施主要有：一是充分利用好各类惠农项目，加快推进农田水利等基础设施建设，推广畦灌、管灌或水肥一体化等节水灌溉措施，提高耕地灌溉能力；二是推广秸秆还田、保护性耕作等技术，加强农田防护林网建设，部分盐渍化土壤，要健全排水设施，控制地下水位；三是增施有机肥料，推广粪肥就近就地腐熟还田，提高土壤有机质含量，逐步改良土壤；四是推广测土配肥施肥技术，及时发布适宜当地的主要作物施肥配方和施肥建议，针对缺素地块，进行有针对性的补充，同时选用适宜的肥料品种。

五、六等耕地

评价综合指数≥0. 809 0 且＜0. 840 0的为六等耕地，全市六等耕地面积27 204. 40 hm^2，占全市耕地总面积的 3. 53%。主要分布在曹县的砖庙镇、魏湾镇、郑庄街道、苏集镇、青堌集镇和仵楼镇等，单县的浮岗镇、李田楼镇和张集镇等，成武县的九女集镇，定陶区的陈集镇和半堤镇，东明县的马头镇、小井镇、东明集镇、陆圈镇和菜园集镇等，巨野县的开发区、永丰街道和独山镇，郓城县的陈坡乡、水堡乡和程屯镇，鄄城县的什集镇、临濮镇和李进士堂镇（图 4-8）。

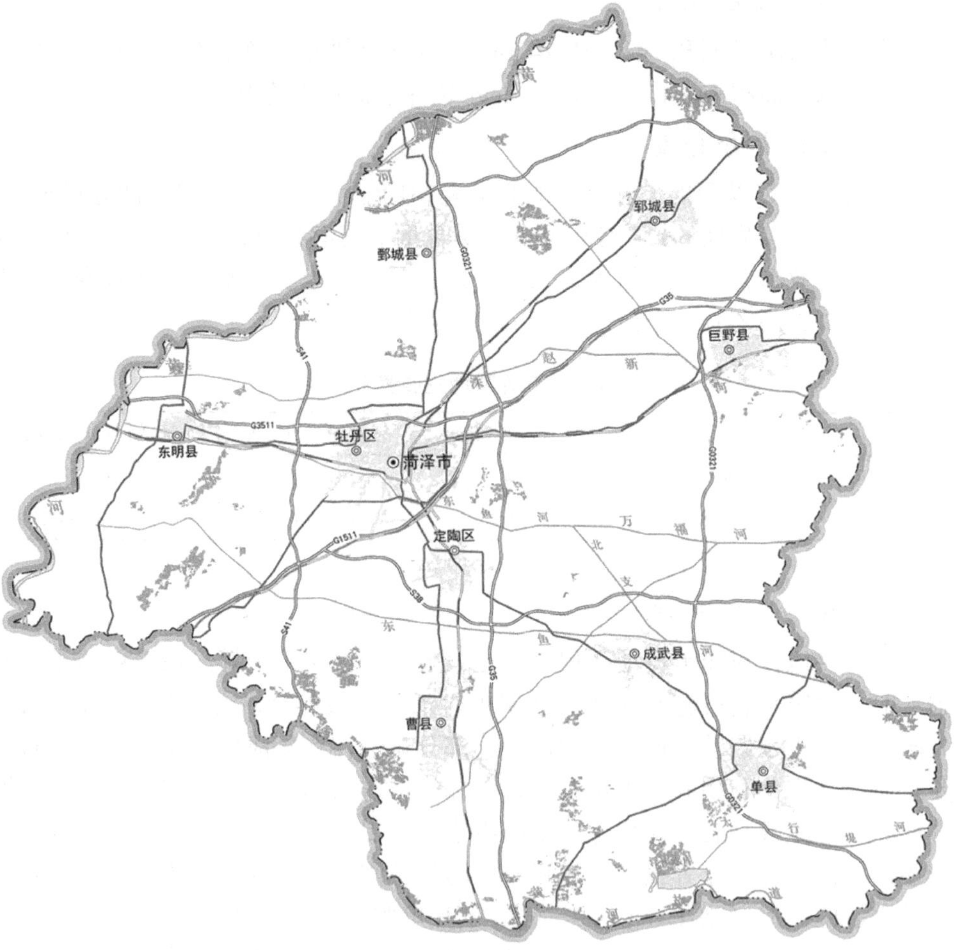

图 4-8　六等耕地分布

曹县六等耕地面积 9 855. 04 hm^2，占曹县耕地总面积的 7. 95%，占全市六等耕地总面积的 36. 34%；单县六等耕地面积 4 360. 21 hm^2，占单县耕地总面积的 4. 16%，占全市六等耕地总面积的 16. 15%；东明县六等耕地面积 4 223. 81 hm^2，占东明县耕地总面积的 4. 87%，占全市六等耕地总面积的 15. 51%；郓城县六等耕地面积 4 013. 25 hm^2，占郓城县耕地总面积的 3. 79%，占全市六等耕地总面积的 14. 71%；鄄城县六等耕地面积 2 543. 14 hm^2，占鄄城县耕地总面积的 3. 86%，占全市六等耕地总面积的 9. 37%；定陶区六等耕地面积 969. 16 hm^2，占定陶区耕地总面积的 1. 80%，占全市六等耕地总面积的

3.57%；巨野县六等耕地面积803.60 hm^2，占巨野县耕地总面积的0.91%，占全市六等耕地总面积的2.96%；成武县六等耕地面积306.62 hm^2，占成武县耕地总面积的0.46%，占全市六等耕地总面积的1.13%；牡丹区六等耕地面积74.73 hm^2，占牡丹区耕地总面积的0.10%，占全市六等耕地总面积的0.26%。

（一）地形部位

决口扇面积8 855.03 hm^2，占六等耕地总面积的32.55%；平坦洪积平原面积4 839.66 hm^2，占六等耕地总面积的17.79%；河漫滩面积4 317.34 hm^2，占六等耕地总面积的15.87%；古河道洼地面积3 952.80 hm^2，占六等耕地总面积的14.53%；河流低阶地面积1 713.88 hm^2，占六等耕地总面积的6.30%；起伏洪积平原面积1 322.13 hm^2，占六等耕地总面积的4.86%；起伏洪积低台地面积821.57 hm^2，占六等耕地总面积的3.02%；倾斜洪积低台地面积769.88 hm^2，占六等耕地总面积的2.83%；倾斜洪积平原面积612.10 hm^2，占六等耕地总面积的2.25%。

（二）耕层质地

六等耕地的耕层质地包括砂土、砂壤、轻壤、中壤、重壤和壤质砾石土6种类型。其中，砂土面积8 155.88 hm^2，占六等耕地总面积的29.98%；砂壤面积16 273.67 hm^2，占六等耕地总面积的59.82%；轻壤面积1 169.79 hm^2，占六等耕地总面积的4.30%；中壤面积688.27 hm^2，占六等耕地总面积的2.53%；重壤面积867.82 hm^2，占六等耕地总面积的3.19%；壤质砾石土面积48.97 hm^2，占六等耕地总面积的0.18%。

（三）质地构型

通体砂面积21 812.49 hm^2，占六等耕地总面积的80.18%；上紧下松型面积2 538.17 hm^2，占六等耕地总面积的9.33%；通体壤面积2 072.98 hm^2，占六等耕地总面积的7.62%；紧实型面积473.36 hm^2，占六等耕地总面积的1.74%；夹层型面积225.80 hm^2，占六等耕地总面积的0.83%；上松下紧型面积81.61 hm^2，占六等耕地总面积的0.30%。

（四）耕层厚度

耕层厚度在15～20 cm的面积26 565.10 hm^2，占六等耕地总面积的97.65%；耕层厚度小于15 cm面积639.30 hm^2，占六等耕地总面积的2.35%。

（五）土壤容重

土壤容重适中面积26 420.91 hm^2，占六等耕地总面积的97.12%；土壤容重偏重面积783.49 hm^2，占六等耕地总面积的2.88%。

（六）地下水埋深

地下水埋深大于3 m的面积27 204.40 hm^2，占六等耕地总面积的 100.00%。

(七) 盐渍化程度

无盐渍化面积 25 006.28 hm^2，占六等耕地总面积的 91.92%；微度盐渍化面积 1 186.11 hm^2，占六等耕地总面积的 4.36%；轻度盐渍化面积 764.44 hm^2，占六等耕地总面积的 2.81%；重度盐渍化面积 247.56 hm^2，占六等耕地总面积的 0.91%。

(八) 障碍因素

无障碍因素面积 27 204.40 hm^2，占六等耕地总面积的 100.00%。

(九) 生物多样性

生物多样性一般面积 27 204.40 hm^2，占六等耕地总面积的 100.00%。

(十) 农田林网化程度

农田林网化程度中等面积 20 395.14 hm^2，占六等耕地总面积的 74.97%；农田林网化程度低面积6 809.26 hm^2，占六等耕地总面积的 25.03%。

(十一) 灌溉能力

灌溉能力充分满足面积 89.77 hm^2，占六等耕地总面积的 0.33%；灌溉能力满足面积10 041.14 hm^2，占六等耕地总面积的 36.91%；灌溉能力基本满足面积10 011.22 hm^2，占六等耕地总面积的 36.80%；灌溉能力不满足面积 7 062.26 hm^2，占六等耕地总面积的 25.96%。

(十二) 排水能力

排水能力满足面积 22 938.75 hm^2，占六等耕地总面积的 84.32%；排水能力基本满足面积4 265.65 hm^2，占六等耕地总面积的 15.68%。

(十三) 养分含量

由表 4-7 可以看出，六等耕地的土壤 pH 值为 8.1，与其他等级耕地差别不大，有机质含量平均值为 15.8 g/kg，属于中等含量水平；有效磷含量平均值为 20.5 mg/kg，属于中等含量水平；速效钾含量平均值为162.3 mg/kg，属于中等偏高含量水平。

表 4-7　六等耕地主要养分含量

项目	pH 值	有机质/（g/kg）	有效磷/（mg/kg）	速效钾/（mg/kg）
平均值	8.1	15.8	20.5	162.3
含量范围	7.7~8.4	8.9~20.5	10.9~39.6	93.4~261.4

（十四）合理利用

六等耕地在菏泽市耕地面积中占比较少，产量水平中等偏下。该等耕地水源不足，农田水利设施及灌溉保证率较低，与二等耕地相比有较大的差距。大部分耕地土壤偏砂，保水保肥性差，部分耕地存在盐渍化威胁，耕地养分略低，是菏泽市中低产田改造的重点区域。改良措施主要有：一是充分利用好农业财政项目，加快推进农业基础设施建设，加强路、井、沟渠等配套，推广畦灌、管灌等节水灌溉措施，提高耕地灌溉能力；二是因地制宜调整农业种植结构，发展耐旱作物，实现一村一品，提高农业产业化水平；三是推广秸秆还田、保护性耕作等技术，加强农田防护林网建设，部分盐渍化土壤，要健全排水设施，控制地下水位；四是增施有机肥料，推广粪肥还田，提高土壤有机质含量，针对土壤缺素状况，进行有针对性的补充，逐步改良土壤。

六、七等耕地

评价综合指数≥0.778 0 且＜0.809 0的为七等耕地，全市七等耕地面积1 618.39 hm^2，占全市耕地总面积的0.21%。主要分布在东明县的大屯镇，郓城县的陈坡乡，定陶区的半堤镇，巨野县的核桃园镇，曹县的青堌集镇、梁堤头镇和仵楼镇（图4-9）。

东明县七等耕地面积615.79 hm^2，占东明县耕地总面积的0.71%，占全市七等耕地总面积的37.38%；曹县七等耕地面积471.06 hm^2，占曹县耕地总面积的0.38%，占全市七等耕地总面积的28.80%；郓城县七等耕地面积275.31 hm^2，占郓城县耕地总面积的0.26%，占全市七等耕地总面积的16.81%；定陶区七等耕地面积129.22 hm^2，占定陶区耕地总面积的0.24%，占全市七等耕地总面积的7.75%；巨野县七等耕地面积114.80 hm^2，占巨野县耕地总面积的0.13%，占全市七等耕地总面积的6.96%；单县七等耕地面积41.93 hm^2，占单县耕地总面积的0.04%，占全市七等耕地总面积的2.30%。

（一）地形部位

决口扇面积642.18 hm^2，占七等耕地总面积的39.68%；河漫滩面积392.78 hm^2，占七等耕地总面积的24.27%；河流低阶地面积312.83 hm^2，占七等耕地总面积的19.33%；起伏洪积低台地面积125.43 hm^2，占七等耕地总面积的7.75%；起伏洪积平原面积112.64 hm^2，占七等耕地总面积的6.96%；古河道洼地面积16.99 hm^2，占七等耕地总面积的1.05%；平坦洪积平原面积15.54 hm^2，占七等耕地总面积的0.96%。

图 4-9　七等耕地分布

（二）耕层质地

七等耕地的耕层质地包括砂土、砂壤、重壤和壤质砾石土 4 种类型。其中，砂土面积 1 173.33 hm^2，占七等耕地总面积的 72.50%；砂壤面积 322.87 hm^2，占七等耕地总面积的 19.95%；重壤面积 9.55 hm^2，占七等耕地总面积的 0.59%；壤质砾石土面积 112.64 hm^2，占七等耕地总面积的 6.96%。

（三）质地构型

通体砂面积 1 432.92 hm^2，占七等耕地总面积的 88.54%；上紧下松型面积 122.19 hm^2，占七等耕地总面积的 7.55%；上松下紧型面积 63.28 hm^2，占七等耕地总面积的 3.91%。

（四）耕层厚度

耕层厚度在 15~20 cm 面积 1 614.99 hm^2，占七等耕地总面积的 99.79%；耕层厚度小于 15 cm 面积 3.40 hm^2，占七等耕地总面积的 0.21%。

（五）土壤容重

土壤容重适中面积 1 492.96 hm^2，占七等耕地总面积的 92.25%；土壤容重偏重面积 125.43 hm^2，占七等耕地总面积的 7.75%。

（六）地下水埋深

地下水埋深大于 3 m 面积 1 618.39 hm^2，占七等耕地总面积的 100.00%。

（七）盐渍化程度

无盐渍化面积 1 618.39 hm^2，占七等耕地总面积的 100.00%。

（八）障碍因素

无障碍因素面积 1 618.39 hm^2，占七等耕地总面积的 100.00%。

（九）生物多样性

生物多样性一般面积 1 618.39 hm^2，占七等耕地总面积的 100.00%。

（十）农田林网化程度

农田林网化程度中面积 901.12 hm^2，占七等耕地总面积的 55.68%；农田林网化程度低面积 717.27 hm^2，占七等耕地总面积的 44.32%。

（十一）灌溉能力

灌溉能力满足面积 37.22 hm^2，占七等耕地总面积的 2.30%；灌溉能力基本满足面积 963.75 hm^2，占七等耕地总面积的 59.55%；灌溉能力不满足面积 617.42 hm^2，占七等耕地总面积的 38.15%。

（十二）排水能力

排水能力满足面积 1 414.63 hm^2，占七等耕地总面积的 87.41%；排水能力基本满足面积 203.76 hm^2，占七等耕地总面积的 12.59%。

（十三）养分含量

由表 4-8 可以看出，七等耕地的土壤 pH 值为 8.1，与其他等级耕地差别不大，有机质含量平均值为 16.6 g/kg，属于中等含量水平；有效磷含量平均值为 21.5 mg/kg，属于中等含量水平；速效钾含量平均值为 175.8 mg/kg，属于中等偏高含量水平。

表 4-8　七等耕地主要养分含量

项目	pH 值	有机质/（g/kg）	有效磷/（mg/kg）	速效钾/（mg/kg）
平均值	8.1	16.6	21.5	175.8
含量范围	7.9~8.3	10.1~19.3	14.6~33.3	103.4~232.0

（十四）合理利用

七等耕地在菏泽市零星分布，立地条件和土壤物理条件较差，大部分耕地质地偏砂，保水保肥性差，该等耕地水源不足，农田灌溉、排水能力和农田林网化程度低，是菏泽市中低产田改造的重点区域。改良措施主要有：一是加强土地集约流转，开展规模化种植，有利于土壤整理及改良利用；二是发展旱作农业技术，推广起垄种植，种植花生、甘薯等耐旱作物；三是加强农田防护林网建设，防止水土流失，控制地下水位；四是增施有机肥料，提高土壤有机质含量，推广科学施肥技术，针对作物缺素状况，进行有针对性的补充，逐步改良土壤。

七、八等耕地

评价综合指数≥0.747 0 且＜0.778 0的为八等耕地，全市八等耕地面积154.13 hm^2，占全市耕地总面积的0.02%。主要分布在曹县的青堌集镇及郓城县的陈坡乡和水堡乡（图 4-10）。

曹县八等耕地面积136.36 hm^2，占曹县耕地总面积的0.11%，占全市八等耕地总面积的85.09%；郓城县八等耕地面积21.18 hm^2，占郓城县耕地总面积的0.02%，占全市八等耕地总面积的14.91%。

（一）地形部位

八等耕地的地形部位包括河漫滩和河流低阶地 2 种类型。其中，河漫滩面积102.43 hm^2，占八等耕地总面积的66.46%；河流低阶地面积51.70 hm^2，占八等耕地总面积的33.54%。

（二）耕层质地

八等耕地的耕层质地比较单一，只有砂土 1 种类型。砂土面积154.13 hm^2，占八等耕地总面积的100.00%。

（三）质地构型

通体砂面积154.13 hm^2，占八等耕地总面积的100.00%。

图 4-10 八等耕地分布

（四）耕层厚度

耕层厚度在 15～20 cm 面积 131.15 hm^2，占八等耕地总面积的 85.09%；耕层厚度小于 15 cm 面积 22.98 hm^2，占八等耕地总面积的 14.91%。

（五）土壤容重

土壤容重适中面积 154.13 hm^2，占八等耕地总面积的 100.00%。

（六）地下水埋深

地下水埋深大于 3 m 面积 154.13 hm^2，占八等耕地总面积的 100.00%。

（七）盐渍化程度

无盐渍化面积 154.13 hm^2，占八等耕地总面积的 100.00%。

（八）障碍因素

无障碍因素面积 154.13 hm^2，占八等耕地总面积的 100.00%。

（九）生物多样性

生物多样性一般面积 154.13 hm^2，占八等耕地总面积的 100.00%。

（十）农田林网化程度

农田林网化程度中等面积 154.13 hm^2，占八等耕地总面积的 100.00%。

（十一）灌溉能力

灌溉能力不满足面积 154.13 hm^2，占八等耕地总面积的 100.00%。

（十二）排水能力

排水能力满足面积 154.13 hm^2，占八等耕地总面积的 100.00%。

（十三）养分含量

由表 4-9 可以看出，八等耕地的土壤 pH 值与其他等级耕地差别不大，有机质含量平均值为 15.1 g/kg，属于中等含量水平；有效磷含量平均值为 17.4 mg/kg，属于中等偏低含量水平；速效钾含量平均值为 200.5 mg/kg，属于高含量水平。

表 4-9　八等耕地主要养分含量

项目	pH 值	有机质/（g/kg）	有效磷/（mg/kg）	速效钾/（mg/kg）
平均值	8.0	15.1	17.4	200.5
含量范围	8.0~8.2	13.6~16.7	14.8~33.2	142.6~230.8

（十四）合理利用

八等耕地土壤质地均为通体砂，主要分布在曹县黄河故道，土壤立地条件和物理条件差，水源不足，灌溉无保障，基本靠天吃饭，产量低而不稳定。改良措施主要有：一是因地制宜调整种植业结构，推广起垄种植，种植花生、甘薯等耐旱作物；二是注重保护自然植被，加强农田林网化建设，防风固沙，改良土壤生态环境；三是增施有机肥料，提高土壤有机质含量，在有机肥料资源缺乏地区，提倡使用有机无机复合肥，根据作物需肥特点科学施肥，逐步改良土壤。

第五章 耕地土壤理化性状

作物生长发育需要光热、温度、空气、水分和养分，土壤 pH 值、有机质及主要营养元素是作物生长发育所必需的物质基础，土壤生产力在很大程度上取决于土壤对植物生长供应营养元素的能力。通过对耕地土壤 pH 值、有机质及各养分含量状况的分析评价，摸清全市耕地土壤肥力状况及存在的问题，为提升耕地质量水平和增加农作物产量提供科学依据。

耕地土壤理化性状分析是耕地质量等级评价的基础。菏泽市耕地质量等级评价结合全市种植业结构特点和实际情况，共选用全市化验数据 7 827条，取样化验年度自 2015 年至 2022 年，其中牡丹区 1 010条、定陶区 405 条、曹县 719 条、单县 829 条、成武县 755 条、巨野县 1 442条、郓城县 1 537条、鄄城县 727 条、东明县 403 条。养分化验数据按照《耕地质量等级调查内容规范》要求进行了限值的修正。对有机质、大量元素、pH 值、中微量元素等进行了系统检测，充分掌握了全市耕地土壤的养分状况、分布范围、面积，对全市不同区域、不同质地的土壤理化性状进行全面系统的分析，为今后有效地提升耕地质量和指导农业生产打下了基础。

鉴于农业生产水平和耕地养分含量发生较大变化，按照《农业农村部耕地质量监测保护中心关于开展耕地质量监测指标分级工作的通知》的要求，通过收集不同年度、不同作物田间试验数据资料和耕地质量调查监测评价资料，利用养分丰缺指标法、特尔斐法和数据归一法等进行研究，山东省土壤肥料总站对第二次土壤普查时形成的耕地质量养分分级指标进行修订和完善，制定了《山东省耕地质量监测指标分级标准》。菏泽市耕地土壤理化性状分级标准采用《山东省耕地质量监测指标分级标准》（表 5-1）。

表 5-1 山东省耕地质量监测指标分级标准

指标	单位	分级标准				
		1 级（高）	2 级（较高）	3 级（中）	4 级（较低）	5 级（低）
pH 值	—	6.5~7.5	7.5~8.0, 6.0~6.5	8.0~8.5, 5.5~6.0	8.5~9.0, 5.0~5.5	>9.0, ≤5.0

（续表）

指标	单位	分级标准				
		1 级（高）	2 级（较高）	3 级（中）	4 级（较低）	5 级（低）
有机质	g/kg	＞25	20～25	15～20	10～15	≤10
全氮	g/kg	＞1.50	1.25～1.50	1.00～1.25	0.75～1.00	≤0.75
碱解氮	mg/kg	＞150	120～150	90～120	60～90	≤60
有效磷	mg/kg	＞50	30～50	20～30	10～20	≤10
速效钾	mg/kg	＞200	150～200	100～150	50～100	≤50
缓效钾	mg/kg	＞1 000	800～1 000	600～800	400～600	≤400
交换性钙	mg/kg	＞3 000	1 000～3 000	700～1 000	500～700	≤500
交换性镁	mg/kg	＞400	300～400	200～300	100～200	≤100
有效硫	mg/kg	＞50	40～50	30～40	20～30	≤20
有效锌	mg/kg	＞3.0	2.0～3.0	1.0～2.0	0.5～1.0	≤0.5
有效铜	mg/kg	＞1.8	1.0～1.8	0.5～1.0	0.2～0.5	≤0.2
有效铁	mg/kg	＞20	15～20	10～15	5～10	≤5
有效锰	mg/kg	＞30	15～30	10～15	5～10	≤5
有效硼	mg/kg	＞2.0	1.0～2.0	0.5～1.0	0.2～0.5	≤0.2
有效钼	mg/kg	＞0.20	0.15～0.20	0.10～0.15	0.05～0.10	≤0.05

第一节　土壤 pH 值和有机质

一、土壤 pH 值

土壤 pH 值，又称土壤酸碱度，是土壤重要的化学指标，也是影响土壤肥力和作物生长的重要因素之一。土壤 pH 值表示土壤溶液中氢离子浓度，氢离子浓度越大，pH 值越小；氢离子浓度越小，pH 值越大。土壤 pH 值是成土母质、成土条件、理化性状、肥力特征的综合反映，也是划分土壤类型、评价土壤肥力的重要指标。土壤 pH 值对土壤中养分的形态和有效性、土壤的理化性质、微生物活动以及植物生长发育都有很大影响。在酸性土壤或石灰性土壤中，磷常被铁、铝和钙固定为无效态。土壤过酸和过碱均不利于有益微生物的活动，从而影响土壤中氮素和部分磷素养分的释放。

（一）全市土壤 pH 值总体状况及等级与面积

通过对全市所有评价单元的 pH 值数据统计，土壤 pH 值的平均值为 8.08，最小值为 7.54，最大值为 8.37，标准差为 0.12，变异系数 1.48%，中数为 8.09。其中，土壤 pH 值 7.5～8.0 的为 2 级（较高），耕地面积为 155 905.11 hm^2，占全市耕地总面积的 20.23%。土壤 pH 值 8.0～8.5 的为 3 级（中），耕地面积为 614 757.83 hm^2，占全市耕地总面积的 79.77%（表 5-2）。

表 5-2　土壤 pH 值各等级面积及比例

等级	标准	等级面积/hm^2	占耕地总面积比例/%
1 级（高）	6.5～7.5	0	0
2 级（较高）	7.5～8.0	155 905.11	20.23
3 级（中）	8.0～8.5	614 757.83	79.77
4 级（较低）	8.5～9.0，5.0～5.5	0	0
5 级（低）	>9.0，≤5.0	0	0

（二）与第二次全国土壤普查时土壤 pH 值对比

1982 年，第二次全国土壤普查时全市非盐碱土土壤 pH 值一般为 7.4～8.0，有机质含量高、土壤微生物活动强的菜园土 pH 值为 7.2～7.8，湿潮土和淤滩潮土 pH 值为 7.4～7.6。在盐碱土中，以中性盐为主的盐土 pH 值为 7.5～8.5，以苏打为主的苏打盐土 pH 值在 9.0 左右。碱土和碱化土的 pH 值为 8.5～9.0。与第二次全国土壤普查时相比，pH 值为 8.5～9.0 的碱土和碱化土已经很少。菏泽市耕地的土壤 pH 值有下降趋势。

（三）不同县区土壤 pH 值

由表 5-3 可以看出，以县级行政区为单位对土壤 pH 值进行统计，pH 值平均值最高的是单县和东明县，为 8.2，最低的是巨野县，为 7.9。其他各县区差异不大。

表 5-3　不同县区土壤 pH 值

县区	最小值	最大值	平均值	标准差	变异系数/%	众数	中数
牡丹区	7.5	8.2	8.0	0.09	1.11	8.0	8.0
定陶区	7.7	8.3	8.1	0.06	0.71	8.1	8.1
曹县	7.6	8.3	8.1	0.08	1.00	8.1	8.1
单县	8.0	8.4	8.2	0.07	0.84	8.2	8.2
成武县	7.9	8.3	8.1	0.07	0.88	8.1	8.1
巨野县	7.6	8.3	7.9	0.11	1.37	7.9	7.9
郓城县	7.8	8.3	8.1	0.08	1.04	8.2	8.1
鄄城县	7.8	8.2	8.1	0.05	0.60	8.1	8.1
东明县	7.9	8.4	8.2	0.07	0.87	8.2	8.2

（四）主要土类土壤 pH 值

影响土壤 pH 值的因素主要有成土母质、气候、植被及人为活动，其中成土母质影响尤为深刻，在相同情况下，土壤成土母质中的碳酸钙含量、盐基离子类型决定了土壤盐基的淋溶程度。由表 5-4 可以看出，潮土和脱潮土的 pH 值略低，与其他土类土壤 pH 值差异不显著。

表 5-4　主要土类土壤 pH 值

土类	最小值	最大值	平均值	标准差	变异系数/%	众数	中数
潮土	7.5	8.2	8.08	0.12	1.51	8.1	8.1
脱潮土	7.8	8.3	8.09	0.09	1.13	8.1	8.1
盐化潮土	7.6	8.4	8.10	0.13	1.62	8.2	8.1
碱化潮土	8.0	8.3	8.10	0.06	0.75	8.1	8.1
碱化盐土	7.9	8.3	8.10	0.07	0.83	8.2	8.1

（五）土壤 pH 值对土壤养分和植物生长的影响

1. 土壤 pH 值对土壤养分有效性的影响

土壤 pH 值是影响土壤养分有效性的重要因素，一方面土壤 pH 值通过影响矿质盐分的溶解度、养分元素形态而影响养分的有效性，另一方面土壤 pH 值通过制约微生物活动而影响养分的有效性。

土壤氮素矿化的速率是由微生物活动所控制的，一般来说，中性土壤最适合微生物活动，过酸、过碱均会使微生物活性降低。有机质在酸性条件下分解较慢。硝化作用在 pH 值 5.0~9.0 的范围内都能进行，但以中性和微酸性（pH 值 5.5~7.3）最适宜，在过酸、过碱的情况下明显受到抑制。固氮根瘤菌在 pH 值降至 6.0 以下时固氮能力明显下降。碳酸氢铵在 pH 值>7.0 的土壤上则容易挥发而损失。

土壤 pH 值对磷酸盐的形态和磷的有效性影响很大，当土壤 pH 值<5.5 时，磷酸根与铁、铝结合形成闭蓄态磷酸铁、铝而失去对植物的有效性；当 pH 值>7.5 时，磷酸盐又多以难溶的磷酸钙盐存在；pH 值在 5.5~7.0 范围内，磷酸盐的有效性最大。田间试验和生产实践证明，土壤 pH 值对不同磷化肥的肥效都有影响，呈碱性的钙镁磷施用于 pH 值>7.5 的土壤上效果较差，而施用于棕壤上的增产效果较好，而过磷酸钙则在碱性土壤上的效果较好。

土壤 pH 值影响钾的吸附量，土壤 pH 值增加，钾的吸附量也增加。在土壤 pH 值低的情况下，交换性钾向溶液中释放得较多。因此，酸性土壤和盐基饱和度低的土壤其交换性钾含量低于中性土壤和盐基饱和度大的土壤。

土壤 pH 值是影响土壤微量元素有效性的最重要因素。一般来讲，钼的有效性随土壤 pH 值的升高而提高。硼的有效性在 pH 值一定范围内，随 pH 值的升高而增加。铁、锰、锌、铜的有效性随 pH 值升高而降低。

2. 土壤 pH 值对植物生长的适宜性

各种植物对土壤 pH 值适应性是不同的，甚至同类作物的不同品种对土壤 pH 值的适应性也有差异。土壤酸性过强，可使植物细胞原生质变性，从而影响根系生长甚至死亡，进而影响对水分和养分的吸收。土壤碱性过强，可使植物细胞原生质溶解，并腐蚀植物组织。但是，在一定范围内，植物对土壤酸碱性有一定的适应能力，所以全市土壤 pH 值在 5.5~8.5 范围内，作物基本都能正常生长，超出此范围作物生长就会受影响甚至死亡（表 5-5）。

表 5-5　作物生产最适宜 pH 值范围参考

作物名称	最适宜 pH 值范围	作物名称	最适宜 pH 值范围
水稻	5.5~7.5	冬小麦	6.0~7.5
玉米	6.0~7.5	大豆	6.0~7.5
马铃薯	6.0~7.5	高粱	6.0~7.5
花生	5.5~6.5	甘蔗	6.0~7.0
油菜	5.5~6.5	春小麦	6.5~7.5
苹果	6.0~7.5		

数据来源：《土壤学》（黄昌勇，2009）。

二、土壤有机质

土壤有机质是土壤的重要组成部分，与土壤的发生演变、肥力水平和许多属性都有密切关系。广义上，土壤有机质是指各种形态存在于土壤中的所有含碳的有机物质，包括土壤中的各种动、植物残体，微生物及其分解和合成的各种有机物质。狭义上，土壤有机质一般是指有机残体经微生物作用形成的一类特殊、复杂、性质比较稳定的高分子有机化合物。

土壤有机质是土壤固相部分的重要组成成分，是植物营养的主要来源之一，能促进植物的生长发育，改善土壤的物理性质，促进微生物和土壤动物的活动，提高土壤的保肥性和缓冲性。它与土壤的结构性、通气性、渗透性和吸附性、缓冲性有密切的关系，通常在其他条件相同或相近的情况下，在一定含量范围内，有机质的含量与土壤肥力水平呈正相关。

土壤有机质含量受气候、地理位置和耕作模式等多种因素影响。耕地有机质主要来源于动植物体的分解和外源有机肥的施入，秸秆还田和增施有机肥是提高土壤有机质含量的有效途径。

（一）等级与面积

根据统计，全市有机质含量平均为 16.8 g/kg，属于中等含量水平，最小值为 8.6 g/kg，最大值为 23.3 g/kg，标准差为 2.4 g/kg，变异系数为 14.29%，中数为 17.1 g/kg。由表 5-6 可以看出，全市土壤有机质含量 20~25 g/kg 的为 2 级（较高），耕地面积为 46 008.58 hm^2，占全市耕地总面积的 5.97%。土壤有机质含量 15~20 g/kg 的为 3 级（中），耕地面积为 542 469.64 hm^2，占全市耕地总面积的 70.39%。土壤有机质含量 10~15 g/kg 的为 4 级（较低），耕地面积为 181 028.72 hm^2，占全市耕地总面积的 23.49%。土壤有机质含量≤ 10 g/kg的为 5 级（低），耕地面积为 1 155.99 hm^2，占全市耕地总面积的 0.15%。

表 5-6　土壤有机质各等级面积及比例

等级	标准/（g/kg）	等级面积/hm^2	占耕地总面积比例/%
1 级（高）	＞25	0	0
2 级（较高）	20~25	46 008.58	5.97
3 级（中）	15~20	542 469.64	70.39
4 级（较低）	10~15	181 028.72	23.49
5 级（低）	≤10	1 155.99	0.15

（二）与第二次全国土壤普查时土壤有机质含量对比

1982年，第二次土壤普查期间全市土壤有机质平均含量为0.78%（7.8 g/kg），属于最低含量水平。2021年全市土壤有机质平均含量为16.8 g/kg，属于中等含量水平。与第二次全国土壤普查时相比较，全市土壤有机质平均含量增加9.0 g/kg，增幅为115.4%。说明随着多年来的秸秆还田、深翻深松及增施有机肥等技术措施的推广，菏泽市耕地有机质含量显著提升。

（三）不同县区土壤有机质含量

从区域范围看，辖区东南部有机质含量低于其他区域。由表5-7可以看出，不同县区间有机质的平均值以东明县和鄄城县最高，分别为18.7 g/kg和18.5 g/kg，属于中等含量水平；平均值最低的是单县，为13.4 g/kg，属于中等偏低含量水平。

表5-7 不同县区土壤有机质含量

县区	最小值/(g/kg)	最大值/(g/kg)	平均值/(g/kg)	标准差/(g/kg)	变异系数/%	众数/(g/kg)	中数/(g/kg)
牡丹区	12.4	23.3	18.3	1.71	9.33	18.7	18.5
定陶区	11.3	19.9	15.2	1.23	8.11	14.9	15.3
曹县	12.0	21.7	17.0	1.42	8.36	16.6	16.8
单县	8.9	17.7	13.4	1.52	11.39	12.9	13.2
成武县	11.3	20.3	13.6	1.19	8.74	14.0	13.5
巨野县	12.0	22.2	17.0	1.47	8.63	16.8	17.0
郓城县	15.2	21.8	18.3	1.07	5.81	18.5	18.3
鄄城县	15.2	21.3	18.5	0.99	5.37	18.6	18.7
东明县	14.7	22.5	18.7	1.68	9.01	19.5	18.7

（四）主要土类土壤有机质含量

土壤有机质是土壤成土过程的产物，不同类型的土壤成土条件，如母质、地形、人为活动等不同，有机质含量也不同。由表5-8可以看出，不同土类的土壤有机质含量均属于中等含量水平，不同土类间差异不明显。碱化潮土和碱化盐土变异系数较低，分别为6.22%和6.35%，其他各土类变异系数都在12%~15%。

表 5-8　主要土类土壤有机质含量

土类	最小值/(g/kg)	最大值/(g/kg)	平均值/(g/kg)	标准差/(g/kg)	变异系数/%	众数/(g/kg)	中数/(g/kg)
潮土	8.9	23.3	16.8	2.42	14.45	18.4	17.1
脱潮土	11.0	22.2	15.9	2.13	13.46	14.9	15.6
盐化潮土	9.3	23.3	17.3	2.17	12.51	15.3	17.4
碱化潮土	15.2	20.6	16.9	1.05	6.22	16.2	16.7
碱化盐土	14.7	19.4	16.5	1.05	6.35	15.5	16.3

（五）不同表层质地土壤有机质含量

不同表层质地类型与土壤有机质含量有密切关系。不同土壤质地类型其土壤黏粒含量不同，从而影响了土壤的吸附能力和物理性状，影响了土壤有机质的积累与转化。从统计数据来看（表 5-9），不同表层质地类型土壤有机质含量平均值从高到低依次为：黏土＞重壤＞砂壤＞中壤＞轻壤、壤质砾石土＞砂土。其中，壤质砾石土和黏土的变异系数较低，分别为 1.62%和 4.80%，壤质砾石土变异系数低和其面积较少有很大关系。

表 5-9　不同表层质地土壤有机质含量

质地	最小值/(g/kg)	最大值/(g/kg)	平均值/(g/kg)	标准差/(g/kg)	变异系数/%	众数/(g/kg)	中数/(g/kg)
中壤	10.8	23.3	16.7	2.47	14.78	18.0	16.8
轻壤	10.4	22.4	16.5	2.42	14.63	18.5	16.7
重壤	11.8	22.8	17.9	1.89	10.52	16.8	18.0
黏土	16.0	19.9	19.0	0.91	4.80	18.6	19.4
砂壤	8.9	23.2	16.8	2.33	13.87	18.9	17.2
砂土	10.6	20.4	15.7	2.44	15.58	13.1	16.4
壤质砾石土	16.2	17.2	16.5	0.27	1.62	16.4	16.4

（六）土壤有机质提升措施

有机物质投入量是影响土壤有机质含量的重要因素，增加有机质含量的途径主要有如下 4 个。

1. 增施有机肥

有机肥是很好的土壤改良剂，既能熟化土壤，保持土壤的良好结构，又能增强土壤的保肥供肥和缓冲能力，不断供给作物生长需要的养分，为作物生长创造良好的土壤条件。

堆肥、沤肥、饼肥、人畜粪肥、河湖泥等都是良好的有机肥，经济等条件允许可增施商品有机肥。

2. 实行秸秆还田

推广以小麦、水稻、玉米等秸秆粉碎后翻埋或覆盖还田及喷施腐化剂技术，既能有效地利用有机肥资源，又能改善土壤结构，增强土壤保肥供肥性能，节约化肥投入，降低生产成本，增加农民收入。

3. 实施间套种和轮作

近年来，农作物复种指数越来越高，致使许多土壤有机质含量降低，肥力下降。实行轮作、间作制度，调整种植结构，做到用地与养地相结合，不仅可以保持和提高土壤有机质含量，而且能改善农产品品质，对促进农业可持续发展具有重要意义。

4. 因地制宜种植绿肥

种植绿肥可为土壤提供丰富的有机质和氮素，促进用地与养地结合，减少连作障碍及下茬化肥用量，提高土壤有机质含量。

第二节　土壤大量元素

一、土壤氮素

氮是作物生长发育所必需的营养元素之一，也是农业生产中影响作物产量的最主要的养分因子。

（一）土壤全氮

土壤全氮是指土壤中各种形态的氮，包括有机态氮和无机态氮，但不包括土壤空气中的分子态氮。土壤全氮含量随土壤深度的增加而急剧降低。土壤全氮含量处于动态变化之中，它的消长取决于氮的积累和消耗的相对多寡，特别是取决于土壤有机质的生物积累和水解作用。

绝大多数的土壤氮素是以有机态存在的，有机态氮素在耕作等一系列条件下，经过土壤微生物的矿化作用，转化为无机态氮供作物吸收利用。土壤氮素绝大多数来自有机质，因此有机质的含量与全氮含量呈正相关。

土壤全氮含量代表着土壤氮素的总贮量和供氮能力。因此，全氮含量与有机质含量一样是土壤肥力的重要指标之一。

1. 等级与面积

经统计，全市土壤全氮含量平均为 0.99 g/kg，属于中等偏低水平，最小值为 0.60 g/kg，最大值为 1.33 g/kg，标准差为 0.12 g/kg，变异系数为

12.12%，中数为 1.01 g/kg。

由表 5-10 可以看出，全市土壤全氮含量 1.25~1.50 g/kg 的为 2 级（较高），耕地面积为9 633.29 hm^2，占全市耕地总面积的 1.25%。土壤全氮含量 1.00~1.25 g/kg 的为 3 级（中），耕地面积为408 682.56 hm^2，占全市耕地总面积的 53.03%。土壤全氮含量 0.75~1.00 g/kg 的为 4 级（较低），耕地面积为319 439.79 hm^2，占全市耕地总面积的 41.45%。土壤全氮含量≤0.75 g/kg 的为 5 级（低），耕地面积为32 907.31 hm^2，占全市耕地总面积的 4.27%。

表 5-10　土壤全氮含量各等级面积及比例

等级	标准/（g/kg）	等级面积/hm^2	占耕地总面积比例/%
1 级（高）	＞1.50	0	0
2 级（较高）	1.25~1.50	9 633.29	1.25
3 级（中）	1.00~1.25	408 682.56	53.03
4 级（较低）	0.75~1.00	319 439.79	41.45
5 级（低）	≤0.75	32 907.31	4.27

2. 与第二次全国土壤普查时土壤全氮含量对比

1982 年，第二次全国土壤普查时全市土壤全氮含量平均为 0.06%（0.60 g/kg），属于最低含量水平。2021 年全市耕地质量监测，全市土壤全氮含量平均为 0.99 g/kg，属于中等偏低含量水平。与第二次全国土壤普查时相比较，全市土壤全氮含量呈增加的趋势，增加 0.39 g/kg，增幅为 65.0%。

3. 不同县区土壤全氮含量

经统计（表 5-11），不同县区之间土壤全氮含量平均值最高的是东明县，为 1.10 g/kg；其次是鄄城县，为 1.09 g/kg；平均值较低的是成武县和单县，分别为 0.80 g/kg 和 0.86 g/kg。变异系数最大的是成武县，为 11.34%；最小的是牡丹区，为 5.84%。

表 5-11　不同县区土壤全氮含量

县区	最小值/（g/kg）	最大值/（g/kg）	平均值/（g/kg）	标准差/（g/kg）	变异系数/%	众数/（g/kg）	中数/（g/kg）
牡丹区	0.73	1.12	0.92	0.05	5.84	0.86	0.92
定陶区	0.78	1.32	1.05	0.09	8.51	1.17	1.05
曹县	0.75	1.25	1.05	0.08	7.42	0.97	1.04
单县	0.60	1.11	0.86	0.09	10.33	1.00	0.85

（续表）

县区	最小值/(g/kg)	最大值/(g/kg)	平均值/(g/kg)	标准差/(g/kg)	变异系数/%	众数/(g/kg)	中数/(g/kg)
成武县	0.67	1.19	0.80	0.09	11.34	0.72	0.79
巨野县	0.71	1.24	1.03	0.06	6.20	1.02	1.02
郓城县	0.89	1.26	1.07	0.06	5.98	1.09	1.07
鄄城县	0.84	1.23	1.09	0.08	6.92	1.02	1.11
东明县	0.79	1.33	1.10	0.11	9.84	1.16	1.10

4. 主要土类土壤全氮含量

从表5-12可以看出，各土类土壤全氮含量平均值差异不大，平均值范围为0.99~1.02 g/kg。碱化盐土变异系数最小，为4.36%；其次是碱化潮土，为5.68%。变异系数最大的是潮土，为12.86%；盐化潮土次之，为11.66%。

表5-12　主要土类土壤全氮含量

土类	最小值/(g/kg)	最大值/(g/kg)	平均值/(g/kg)	标准差/(g/kg)	变异系数/%	众数/(g/kg)	中数/(g/kg)
潮土	0.60	1.32	0.99	0.13	12.86	1.02	1.01
脱潮土	0.70	1.32	1.00	0.10	9.83	1.17	1.00
盐化潮土	0.63	1.33	1.02	0.12	11.66	1.01	1.02
碱化潮土	0.93	1.23	1.01	0.06	5.68	1.17	1.00
碱化盐土	0.97	1.14	1.02	0.04	4.36	0.97	1.00

5. 不同表层质地土壤全氮含量

土壤中的氮素主要以有机态存在，约占土壤全氮含量的90%，所以土壤全氮含量主要取决于有机质含量，在分布规律上应与土壤有机质大致相一致。土壤中大部分有机氮是迟效性的，也有部分结构比较简单的有机氮，如氨基酸、酰胺和易水解的蛋白质等，它们易转化成无机氮供作物吸收利用。另有10%无机态氮，主要是铵态氮、硝态氮和极少数的亚硝态氮，可以被植物直接吸收利用。

耕地土壤氮素除受有机质含量影响外，还受人为耕作、施肥以及土壤水分状况和黏粒含量影响也很大。从统计数据来看（表5-13），不同土壤质地的土壤全氮含量从高到低依次为：黏土＞壤质砾石土＞重壤＞砂壤＞中壤＞轻壤＞砂土，其中壤质砾石土面积较小，参考意义不大。

表 5-13　不同表层质地土壤全氮含量

质地	最小值/(g/kg)	最大值/(g/kg)	平均值/(g/kg)	标准差/(g/kg)	变异系数/%	众数/(g/kg)	中数/(g/kg)
中壤	0.66	1.30	0.99	0.13	12.99	1.00	1.00
轻壤	0.67	1.33	0.98	0.13	13.13	0.97	0.99
重壤	0.78	1.33	1.05	0.11	10.53	1.02	1.04
黏土	0.86	1.19	1.13	0.08	6.84	1.17	1.16
砂壤	0.60	1.32	1.00	0.12	11.95	1.17	1.01
砂土	0.67	1.22	0.95	0.11	12.08	0.84	0.97
壤质砾石土	1.05	1.07	1.07	0.01	0.50	1.07	1.07

（二）土壤碱解氮

土壤碱解氮包括无机的矿物态氮和结构简单较易分解的有机态氮，如铵态氮、硝态氮等。它可供作物近期吸收利用，故又称速效氮。碱解氮含量的高低，取决于有机质含量的高低和质量的好坏以及施入氮素化肥数量的多少。有机质含量丰富，熟化程度高，碱解氮含量亦高，反之则含量低。碱解氮在土壤中的含量不稳定，易受土壤水热条件和生物活动的影响而发生变化，但它能反映近期土壤的氮素供应能力，其含量水平决定供氮强度，是耕地养分水平的重要影响因素之一。

1. 等级与面积

经数据分析，全市土壤碱解氮含量平均为 89.6 mg/kg，属于中等偏低含量水平；其中，最小值为 40.5 mg/kg，最大值为 178.6 mg/kg，标准差为 16.8 mg/kg，变异系数为 18.73%，中数为 90.9 mg/kg。

由表 5-14 可以看出，土壤碱解氮含量＞150 mg/kg 的为 1 级（高），耕地面积为 5 471.71 hm^2，占全市耕地总面积的 0.71%。土壤碱解氮含量 120～150 mg/kg 的为 2 级（较高），耕地面积为 16 646.32 hm^2，占全市耕地总面积的 2.16%。土壤碱解氮含量 90～120 mg/kg 的为 3 级（中），耕地面积为 373 925.66 hm^2，占全市耕地总面积的 48.52%。土壤碱解氮含量 60～90 mg/kg 的为 4 级（较低），耕地面积为 330 306.14 hm^2，占全市耕地总面积的 42.86%。土壤碱解氮含量≤60 mg/kg 的为 5 级（低），耕地面积为 44 313.12 hm^2，占全市耕地总面积的 5.75%。

表 5-14　土壤碱解氮各等级面积及比例

等级	标准/（mg/kg）	等级面积/hm²	占耕地总面积比例/%
1 级（高）	＞150	5 471.71	0.71
2 级（较高）	120～150	16 646.32	2.16
3 级（中）	90～120	373 925.66	48.52
4 级（较低）	60～90	330 306.14	42.86
5 级（低）	≤60	44 313.12	5.75

2. 与第二次全国土壤普查时土壤碱解氮含量对比

1982 年，第二次全国土壤普查时全市土壤碱解氮含量平均为 62.0 mg/kg，属于中等偏低含量水平。2021 年全市土壤碱解氮含量平均为 89.6 mg/kg，属于中等偏低含量水平。与第二次全国土壤普查时相比较，全市土壤碱解氮含量呈增加的趋势，增加 27.6 mg/kg，增幅为 44.5%。

3. 不同县区土壤碱解氮含量

由表 5-15 可以看出，全市各县区土壤碱解氮含量平均值最高的是鄄城县，为 109.35 mg/kg，属于中等含量水平；其次是单县和曹县，分别为 96.46 mg/kg 和 95.07 mg/kg，属于中等含量水平；土壤碱解氮含量平均值最低的是巨野县，为 63.54 mg/kg，属于中等偏低含量水平。变异系数最大的是单县，为 22.57%，最小的是鄄城县，为 6.27%。

表 5-15　不同县区土壤碱解氮含量

县区	最小值/（mg/kg）	最大值/（mg/kg）	平均值/（mg/kg）	标准差/（mg/kg）	变异系数/%	众数/（mg/kg）	中数/（mg/kg）
牡丹区	66.99	124.25	93.38	6.02	6.44	93.30	92.95
定陶区	54.06	143.33	92.12	18.30	19.86	64.66	90.47
曹县	64.35	132.52	95.07	9.44	9.93	112.36	94.86
单县	55.83	178.58	96.46	21.77	22.57	87.68	91.86
成武县	46.73	104.40	78.04	13.22	16.94	88.32	78.07
巨野县	40.46	93.18	63.54	11.79	18.56	69.31	66.10
郓城县	68.93	114.70	89.56	7.08	7.91	83.21	89.06
鄄城县	85.85	125.58	109.35	6.85	6.27	109.22	110.18
东明县	76.67	109.43	89.40	7.56	8.46	85.47	88.09

4. 主要土类土壤碱解氮含量

从表 5-16 可以看出，不同土壤类型之间土壤碱解氮含量平均值差异不大，平均值范围为 85.47～97.31 mg/kg。碱化潮土变异系数最小，为 12.66%，变异系数最大的是脱潮土，为 22.66%。

表 5-16 主要土类土壤碱解氮含量

土类	最小值/（mg/kg）	最大值/（mg/kg）	平均值/（mg/kg）	标准差/（mg/kg）	变异系数/%	众数/（mg/kg）	中数/（mg/kg）
潮土	40.46	176.42	89.18	15.85	17.77	66.85	90.62
脱潮土	52.70	177.13	97.31	22.05	22.66	64.66	95.45
盐化潮土	41.21	178.58	89.04	18.72	21.03	94.15	91.11
碱化潮土	73.31	106.04	85.47	10.82	12.66	86.07	79.35
碱化盐土	75.27	126.94	93.70	14.92	15.92	112.36	89.39

5. 不同表层质地土壤碱解氮含量

由表 5-17 可以看出，不同质地类型中壤土类（中壤、轻壤、重壤和砂壤）的取值范围和平均值差异较小，黏土、砂土与壤土类相比，数值范围较窄。壤土类的平均值为 86.69～92.98 mg/kg，黏土的平均值为 109.33 mg/kg，砂土的平均值为 88.96 mg/kg。变异系数从高到低依次为中壤、轻壤、重壤、砂壤、砂土和黏土，分别为 22.49%、21.43%、16.18%、14.62%、8.86%和 5.24%，具有较明显的特征。壤质砾石土因面积较小，不具有代表性。

表 5-17 不同表层质地土壤碱解氮含量

质地	最小值/（mg/kg）	最大值/（mg/kg）	平均值/（mg/kg）	标准差/（mg/kg）	变异系数/%	众数/（mg/kg）	中数/（mg/kg）
中壤	40.46	177.52	86.69	19.49	22.49	93.30	88.33
轻壤	41.21	178.58	87.45	18.74	21.43	82.55	89.80
重壤	41.73	175.10	88.54	14.32	16.18	66.85	90.55
黏土	91.72	115.01	109.33	5.72	5.24	109.28	110.90
砂壤	41.27	177.42	92.98	13.60	14.62	64.66	92.47
砂土	70.50	115.02	88.96	7.88	8.86	85.53	89.22
壤质砾石土	43.29	45.56	43.49	0.49	1.12	43.41	43.38

（三）作物氮丰、氮缺常见症状及合理施用

氮肥是作物生长必不可少的一种肥料，但作物缺氮时往往表现为生长受阻，植株矮小，叶色变黄，无光泽。由于氮在植株体内是容易转移的营养元素，故缺氮症状往往从基部叶片开始逐渐向上发展，株型变得瘦小，根量减少、细长而色白，侧芽呈休眠状态，花和果实少、成熟提早，产量和品质都下

降。氮肥过剩时，作物生长旺盛、植株变得柔软多汁、易倒伏、容易发生病虫害、生长期延长、贪青晚熟，块根、块茎作物根、茎小而少，油料作物及棉花结荚坐铃少，作物产量低，品质差，另外氮肥过剩还容易引起农业环境污染，重者可引起江河湖泊及地下水的污染。总之，氮肥缺少或过剩，都会影响作物生长、产量和品质。因此，如果要实现作物高产、减少氮肥浪费、提高氮肥利用率，就要合理施用氮肥，做到适时适量。具体措施如下。

（1）要根据不同氮肥的特性区别对待，做到少挥发、少流失，防止对作物产生肥害。

（2）轮作或间作豆科植物，利用其固氮作用，提高土壤含氮量。

（3）合理深施，这样不仅减少氮肥的直接挥发、流失或硝化脱氮等方面的损失，还有利于根系发育，扩大营养面积。

（4）合理与其他肥料配施，比如氮肥与磷肥配施，可同时提高两种肥料的肥效，尤其在土壤肥力较低的土壤上，更能发挥两种肥料的肥效，在钾肥含量不足的土壤上，氮钾配施可有效提高氮肥的肥效。

正确施用氮肥，首先应适当深施，可以减少氮肥的挥发损失及反硝化作用。其次适时施用，可有效提高氮肥的利用率，种肥适量，追肥及时，同时做到施肥和灌溉相结合。

二、土壤有效磷

磷是作物必需的三大营养元素之一，土壤磷素与作物产量密切相关，土壤磷素含量在一定程度上反映了土壤中磷素的储量和供应能力。土壤中磷素主要来源于矿物质，在长期的风化和成土过程中，经过生物的积累而逐渐聚积到土壤的上层，开垦种植后，则主要来源于磷肥施用。

土壤有效磷是土壤中可被植物吸收的磷组分，包括全部水溶性磷、部分吸附态磷及有机态磷，有的土壤中还包括某些沉淀态磷。土壤有效磷是反映土壤磷素养分供应水平的指标。

（一）等级与面积

经统计，全市土壤有效磷含量平均为23.3 mg/kg，属于中等水平。最小为10.8 mg/kg，最大为40.7 mg/kg，标准差为4.67 mg/kg，变异系数为20.04%。

由表5-18可以看出，全市土壤有效磷含量30～50 mg/kg的为2级（较高），耕地面积为68 897.27 hm^2，占全市耕地总面积的8.94%。土壤有效磷含量20～30 mg/kg的为3级（中），耕地面积为512 182.59 hm^2，占全市耕地总面积的66.46%。土壤有效磷含量10～20 mg/kg的为4级（较低），耕地面积为189 583.08 hm^2，占全市耕地总面积的24.60%。

表 5-18　土壤有效磷各等级面积及比例

等级	标准/（mg/kg）	等级面积/hm^2	占耕地总面积比例/%
1 级（高）	＞50	0	0
2 级（较高）	30~50	68 897.27	8.94
3 级（中）	20~30	512 182.59	66.46
4 级（较低）	10~20	189 583.08	24.60
5 级（低）	≤10	0	0

（二）与第二次全国土壤普查时土壤有效磷含量对比

1982 年，第二次全国土壤普查时全市土壤有效磷含量平均为 4.9 mg/kg，属于最低含量水平。2021 年全市土壤有效磷含量平均为 23.3 mg/kg，属于中等含量水平。与第二次全国土壤普查时相比较，全市土壤有效磷平均含量增加 18.4 mg/kg，增幅为 375.5%。

（三）不同县区土壤有效磷含量

经统计，在全市区域内，北部地区土壤有效磷含量较高，南部地区相对较低。由表 5-19 可以看出，土壤有效磷含量平均值最高是郓城县，为 28.2 mg/kg，最低是曹县，为 19.5 mg/kg。不同县区土壤有效磷含量平均值由高到低依次为：郓城县＞巨野县＞鄄城县＞定陶区＞成武县＞牡丹区＞东明县＞单县＞曹县。

表 5-19　不同县区土壤有效磷含量

县区	最小值/（mg/kg）	最大值/（mg/kg）	平均值/（mg/kg）	标准差/（mg/kg）	变异系数/%	众数/（mg/kg）	中数/（mg/kg）
牡丹区	15.2	37.7	23.5	3.99	17.00	20.5	22.8
定陶区	14.7	34.9	24.0	3.82	15.95	28.5	24.0
曹县	10.9	34.4	19.5	3.82	19.64	15.2	19.1
单县	11.9	35.1	20.1	3.72	18.51	19.6	19.7
成武县	14.6	35.2	23.7	3.20	13.51	19.3	23.8
巨野县	17.3	38.5	27.2	3.41	12.54	24.8	27.0
郓城县	18.2	40.7	28.2	4.02	14.27	28.9	28.1
鄄城县	17.2	33.4	24.8	3.15	12.69	27.5	24.8
东明县	14.7	31.1	21.8	2.60	11.89	25.4	21.7

（四）主要土类土壤有效磷含量

土壤磷素含量主要决定于母质类型和磷肥施用情况，经统计（表 5-20），潮土和盐化潮土土类土壤有效磷含量平均值较高，分别为 23.6 mg/kg 和 23.5 mg/kg，碱化潮土土类土壤有效磷含量平均值最低，为 17.8 mg/kg。变异系数以脱潮土最大，为 22.06%，碱化盐土变异系数最小，为 10.48%。

表 5-20　主要土类土壤有效磷含量

土类	最小值/（mg/kg）	最大值/（mg/kg）	平均值/（mg/kg）	标准差/（mg/kg）	变异系数/%	众数/（mg/kg）	中数/（mg/kg）
潮土	10.9	40.7	23.6	4.70	19.93	19.6	23.3
脱潮土	12.9	34.6	20.6	4.55	22.06	16.4	20.0
盐化潮土	11.9	36.0	23.5	4.18	17.80	28.9	23.5
碱化潮土	13.9	37.4	17.8	3.74	21.04	16.6	16.6
碱化盐土	14.9	23.8	18.5	1.94	10.48	15.6	18.3

（五）不同表层质地土壤有效磷含量

由表 5-21 可以看出，不同表层质地的土壤有效磷含量平均值差异不大，均属于中等含量水平。其中，黏土土壤有效磷含量平均值最低，为 22.0 mg/kg，壤质砾石土和中壤土壤有效磷含量平均值较高，分别为 24.3 mg/kg和 23.5 mg/kg。黏土的变异系数较小，为 12.99%。

表 5-21　不同表层质地土壤有效磷含量

质地	最小值/（mg/kg）	最大值/（mg/kg）	平均值/（mg/kg）	标准差/（mg/kg）	变异系数/%	众数/（mg/kg）	中数/（mg/kg）
中壤	11.9	38.0	23.5	4.54	19.32	20.5	23.4
轻壤	10.9	40.4	23.3	4.25	18.22	20.6	23.1
重壤	12.9	38.0	23.3	4.63	19.92	29.4	22.6
黏土	20.2	32.5	22.0	2.86	12.99	20.2	21.2
砂壤	10.9	40.7	23.3	5.02	21.58	15.2	23.1
砂土	14.8	40.7	22.3	4.98	22.32	19.6	21.0
壤质砾石土	23.3	25.4	24.3	0.48	1.97	24.2	24.2

（六）作物磷丰、磷缺常见症状

作物缺磷时，主要表现为植株生长缓慢，作物延迟成熟，叶片变小，叶色暗绿或灰绿，缺乏光泽。特别是禾本科植物表现为分蘖延迟或不分蘖，延迟抽穗、开花和成熟，穗粒少，籽粒不饱满等，其原因是各种代谢过程、器官发育受到抑制。磷过量时，营养生长受到限制，而生殖生长旺盛，作物往往成熟过早，植株早衰，作物的抗虫抗病性差，“花而不实”，产量较低，品质较差。磷的过量和缺少都不利于作物的正常生长，因此在施用磷肥时应结合土壤磷含量，适时适量施用，减少磷在土壤中的固定，提高土壤磷的有效性，对磷含量高的地块，可以暂时少施或不施。

（七）土壤有效磷调控

土壤磷的转化包括一系列复杂的化学和生物化学反应，归纳起来主要是沉淀和溶解反应、吸附和解吸反应以及有机磷的矿化和无机磷的生物固定等。土壤磷在各种 pH 值条件下，都不同程度地存在着磷的固定，严重影响了磷肥的利用率。在强酸（pH 值＜5.5）条件下，由于铝硅酸盐风化释放出的游离 Fe^{3+}（Al^{3+}）很多，它们与 $H_2PO_4^-$ 非常容易发生反应，形成作物几乎完全不能利用的粉红磷铁矿。在酸性（pH 值 5.5~6.5）条件下，$H_2PO_4^-$与土壤矿物表面上的 OH^-可进行交换，使其固定在土壤固相或胶粒表面上。在中性（pH 值 6.5~7.5）条件下，土壤胶粒可通过交换性阳离子，将其 $H_2PO_4^-$及其伴随离子一起吸附在胶粒表面。在碱性（pH 值＞7.5）条件下，土壤溶液中或土壤胶粒上都有大量的 Ca^{2+}，Ca^{2+}与溶液中的 $H_2PO_4^-$ 可形成弱酸溶性的磷酸二钙，磷酸二钙和土壤中的 Ca^{2+}反应，逐渐形成磷酸八钙、磷酸十钙。此外，还有一部分有效磷被微生物吸收固定在其躯体中，称为生物固磷作用。

因此，提高土壤磷的有效性应采取如下措施。一是调节土壤酸碱度，使土壤 pH 值至中性附近，可减少磷的固定作用，如对酸性土施用石灰等。二是增施有机肥料，实行秸秆还田，提高有机质含量。在土壤有机质含量较高的情况下，磷的固定较少，有效性较高。三是选择适宜磷肥品种，多施用速效磷化肥，以增加水溶性磷的含量。四是改善土壤中固磷条件，有机质与磷肥结合施用，水溶性磷肥集中施用（条施、穴施）等。

三、土壤速效钾

钾是地壳中含量较为丰富的营养元素之一，钾能够显著提高光合作用的强度，促进作物体内淀粉和糖的积累，增强作物的抗逆性和抗病能力，增强作物对氮的吸收能力。此外，钾对改善作物品质起着重要的作用，是公认的品质元素。

土壤中的钾可分为水溶性钾、交换性钾、非交换性钾和矿物态钾四部分。

速效钾是指可被植物直接吸收利用的水溶性钾和交换性钾，是反映土壤肥力水平的指标之一。

（一）等级与面积

经统计，全市土壤速效钾含量平均值为170.9 mg/kg，属于含量较高水平，最小值为87.9 mg/kg，最大值为334.0 mg/kg，标准差为32.9 mg/kg，变异系数为19.25%。

由表5-22可以看出，全市土壤速效钾含量＞200 mg/kg的为1级（高），耕地面积为120 917.01 hm^2，占全市耕地总面积的15.69%。土壤速效钾含量150~200 mg/kg的为2级（较高），耕地面积为455 076.46 hm^2，占全市耕地总面积的59.05%。土壤速效钾含量100~150 mg/kg的为3级（中），耕地面积为192 126.27 hm^2，占全市耕地总面积的24.93%。土壤速效钾含量50~100 mg/kg的为4级（较低），耕地面积为2 543.19 hm^2，占全市耕地总面积的0.33%。

表5-22 土壤速效钾各等级面积及比例

等级	标准/（mg/kg）	等级面积/hm^2	占耕地总面积比例/%
1级（高）	＞200	120 917.01	15.69
2级（较高）	150~200	455 076.46	59.05
3级（中）	100~150	192 126.27	24.93
4级（较低）	50~100	2 543.19	0.33
5级（低）	≤50	0	0

（二）与第二次全国土壤普查时土壤速效钾含量对比

1982年，第二次全国土壤普查时全市土壤速效钾含量平均为131 mg/kg，属于中等含量水平。2021年全市土壤速效钾含量平均为170.9 mg/kg，属于中等偏高含量水平。与第二次全国土壤普查时相比较，全市土壤速效钾平均含量呈增加趋势，增加39.9 mg/kg，增幅为30.46%。

（三）不同县区土壤速效钾含量

经统计（表5-23），不同县区间土壤速效钾含量平均值最高的是巨野县，为227 mg/kg，属于含量最高水平；其他县区土壤速效钾含量属于中等偏高水平，最低是成武县，为153 mg/kg。变异系数最大的是曹县，为19.77%，最小的是东明县，为11.26%。

表 5-23　不同县区土壤速效钾含量

县区	最小值/(mg/kg)	最大值/(mg/kg)	平均值/(mg/kg)	标准差/(mg/kg)	变异系数/%	众数/(mg/kg)	中数/(mg/kg)
牡丹区	89	224	159	20.89	13.17	160	160
定陶区	103	257	172	24.80	14.39	150	171
曹县	88	298	164	32.46	19.77	133	162
单县	100	244	164	22.85	13.93	150	161
成武县	117	273	153	18.19	11.88	149	150
巨野县	131	334	227	30.62	13.48	273	223
郓城县	122	244	172	21.72	12.63	157	171
鄄城县	89	206	156	26.00	16.70	154	159
东明县	127	225	166	18.73	11.26	180	164

（四）主要土类土壤速效钾含量

土壤速效钾含量与土壤类型、质地、利用类型，特别是施肥管理有密切关系。由表 5-24 可以看出，不同土壤类型间土壤速效钾含量均位于中等偏高水平，其中碱化盐土速效钾含量平均值最高，为 186 mg/kg；脱潮土次之，为 183 mg/kg；碱化潮土最低，为 152 mg/kg。

表 5-24　主要土类土壤速效钾含量

土类	最小值/(mg/kg)	最大值/(mg/kg)	平均值/(mg/kg)	标准差/(mg/kg)	变异系数/%	众数/(mg/kg)	中数/(mg/kg)
潮土	88	334	169	31.92	18.88	156	164
脱潮土	100	298	183	35.56	19.47	159	178
盐化潮土	94	298	177	35.75	20.23	166	172
碱化潮土	117	249	152	24.32	16.00	125	147
碱化盐土	141	238	186	32.04	17.22	166	181

（五）不同表层质地土壤速效钾含量

经统计（表 5-25），不同表层质地土壤速效钾含量平均值以壤质砾石土最高，为 204 mg/kg，属于含量最高水平；其次是重壤，为 187 mg/kg；砂壤和砂土土壤速效钾含量平均值较低，分别为 163 mg/kg 和 165 mg/kg，属于中等偏高含量水平。

表 5-25　不同表层质地速效钾含量

质地	最小值/(mg/kg)	最大值/(mg/kg)	平均值/(mg/kg)	标准差/(mg/kg)	变异系数/%	众数/(mg/kg)	中数/(mg/kg)
中壤	95	334	177	35.40	19.95	140	169
轻壤	91	303	171	31.71	18.52	155	164
重壤	124	334	187	36.54	19.55	273	180
黏土	156	203	186	8.93	4.80	181	188
砂壤	88	298	163	29.43	18.03	157	161
砂土	103	241	165	21.45	12.98	179	160
壤质砾石土	188	209	204	3.23	1.58	204	203

四、土壤缓效钾

缓效钾是指存在于层状硅酸盐矿物层间和颗粒边缘，不能被中性盐在短时间内浸提出的钾，因此也叫非交换性钾，一般占土壤全钾的 1%~10%。因缓效钾在一定条件下可以逐渐释放供植物吸收利用，与速效钾之间存在相互转化关系，所以在判断土壤供钾能力时应综合考虑土壤速效钾和土壤缓效钾两项指标。

（一）等级与面积

经统计，全市土壤缓效钾含量平均值为 756 mg/kg，属于中等含量水平，最小值为 420 mg/kg，最大值为 1 090 mg/kg，标准差为 114.9 mg/kg，变异系数为 15.19%。

由表 5-26 可以看出，全市土壤缓效钾含量＞1 000 mg/kg的为 1 级（高），耕地面积为 6 165.30 hm^2，占全市耕地总面积的 0.80%。土壤缓效钾含量 800~1 000 mg/kg的为 2 级（较高），耕地面积为 257 401.42 hm^2，占全市耕地总面积的 33.40%。土壤缓效钾含量 600~800 mg/kg 的为 3 级（中），耕地面积为 416 774.52 hm^2，占全市耕地总面积的 54.08%。土壤缓效钾含量 400~600 mg/kg 的为 4 级（较低），耕地面积为 90 321.70 hm^2，占全市耕地总面积的 11.72%。

表 5-26　土壤缓效钾各等级面积及比例

等级	标准/（mg/kg）	等级面积/hm^2	占耕地总面积比例/%
1 级（高）	＞1 000	6 165.30	0.80
2 级（较高）	800~1 000	257 401.42	33.40

（续表）

等级	标准/（mg/kg）	等级面积/hm²	占耕地总面积比例/%
3 级（中）	600～800	416 774. 52	54. 08
4 级（较低）	400～600	90 321. 70	11. 72
5 级（较低）	≤400	0	0

（二）不同县区土壤缓效钾含量

根据土壤缓效钾的含义和存在状态，其含量与成土母质、土壤质地等有较大关系。从地域范围来看，中间高、四周低，西北高、东南低。由表 5-27 可以看出，土壤缓效钾含量平均值较高的是牡丹区和成武县，分别为 880 mg/kg 和 853 mg/kg，属于中等偏高含量水平，最低的是单县 548 mg/kg，属于中等偏低含量。

表 5-27　不同县区土壤缓效钾含量

县区	最小值/（mg/kg）	最大值/（mg/kg）	平均值/（mg/kg）	标准差/（mg/kg）	变异系数/%	众数/（mg/kg）	中数/（mg/kg）
牡丹区	639	1 090	880	86. 82	9. 86	886	880
定陶区	673	994	840	50. 59	6. 02	793	836
曹县	540	1 026	751	84. 71	11. 28	766	741
单县	420	815	548	57. 13	10. 42	534	541
成武县	535	1 009	853	59. 92	7. 02	896	858
巨野县	607	919	763	52. 05	6. 83	814	762
郓城县	624	968	753	58. 33	7. 74	688	743
鄄城县	567	907	743	65. 43	8. 80	665	741
东明县	607	875	733	51. 21	6. 99	768	735

（三）主要土类土壤缓效钾含量

由表 5-28 可以看出，不同土壤类型中缓效钾含量从高到低依次为：碱化盐土＞碱化潮土＞脱潮土＞盐化潮土＞潮土，碱化盐土的土壤缓效钾含量最高，为 873 mg/kg；碱化潮土次之，为 844 mg/kg；潮土含量最低，为 750 mg/kg。

表 5-28　主要土类土壤缓效钾含量

土类	最小值/（mg/kg）	最大值/（mg/kg）	平均值/（mg/kg）	标准差/（mg/kg）	变异系数/%	众数/（mg/kg）	中数/（mg/kg）
潮土	420	1 090	750	117.94	15.72	814	755
脱潮土	469	1 026	793	114.39	14.42	793	812
盐化潮土	428	1 076	773	89.86	11.63	784	772
碱化潮土	655	1 000	844	88.06	10.43	875	863
碱化盐土	703	1 002	873	86.81	9.95	766	894

（四）不同表层质地土壤缓效钾含量

由表 5-29 可以看出，不同表层质地的土壤缓效钾含量从高到低依次为：黏土＞重壤＞中壤＞轻壤＞砂壤＞壤质砾石土＞砂土。黏土土壤缓效钾含量平均值最高，为 798 mg/kg；重壤土壤缓效钾含量平均值次之，为 793 mg/kg；砂土土壤缓效钾含量平均值最低，为 654 mg/kg。变异系数较高的是砂土和砂壤，分别为 15.54%和 15.53%；变异系数较低的是黏土和壤质砾石土，分别为 3.51%和 1.86%。

表 5-29　不同表层质地土壤缓效钾含量

质地	最小值/（mg/kg）	最大值/（mg/kg）	平均值/（mg/kg）	标准差/（mg/kg）	变异系数/%	众数/（mg/kg）	中数/（mg/kg）
中壤	457	1 090	791	112.07	14.17	534	801
轻壤	449	1 061	761	112.03	14.71	713	766
重壤	483	1 070	793	101.12	12.75	814	790
黏土	758	905	798	28.04	3.51	787	794
砂壤	420	1 073	729	113.19	15.53	1 013	734
砂土	443	847	654	101.68	15.54	558	676
壤质砾石土	685	742	725	13.48	1.86	721	730

（五）作物缺钾常见症状

作物缺钾时，通常老叶叶尖和边缘发黄，进而变褐、枯黄。在叶片上往往出现褐色斑点，甚至成斑状，但叶中部靠近叶脉附近仍保持绿色。严重缺钾时，幼叶上也会出现同样的症状，整个植株和枝条柔软下垂，易发生倒伏，其中禾谷类作物缺钾时，新叶抽难，抽穗不齐，玉米容易出现秃顶，果树则表现为果实小、着色差、品质低。作物缺钾时要及时补施钾肥，以保证作物生长期间对钾的需求。在施肥及田间管理上应注意避免钾被固定和淋失，并促进缓效钾的释放。土壤有效钾的损失，常因作物、土壤、气候不同而异。豆科和薯类作物消耗的钾比禾谷类作物多，在砂质壤土上每年淋失的钾较多，而在丘陵地区，因暴雨侵蚀土壤而损失的钾量大于平原土壤。总之，土壤中是否需要补充钾肥或补充多少，一方面取决于作物从土壤中吸收的钾是否部分归还土壤，另一方面取决于缓效钾的释放速度和释放量。只有合理施用钾肥，才能保证土壤钾素的供需平衡。

（六）土壤钾素调控

土壤速效钾是交换性钾和水溶性钾之和，能直接被植物吸收利用。交换性钾指吸附在带负电荷胶体表面的钾离子，其含量一般为40~600 mg/kg，占全钾量的1%~2%，是土壤速效钾的主要部分。水溶性钾是以离子形态存在于土壤溶液中的钾，浓度一般为2~5 mg/L。在土壤中随时存在土壤钾的固定和释放过程，即交换性钾转变成非交换性钾，非交换性钾转变为交换性钾和水溶性钾，交换性钾、水溶性钾和非交换性钾之间处于平衡之中，当土壤中速效性钾被植物吸收利用后，非交换性钾可以缓慢地释放补充速效性钾。当土壤速效钾含量较高、钾离子饱和度较大时，交换性钾可以进入晶格转化为非交换性钾，它们之间没有截然的界限。

钾的固定和释放过程首先是由自然因素引起的，但也可用人为措施来调节。主要措施如下。一是增施有机肥料，有机肥含有作物生长发育所需的多种营养元素，其中富含钾元素，据资料统计，小麦秸秆、玉米秸秆氧化钾含量在1%以上。有机肥在分解过程中其中的钾进入土壤溶液，从而参与各种形态的平衡体系，供作物吸收利用。同时，增施有机肥料，还能提高土壤有机质含量，有机质作为土壤有机胶体，能吸附钾离子，保持钾素养分不流失、不固定或少固定。二是施用生物钾肥，土壤中钾素含量比较丰富，但90%~98%是一般作物难以吸收的形态，施用生物钾肥可将难溶性钾转变为有效钾，挖掘土壤钾素潜力，从而增加土壤有效钾含量，达到补钾目的。三是增施化学钾肥，改变多氮、磷肥，少钾肥的施肥现状，充分利用耕地质量监测和试验示范结果，根据土壤和作物制订施肥方案，协调氮、磷、钾比例，有机肥与无机肥之间的比例。四是深翻晒垡、冻融交替，可改良土壤结构，协调土壤水、肥、气、热状况，有利于土壤钾素释放。

第三节　土壤中微量元素

作物生长发育所必需的营养元素中，除氮、磷、钾外，钙、镁、硫被认为是中量元素，作物需要相当数量的这些元素才能维持正常生长。

土壤中微量元素包括锌、铜、铁、锰、硼、钼等，在作物体内多为辅酶的组成成分，对叶绿素和蛋白质的合成、光合作用、代谢作用以及氮、磷、钾的吸收利用均有重要的促进和调节作用。作物对各种微量元素的需求量虽不多，但它们在作物营养上的作用与大量元素相同，缺少任何一种都会对作物产生不利影响。

一、土壤有效硫

硫是作物生长发育所必需的中量营养元素，作物需硫量仅次于氮、磷、钾，是第四位重要的营养元素，对其需要量及矿质土壤的含硫量大致与磷相当，但土壤缺硫现象不像缺磷那样常见，主要原因是土壤对硫的固定远不如磷，还有施肥、灌溉、大气沉降、降雨等每年补给土壤一定数量的硫。硫在作物体内参与重要的生理过程，是含硫氨基酸、蛋白质不可缺少的构成元素，在作物体内约有10%的硫存在于含硫的氨基酸中。同时，硫参与叶绿素的形成，对作物体内某些酶的形成和活化有重要作用。土壤有效硫包括土壤溶液中的硫酸盐、易溶性硫、吸附态硫及部分有机硫，在表层土壤中大部分硫以有机形态存在。农业生产实践证明，土壤供硫量不足或过量，将严重影响作物的产量和品质。

（一）等级与面积

经统计，全市土壤有效硫含量平均值为59.8 mg/kg，属于高水平，最小值为17.5 mg/kg，最大值为152.6 mg/kg，标准差为19.65 mg/kg，变异系数为32.86%。

由表5-30可以看出，全市土壤有效硫含量＞50 mg/kg的为1级（高），耕地面积为565 127.13 hm^2，占全市耕地总面积的73.33%。土壤有效硫含量40~50 mg/kg的为2级（较高），耕地面积为63 348.49 hm^2，占全市耕地总面积的8.22%。土壤有效硫含量30~40 mg/kg的为3级（中），耕地面积为100 109.12 hm^2，占全市耕地总面积的12.99%。土壤有效硫含量20~30 mg/kg的为4级（较低），耕地面积为40 536.87 hm^2，占全市耕地总面积的5.26%。土壤有效硫含量≤20 mg/kg的为5级（低），耕地面积为1 541.33 hm^2，占全市耕地总面积的0.20%。

表5-30 土壤有效硫各等级面积及比例

等级	标准/（mg/kg）	等级面积/hm^2	占耕地总面积比例/%
1级（高）	＞50	565 127.13	73.33
2级（较高）	40~50	63 348.49	8.22
3级（中）	30~40	100 109.12	12.99
4级（较低）	20~30	40 536.87	5.26
5级（低）	≤20	1 541.33	0.20

（二）不同县区土壤有效硫含量

从区域范围上来看，四周高、中间低，东部、北部、西部和南部高，东南部低。由表5-31可以看出，全市各县区有效硫含量水平丰富且属于高水平的是巨野县、郓城县和东明县，分别为80.99 mg/kg、74.77 mg/kg和73.88 mg/kg，有效硫含量中等水平的县区是定陶区、单县和牡丹区，分别为34.43 mg/kg、39.65 mg/kg和40.65 mg/kg。

表5-31　不同县区土壤有效硫含量

县区	最小值/(mg/kg)	最大值/(mg/kg)	平均值/(mg/kg)	标准差/(mg/kg)	变异系数/%	众数/(mg/kg)	中数/(mg/kg)
牡丹区	18.30	90.27	40.65	14.40	35.42	41.77	37.84
定陶区	17.56	72.67	34.43	12.31	35.74	27.44	30.65
曹县	38.54	93.87	62.98	9.18	14.58	56.40	61.15
单县	30.81	66.16	39.65	6.80	17.15	36.85	36.95
成武县	38.07	80.14	63.96	6.94	10.85	74.40	62.40
巨野县	43.32	115.84	80.99	9.64	11.91	95.30	81.04
郓城县	45.86	152.60	74.77	16.49	22.06	85.24	73.47
鄄城县	37.56	105.58	62.58	7.33	11.71	54.66	62.06
东明县	44.08	115.11	73.88	17.27	23.37	88.10	74.46

（三）主要土类土壤有效硫含量

土壤硫主要来自母质、灌溉水、大气干湿沉降以及施肥等，随着硫酸钾、硫包衣肥料等含硫肥料的普遍施用，土壤中硫元素含量水平普遍较高。土壤施硫对有效硫含量的影响大于母质、区域沉降、灌水的影响，导致不同母质发育的土壤类型土壤硫素含量发生了改变。由表5-32可以看出，盐化潮土的土壤有效硫含量平均值最高，为66.16 mg/kg；脱潮土的土壤有效硫含量平均值最低，为44.29 mg/kg。脱潮土的变异系数最大，为41.61%；碱化盐土和碱化潮土的变异系数较小，分别为5.94%和8.11%。

表5-32　主要土类土壤有效硫含量

土类	最小值/(mg/kg)	最大值/(mg/kg)	平均值/(mg/kg)	标准差/(mg/kg)	变异系数/%	众数/(mg/kg)	中数/(mg/kg)
潮土	17.56	152.47	59.94	18.72	31.24	95.30	60.19

（续表）

土类	最小值/（mg/kg）	最大值/（mg/kg）	平均值/（mg/kg）	标准差/（mg/kg）	变异系数/%	众数/（mg/kg）	中数/（mg/kg）
脱潮土	17.56	92.76	44.29	18.43	41.61	27.44	41.07
盐化潮土	18.30	152.60	66.16	21.58	32.61	62.05	65.15
碱化潮土	47.45	79.20	61.22	4.96	8.11	62.41	59.07
碱化盐土	56.11	67.12	60.27	3.58	5.94	56.40	59.25

（四）不同表层质地土壤有效硫含量

由表5-33可以看出，除面积较小的壤质砾石土外，按照不同表层质地来看，土壤有效硫在土壤中丰富存在，属于高含量水平，平均值差异不大。

表5-33　不同表层质地土壤有效硫质含量

质地	最小值/（mg/kg）	最大值/（mg/kg）	平均值/（mg/kg）	标准差/（mg/kg）	变异系数/%	众数/（mg/kg）	中数/（mg/kg）
中壤	17.56	118.18	57.66	21.39	37.09	36.85	60.28
轻壤	17.89	152.60	60.53	20.12	33.24	76.20	60.37
重壤	18.56	137.30	69.48	21.18	30.48	95.30	71.12
黏土	36.88	76.73	64.60	9.87	15.29	62.61	62.92
砂壤	18.60	145.97	58.40	17.13	29.33	27.44	59.18
砂土	25.46	105.20	53.22	17.60	33.06	38.82	51.67
壤质砾石土	81.12	81.56	81.33	0.12	0.15	81.37	81.37

（五）作物缺硫的症状及合理施用

硫是植物体内蛋白质和酶的组成元素。如果硫元素不足，会影响蛋白质的合成，导致非蛋白质积累，最终影响作物的正常生长发育。同时，硫也是许多酶的成分，这些酶类不仅与植物的呼吸作用、脂肪代谢和氮代谢作用有关，而且对淀粉的合成也有一定的影响。硫在植株体内不易移动，缺乏时一般在幼叶表现出缺绿症状，且新叶均衡失绿，呈黄白色并易脱落。

就一般作物而言，土壤有效硫低于16 mg/kg时，施硫才会有增产效果，若有效硫大于20 mg/kg，除喜硫作物外，施硫一般无增产效果。在不缺硫的土壤上施用硫肥不仅不会增产，还会导致土壤酸化和减产。十字花科、豆科作物以及葱、蒜、韭菜等都是需硫较多的作物，对施肥的反应敏感。而谷类作物则比较耐缺硫胁迫。硫肥用量的确定除了应考虑土壤、作物供需状况，还要考虑各元素间营养平衡问题，尤其是氮、硫之间的平衡。一些试验表明，只有在氮硫比接近7时，氮、硫才能都得到有效的利用。当然，这一比值应随不同土壤氮、硫基础含量不同而作相应调整。小麦适宜的施硫量为4 kg/亩，水稻为5.3~12.7 kg/亩。具体用量视土壤有效硫水平而定。同时，注意选择适宜的硫肥品种，硫酸铵、硫酸钾及金属微量元素的硫黄盐中的硫酸根都是易于被作物吸收利用的硫形态。过磷酸钙中的石膏肥效要慢些。施用硫黄，虽然元素单纯，但须经微生物转化后才能有效，其肥效与土壤环境条件及肥料本身的细度有密切关系，而且其后效也比硫酸盐肥料大得多，甚至可以隔年施用。在硫肥的施用中，注意确定合理的施硫时期和方法，一般硫酸盐类等可溶性硫肥春季施用效果比秋季好，硫肥一般可以作基肥，于播种或移栽前耕地时施入，通过耕耙使之与土壤混合。

二、土壤有效锌

土壤中的锌来自成土矿物，存在于辉岩、角闪石、墨云母等硅铝酸盐的晶格中。当成土母质矿物风化后，锌以 Zn^{2+}、$Zn(OH)^{+}$、$ZnCl^{+}$、$ZnNO_3^{+}$ 等形态进入土壤溶液，可能形成氢氧化物和各种盐而沉淀，可能参与土壤中的离子交换而被吸附。土壤中的锌有水溶态、交换态、难溶态和有机态，植物能够利用的有水溶态、交换态和有机态，称为有效态。锌是许多酶的组成成分或活化剂，锌可以通过酶对植物碳、氮代谢物产生广泛影响；促进色氨酸的合成，从而间接影响生长素的形成；促进植物光合作用；参与蛋白质和RAN的合成；影响植物生殖器官的形成和发育，如培养在缺锌介质中的豌豆不能产生种子；提高作物的抗逆性，如锌能提高作物的抗旱、抗热、抗低温及抗霜冻的能力。

（一）等级与面积

经统计，全市土壤有效锌含量平均值为1.52 mg/kg，属于中等含量水平，最小值为0.81 mg/kg，最大值为3.27 mg/kg，标准差为0.41 mg/kg，变异系数为26.97%。

由表5-34可以看出，全市土壤有效锌含量＞3.0 mg/kg的为1级（高），耕地面积为616.53 hm^2，占全市耕地总面积的0.08%。土壤有效锌含量2~3 mg/kg的为2级（较高），耕地面积为98 721.92 hm^2，占全市耕地总面积的12.81%。土壤有效锌含量1~2 mg/kg的为3级（中），耕地面积为617 223.95 hm^2，占全市耕地总面积的80.09%。土壤有效锌含量0.5~1 mg/kg的为4级（较低），耕地面积为54 100.54 hm^2，占全市耕地总面积的7.02%。

表 5-34　土壤有效锌各等级面积及比例

等级	标准/（mg/kg）	等级面积/hm²	占耕地总面积比例/%
1级（高）	＞3.0	616.53	0.08
2级（较高）	2.0~3.0	98 721.92	12.81
3级（中）	1.0~2.0	617 223.95	80.09
4级（较低）	0.5~1.0	54 100.54	7.02
5级（低）	≤0.5	0	0

（二）与第二次土壤普查时土壤有效锌含量对比

1982年，第二次全国土壤普查时全市土壤有效锌含量平均为0.60 mg/kg，属于中等偏低含量水平。2021年全市土壤有效锌含量平均为1.52 mg/kg，属于中等含量水平。与第二次全国土壤普查时相比较，全市土壤有效锌平均含量增加0.92 mg/kg，增幅为153.3%。

（三）不同县区土壤有效锌含量

从区域范围（表5-35）来看，全市各地区土壤有效锌含量差异不大，土壤有效锌含量平均值最高的是单县和鄄城，均为1.80 mg/kg，土壤有效锌含量平均值最低的是牡丹区，为1.21 mg/kg。

表 5-35　不同县区土壤有效锌含量

县区	最小值/（mg/kg）	最大值/（mg/kg）	平均值/（mg/kg）	标准差/（mg/kg）	变异系数/%	众数/（mg/kg）	中数/（mg/kg）
牡丹区	0.86	2.85	1.21	0.29	24.01	1.02	1.15
定陶区	0.87	2.34	1.43	0.17	12.03	1.21	1.46
曹县	1.08	2.91	1.74	0.40	23.24	1.58	1.66
单县	1.12	2.26	1.80	0.19	10.47	1.79	1.79
成武县	0.84	2.20	1.38	0.27	19.26	1.63	1.38
巨野县	0.82	2.84	1.25	0.37	29.18	1.03	1.10
郓城县	0.86	3.27	1.70	0.43	25.61	1.12	1.65
鄄城县	0.86	2.88	1.80	0.41	23.07	0.87	1.80
东明县	0.82	2.01	1.30	0.24	18.28	0.87	1.30

（四）主要土类土壤有效锌含量

土壤中的锌与成土矿物有密切关系，母岩含锌量高，其发育土壤的全锌含量也高，而土壤有效锌含量与母岩含锌量无明显关系，主要与土壤酸碱度和施用锌肥有关。由表5-36可以看出，经过常年耕作，全市主要土类的土壤有效锌含量平均值差异已不大，含量水平都较高。

表5-36　主要土类土壤有效锌含量

土类	最小值/(mg/kg)	最大值/(mg/kg)	平均值/(mg/kg)	标准差/(mg/kg)	变异系数/%	众数/(mg/kg)	中数/(mg/kg)
潮土	0.82	3.27	1.55	0.42	27.06	1.79	1.52
脱潮土	0.82	2.13	1.39	0.26	18.69	1.79	1.42
盐化潮土	0.82	2.91	1.44	0.38	26.58	1.01	1.37
碱化潮土	1.19	2.44	1.53	0.29	18.79	1.58	1.53
碱化盐土	1.23	2.17	1.52	0.22	14.41	1.42	1.49

（五）不同表层质地土壤有效锌含量

经统计（表5-37），全市土壤有效锌含量平均值较高的是砂壤和砂土，分别为1.67 mg/kg和1.61 mg/kg，土壤有效锌含量平均值最低的是壤质砾石土，为1.06 mg/kg。

表5-37　不同表层质地土壤有效锌含量

质地	最小值/(mg/kg)	最大值/(mg/kg)	平均值/(mg/kg)	标准差/(mg/kg)	变异系数/%	众数/(mg/kg)	中数/(mg/kg)
中壤	0.82	2.99	1.38	0.35	25.32	1.77	1.36
轻壤	0.84	3.19	1.50	0.36	24.30	1.79	1.48
重壤	0.83	2.87	1.31	0.30	23.29	0.94	1.25
黏土	0.87	2.27	1.34	0.38	28.34	0.87	1.30
砂壤	0.82	3.27	1.67	0.43	25.87	1.79	1.66
砂土	0.87	2.21	1.61	0.29	18.04	1.74	1.55
壤质砾石土	1.06	1.06	1.06	0.00	0.00	1.06	1.06

（六）作物缺锌的症状

缺锌时，植物体内的生长素含量有所降低，生长发育出现停滞状态，茎节缩短，植株矮小，叶片扩展伸长受到阻滞，形成小叶，并呈叶簇状。叶脉间出现淡绿色、黄色或白色锈斑，尤其是在老叶上。在田间，可见植物高低不齐，成熟期推迟，果实发育不良。在我国已报道缺锌的植物有玉米的“黄化苗”、水稻的“稻缩苗”、苹果等果树的“小叶病”等。

（七）土壤有效锌调控

一般认为，土壤缺锌的临界含量为0.5 mg/kg，有效锌含量低于0.5 mg/kg

时，属于缺锌耕地，作物生长受到影响。作物缺锌的主要防治措施如下。①由于一般作物在生育前期就会出现缺锌症状，锌肥的施用以基肥为主。用硫酸锌作基肥时，通常用量为每亩 1~2 kg。②叶面喷施时用 0.15%~0.3%的硫酸锌溶液进行喷施，效果较好。③施用种肥，以硫酸锌做种肥，每亩用量为 1 kg 左右。为了施肥方便，可与生理酸性肥料混匀后施用，但不能与磷肥混施。锌肥应施在种子下面或旁边，表施效果很差。土壤锌肥残效一般可维持 3~5 年，锌肥施用量越大残效也越长。

三、土壤有效铜

土壤中的含铜矿物主要是黄铜矿、孔雀石和含铜砂岩，土壤含铜量因成土母质的不同而有一定差异。土壤中有效铜的形态包括水溶态铜、有机态铜、离子态铜，能够说明土壤供给铜的水平，其与土壤全铜间均有极显著正相关关系。铜在植物生长过程中的主要作用有：参与植物体内氧化还原反应，构成铜蛋白并参与光合作用，作为超氧化歧化酶（SOD）的组成成分，参与氮素代谢，影响固氮作用，影响花器官的发育。例如，小麦缺铜时，往往出现秸秆产量较高但不能结实的现象。

（一）等级与面积

经统计，全市土壤有效铜含量平均值为 1.31 mg/kg，属于含量较高水平，最小值为 0.75 mg/kg，最大值为 2.34 mg/kg，标准差为 0.22 mg/kg，变异系数为 16.79%。

由表 5-38 可以看出，全市土壤有效铜含量＞1.8 mg/kg 的为 1 级（高），耕地面积为 26 356.67 hm^2，占全市耕地总面积的 3.42%。土壤有效铜含量 1.0~1.8 mg/kg 的为 2 级（较高），耕地面积为 710 474.16 hm^2，占全市耕地总面积的 92.19%。土壤有效铜含量 0.5~1.0 mg/kg 的为 3 级（中），耕地面积为 33 832.10 hm^2，占全市耕地总面积的 4.39%。土壤有效铜含量较低和低水平的面积为 0。

表 5-38 土壤有效铜各等级面积及比例

等级	标准/（mg/kg）	等级面积/hm^2	占耕地总面积比例/%
1 级（高）	＞1.8	26 356.67	3.42
2 级（较高）	1.0~1.8	710 474.16	92.19
3 级（中）	0.5~1.0	33 832.10	4.39
4 级（较低）	0.2~0.5	0	0
5 级（低）	≤0.2	0	0

（二）与第二次全国土壤普查时土壤有效铜含量对比

1982 年，第二次全国土壤普查时全市土壤有效铜含量平均为 1.1 mg/kg，属于中等偏高含量水平。2021 年全市土壤有效铜含量平均为 1.31 mg/kg，属于中等偏高含量水平。与第二次全国土壤普查时相比较，全市土壤有效铜平均含量增加 0.21 mg/kg，增幅为 19.1%。

（三）不同县区土壤有效铜含量

从区域范围（表 5-39）来看，全市各县区土壤有效铜含量鄄城、郓城和曹县含量较高，定陶区、东明县含量中等，其他县区略低，但各县区间含量差异不大，均属于中等偏高含量水平。土壤有效铜含量平均值最高的是鄄城县，为 1.58 mg/kg，最低的是牡丹区，为 1.16 mg/kg。

表 5-39　不同县区土壤有效铜含量

县区	最小值/（mg/kg）	最大值/（mg/kg）	平均值/（mg/kg）	标准差/（mg/kg）	变异系数/%	众数/（mg/kg）	中数/（mg/kg）
牡丹区	0.90	2.14	1.16	0.17	14.97	0.96	1.12
定陶区	1.06	1.63	1.31	0.11	8.21	1.46	1.29
曹县	0.99	1.99	1.42	0.18	12.40	1.21	1.43
单县	0.88	1.66	1.23	0.17	13.80	1.36	1.28
成武县	0.89	1.96	1.24	0.17	13.56	1.13	1.20
巨野县	0.93	1.73	1.21	0.15	12.16	1.22	1.18
郓城县	0.82	2.11	1.40	0.22	15.87	1.37	1.37
鄄城县	0.96	2.34	1.58	0.24	15.12	1.50	1.54
东明县	0.76	2.12	1.31	0.26	19.53	1.47	1.28

（四）主要土类土壤有效铜含量

由表 5-40 可以看出，不同土类的土壤有效铜含量以碱化潮土最高，为 1.44 mg/kg，最低为脱潮土，为 1.29 mg/kg，不同土壤类型间土壤有效铜含量差别不显著，都属于中等偏高含量水平。土壤有效铜含量从高至低依次为：碱化潮土＞碱化盐土＞盐化潮土、潮土＞脱潮土。

表 5-40　主要土类土壤有效铜含量

土类	最小值/（mg/kg）	最大值/（mg/kg）	平均值/（mg/kg）	标准差/（mg/kg）	变异系数/%	众数/（mg/kg）	中数/（mg/kg）
潮土	0.76	2.34	1.32	0.23	17.33	1.36	1.30
脱潮土	0.89	1.67	1.29	0.17	13.19	1.36	1.25
盐化潮土	0.76	2.15	1.32	0.22	16.62	1.30	1.27
碱化潮土	1.18	1.86	1.44	0.11	7.85	1.39	1.39
碱化盐土	1.17	1.60	1.38	0.14	9.81	1.21	1.39

（五）不同表层质地土壤有效铜含量

由表 5-41 可以看出，不同表层质地的土壤有效铜含量以黏土为最高，为 1.43 mg/kg，砂土含量最低，为 1.18 mg/kg。不同表层质地的土壤有效铜含量平均值从高到低依次为：黏土＞重壤、砂壤＞轻壤＞中壤＞壤质砾石土＞砂土。

表 5-41　不同表层质地土壤有效铜含量

质地	最小值/（mg/kg）	最大值/（mg/kg）	平均值/（mg/kg）	标准差/（mg/kg）	变异系数/%	众数/（mg/kg）	中数/（mg/kg）
中壤	0.82	2.12	1.27	0.20	15.89	1.33	1.23
轻壤	0.76	2.14	1.28	0.20	16.05	1.36	1.25
重壤	0.79	2.12	1.36	0.25	18.24	0.99	1.34
黏土	1.20	1.58	1.43	0.07	5.08	1.43	1.43
砂壤	0.81	2.34	1.36	0.23	16.99	1.36	1.35
砂土	0.81	1.86	1.18	0.18	15.66	1.06	1.13
壤质砾石土	1.20	1.20	1.20	0.00	0.00	1.20	1.20

（六）作物缺铜的症状

一般认为，土壤缺铜的临界含量为 0.2 mg/kg，土壤有效铜含量低于 0.2 mg/kg时，属于缺铜耕地，作物生长受到影响。缺铜时禾本科作物新叶呈灰绿色，卷曲、发黄，老叶在叶舌处弯曲或折断，叶尖枯萎，叶鞘下部有灰白色斑点，有时扩展成条纹，并易感染霉菌性病害；麦类缺铜时发生顶端黄化病，新叶黄白化，质薄、扭曲，后期上位叶子卷成纸捻状，轻度缺铜前期症状不明显，抽穗后因花粉败育而不实即穗而不实；豆类作物新叶失绿、卷曲；果树叶片失绿畸形，嫩枝弯曲下垂，树皮上出现水泡状皮疹。严重时顶梢枯死，称枝枯病或顶端黄化病。

（七）土壤有效铜调控措施

作物缺铜可施用铜肥进行补充，常用铜肥品种有：硫酸铜、碱式硫酸铜、碳酸铜等，多数为蓝色透明结晶或颗粒、粉末状，易溶于水。最常用的铜肥是硫酸铜，含铜25%。

主要调控措施如下。①拌种，每0.5 kg种子拌0.5 g硫酸铜或用浓度为0.01%~0.05%的硫酸铜溶液浸种，浸12 h后，捞出阴干再播种。②喷洒，可喷施0.02%~0.10%的硫酸铜溶液，每亩视苗情，喷洒50~100 kg溶液。最好在溶液中加入少量熟石灰，以免产生药害。③用硫酸铜作基肥，每亩用1~1.5 kg为好。最好与其他酸性肥料配合使用，每隔3~5年施用1次。

同时要注意，铜肥施用要十分慎重，多次使用后会在土壤中累积，引起残留，污染水果及其他作物。

四、土壤有效铁

铁是地壳中较丰富的元素，仅次于氧、硅、铝，土壤中铁含量受成土母质和成土过程影响。土壤有效铁包括水溶性铁、交换性铁和有机质释放出的一部分络合铁，能够说明土壤供给铁的水平。铁具有能形成螯合物和进行化合价转变两个重要的特征，所以在植物生长过程中的作用非常明显。铁虽然不是叶绿素的组成成分，但是叶绿素合成所必需的元素，如植物生长经常表现出缺铁性失绿症状；铁在植物体内容易发生三价铁离子和二价亚铁离子的相互转化，所以参与植物体内氧化还原反应和电子传递，特别是当铁和有机物结合生成的铁血红蛋白，氧化还原能力可以比无机铁盐提高千倍，对植物代谢起着重要的作用；参与植物的呼吸作用等。此外，铁也是磷酸蔗糖合成酶最好的活化剂，植物缺铁会导致体内蔗糖形成减少。

（一）等级与面积

经统计，全市土壤有效铁含量平均值为12.9 mg/kg，属于中等含量水平；其中，土壤有效铁含量最小值为6.8 mg/kg，最大值为33.9 mg/kg，标准差为3.66 mg/kg，变异系数为28.37%。

由表5-42可以看出，全市土壤有效铁含量＞20 mg/kg的为1级（高），耕地面积为36 837.69 hm^2，占全市耕地总面积的4.78%。土壤有效铁含量15~20 mg/kg的为2级（较高），耕地面积为158 602.43 hm^2，占全市耕地总面积的20.58%。土壤有效铁含量10~15 mg/kg的为3级（中），耕地面积为428 180.33 hm^2，占全市耕地总面积的55.56%。土壤有效铁含量5~10 mg/kg的为4级（较低），耕地面积为147 042.49 hm^2，占全市耕地总面积的 19.08%。

表 5-42 土壤有效铁各等级面积及比例

等级	标准/（mg/kg）	等级面积/hm^2	占耕地总面积比例/%
1 级（高）	＞20	36 837.69	4.78
2 级（较高）	15～20	158 602.43	20.58
3 级（中）	10～15	428 180.33	55.56
4 级（较低）	5～10	147 042.49	19.08
5 级（低）	≤5	0	0

（二）与第二次全国土壤普查时土壤有效铁含量对比

1982 年，第二次全国土壤普查时全市土壤有效铁含量平均为 8.4 mg/kg，属于中等偏低含量水平。2021 年全市土壤有效铁含量平均为 12.9 mg/kg，属于中等含量水平。与第二次全国土壤普查时相比较，全市土壤有效铁平均含量增加 4.5 mg/kg，增幅为 53.6%。

（三）不同县区土壤有效铁含量

从区域范围（表 5-43）来看，巨野县至牡丹区的带状区域土壤有效铁含量明显低于其他地区，全市范围内呈从黄河和黄河故道流域向内逐渐降低的趋势。全市各县区土壤有效铁含量平均值从高到低依次为：鄄城县＞东明县＞郓城县＞单县＞成武县＞曹县＞定陶区＞牡丹区＞巨野县。

表 5-43 不同县区土壤有效铁含量

县区	最小值/（mg/kg）	最大值/（mg/kg）	平均值/（mg/kg）	标准差/（mg/kg）	变异系数/%	众数/（mg/kg）	中数/（mg/kg）
牡丹区	7.81	16.69	10.20	1.78	17.47	11.92	9.71
定陶区	8.23	16.08	11.30	1.90	16.80	13.92	10.97
曹县	9.20	18.03	11.92	1.74	14.63	10.40	11.44
单县	7.47	24.43	14.29	3.79	26.54	17.16	13.84
成武县	8.05	30.01	13.07	3.26	24.94	12.91	11.84
巨野县	6.85	15.01	9.43	1.36	14.39	7.56	9.14
郓城县	9.10	26.63	15.08	3.37	22.34	26.63	14.13
鄄城县	11.28	22.59	16.38	2.47	15.07	16.62	16.44
东明县	11.00	33.97	16.20	4.27	26.34	18.56	14.83

（四）主要土类土壤有效铁含量

土壤有效铁含量与土壤酸碱性和碳酸盐含量密切相关，经统计（表 5-44），主要土类的土壤有效铁含量平均值以潮土最高，为 13.14 mg/kg，最低为碱化盐土，10.41 mg/kg，均属于中等含量水平；不同土壤类型的土壤有效铁含量从高到低依次为：潮土＞盐化潮土＞碱化潮土＞脱潮土＞碱化盐土。

表 5-44 主要土类土壤有效铁含量

土类	最小值/（mg/kg）	最大值/（mg/kg）	平均值/（mg/kg）	标准差/（mg/kg）	变异系数/%	众数/（mg/kg）	中数/（mg/kg）
潮土	6.85	33.81	13.14	3.60	27.40	7.56	12.47
脱潮土	7.57	21.22	10.92	2.73	24.97	13.92	10.24
盐化潮土	6.91	33.97	12.54	4.03	32.15	11.36	11.56
碱化潮土	9.47	16.05	11.65	1.96	16.78	10.70	10.68
碱化盐土	9.33	13.52	10.41	0.73	7.01	10.40	10.40

（五）不同表层质地土壤有效铁含量

经统计（表 5-45），不同表层质地土壤有效铁含量以黏土最高，为 16.36 mg/kg，属于较高含量水平；最低为壤质砾石土，9.19 mg/kg，属于较低含量水平。不同表层质地有效铁平均值从高到低依次为：黏土＞砂土＞砂壤＞重壤＞轻壤＞中壤＞壤质砾石土。

表 5-45 不同表层质地土壤有效铁含量

质地	最小值/（mg/kg）	最大值/（mg/kg）	平均值/（mg/kg）	标准差/（mg/kg）	变异系数/%	众数/（mg/kg）	中数/（mg/kg）
中壤	6.91	33.49	12.35	3.86	31.30	17.16	11.39
轻壤	6.94	33.97	12.66	3.61	28.49	9.38	11.85
重壤	6.85	33.95	13.12	4.64	35.40	7.56	12.36
黏土	10.52	18.43	16.36	1.78	10.89	16.94	16.80
砂壤	7.32	26.63	13.27	3.23	24.36	13.92	12.74
砂土	9.31	30.35	13.99	3.27	23.39	18.38	14.00
壤质砾石土	9.12	9.25	9.19	0.04	0.41	9.17	9.20

（六）作物缺铁的症状

一般认为，土壤缺铁的临界含量为 4.5 mg/kg，土壤有效铁含量低于 4.5 mg/kg时，属于缺铁耕地；低于 2.5 mg/kg 时，属于严重缺铁，影响作物生长。

在我国北方，多年生木本和草本植物以及农作物的缺铁症状极为常见。由于铁在植物体内难以移动，又是叶绿素形成所必需的元素，所以最常见的缺铁症状是幼叶失绿。失绿症开始时，叶片颜色变淡，新叶脉间失绿而黄化，但叶脉仍保持绿色。当缺铁严重时，整个叶尖失绿，极度缺乏时，叶色完全变白并出现坏死斑点。缺铁失绿可导致生长停滞，严重时可导致植株死亡。

（七）土壤有效铁调控

耕地表现缺铁的主要原因：一是作物产量大幅提高，微肥投入不足；二是石灰性土壤自身碱性反应及氧化作用，使铁形成难溶性化合物而降低其生物学有效性；三是施肥不合理，如大量施用磷肥的土壤，引起缺铁。所以，铁肥应重点施在游离碳酸钙含量高的碱性土壤及高产土壤上，以及对铁元素敏感的作物上，在施用量上统筹考虑各营养元素的平衡关系。由于铁肥在土壤中易转化为无效铁，其后效弱，应每年都向缺铁土壤施用铁肥。相比土施铁肥，根外施铁肥，其用量小，效果更好，另外要注意施用铁肥的形态及有效性。常采用的方法如下。①叶面喷施法。主要用硫酸亚铁，果树上用 0.2%~1%的浓度，每隔 7~10 d 喷施 1 次，直到叶片复绿为止。为防止铁在配制过程中沉淀，配制时可加入少量食用醋，比例是 100 L 水加 100~200 mL 食醋。②土壤施用法。铁肥直接施用于土壤很容易引起铁的氧化，所以常将铁肥与有机肥混合施用，混合比例一般为铁肥：有机肥=1：（10~20）。③树干埋藏法。在林木或果树干上打孔，将铁肥放入其中。为了便于放入肥料，孔可以斜打。这种方法的优点是铁肥肥效较长，但容易使树体遭受病虫危害。④灌根法。用 0.3%的硫酸亚铁溶液直接灌根。

五、土壤有效锰

锰在地壳中是一个分布很广的元素，在大多数岩石中，特别是铁镁物质中能找到微量锰的存在。有效锰包括交换态锰、有效态锰和活性锰，能够说明土壤供给锰的水平。锰对作物的生长作用有：通过参与水的光解和电子传递直接参与植物的光合作用，许多资料表明，植物叶绿体中的含锰量较高，是维持叶绿体结构所必需的元素；锰是羟胺还原酶、核糖核酸聚合酶、超氧化物歧化酶等许多酶的活化剂，参与硝态氮的还原、蛋白质的合成、保护光合系统等过程；对由生长素促进的胚芽鞘伸长效应有刺激作用，从而加快种子萌芽和幼苗的早期生长。此外，锰还能促进维生素 C 的形成、增强茎的机械组织及加快根系生长等。

（一）等级与面积

经统计，全市土壤有效锰含量平均值为 8.9 mg/kg，属于中等偏低含量水平；其中，土壤有效锰最小值为 4.8 mg/kg，最大值为 17.7 mg/kg，标准差为 2.18 mg/kg，变异系数为 24.49%。

由表 5-46 可以看出，土壤有效锰含量 15～30 mg/kg 的为 2 级（较高），耕地面积为 8 939.69 hm^2，占全市耕地总面积的 1.16%。土壤有效锰含量 10～15 mg/kg 的为 3 级（中），耕地面积为 183 263.65 hm^2，占全市耕地总面积的 23.78%。土壤有效锰含量 5～10 mg/kg 的为 4 级（较低），耕地面积为 578 382.53 hm^2，占全市耕地总面积的 75.05%。土壤有效锰含量≤5 mg/kg 的为 5 级（低），耕地面积为 77.07 hm^2，占全市耕地总面积的 0.01%。

表 5-46 土壤有效锰各等级面积及比例

等级	标准/（mg/kg）	等级面积/hm^2	占耕地总面积比例/%
1 级（高）	＞30	0	0
2 级（较高）	15～30	8 939.69	1.16
3 级（中）	10～15	183 263.65	23.78
4 级（较低）	5～10	578 382.53	75.05
5 级（低）	≤5	77.07	0.01

（二）与第二次全国土壤普查时土壤有效锰含量对比

1982 年，第二次全国土壤普查时全市土壤有效锰含量平均为 7.4 mg/kg，属于中等偏低含量水平。2021 年全市土壤有效锰含量平均为 8.9 mg/kg，也属于中等偏低含量水平。与第二次全国土壤普查时相比较，全市土壤有效锰平均含量增加 1.5 mg/kg，增幅为 20.3%。

（三）不同县区土壤有效锰含量

从区域范围来看，北部的鄄城县和南部的曹县土壤有效锰含量高于其他县区。由表 5-47 可以看出，不同县区间土壤有效锰含量从高到低依次为：鄄城县＞曹县＞牡丹区＞定陶区＞单县＞东明县＞成武县＞郓城县＞巨野县，其中，鄄城县和曹县土壤有效锰含量略高，分别为 13.01 mg/kg 和 10.95 mg/kg，属于中等含量水平，其他县区土壤有效锰含量较低，属于中等偏低含量水平。

表 5-47　不同县区土壤有效锰含量

县区	最小值/(mg/kg)	最大值/(mg/kg)	平均值/(mg/kg)	标准差/(mg/kg)	变异系数/%	众数/(mg/kg)	中数/(mg/kg)
牡丹区	6.31	14.33	8.95	1.06	11.84	8.12	8.82
定陶区	6.36	11.86	8.60	1.00	11.66	8.69	8.55
曹县	6.28	14.93	10.95	1.79	16.35	8.04	10.97
单县	5.35	11.41	8.50	1.22	14.36	9.16	8.43
成武县	5.70	11.71	7.92	0.88	11.17	7.97	7.84
巨野县	5.63	8.63	6.85	0.63	9.20	6.67	6.76
郓城县	4.85	13.14	7.14	1.22	17.15	8.47	6.94
鄄城县	7.06	17.72	13.01	1.92	14.77	11.62	13.29
东明县	5.61	10.95	7.99	1.04	13.04	6.95	7.75

（四）主要土类土壤有效锰含量

由表 5-48 可以看出，不同土壤类型的土壤有效锰以碱化潮土和碱化盐土较高，分别为 12.65 mg/kg 和 11.88 mg/kg，属于中等含量水平；其他土壤类型土壤有效锰属于中等偏低含量水平。不同土壤类型间土壤有效锰的平均值从高到低依次为：碱化潮土＞碱化盐土＞脱潮土＞潮土＞盐化潮土。

表 5-48　主要土类土壤有效锰含量

土类	最小值/(mg/kg)	最大值/(mg/kg)	平均值/(mg/kg)	标准差/(mg/kg)	变异系数/%	众数/(mg/kg)	中数/(mg/kg)
潮土	4.85	17.72	8.90	2.18	24.53	6.67	8.41
脱潮土	5.82	14.87	9.23	2.27	24.61	8.69	8.69
盐化潮土	5.35	17.17	8.67	2.05	23.60	6.29	8.27
碱化潮土	6.88	14.51	12.65	1.39	10.96	9.37	12.97
碱化盐土	7.81	14.93	11.88	2.67	22.49	8.04	13.23

（五）不同表层质地土壤有效锰含量

由表 5-49 可以看出，不同表层质地的土壤有效锰含量以黏土最高，为 13.61 mg/kg，属于中等含量水平，其他质地含量较低，属于中等偏低含量水平。不同表层质地土壤有效锰含量平均值从高到低依次为：黏土＞砂壤＞重壤＞中壤＞轻壤＞砂土＞壤质砾石土。

表 5-49 不同表层质地有效锰含量

质地	最小值/(mg/kg)	最大值/(mg/kg)	平均值/(mg/kg)	标准差/(mg/kg)	变异系数/%	众数/(mg/kg)	中数/(mg/kg)
中壤	4.85	17.22	8.70	2.01	23.06	9.16	8.26
轻壤	5.02	17.28	8.69	2.08	23.90	8.00	8.25
重壤	5.65	17.72	8.81	2.48	28.15	6.67	8.28
黏土	9.27	15.79	13.61	1.40	10.29	13.01	14.02
砂壤	4.97	16.80	9.17	2.21	24.13	8.69	8.68
砂土	5.23	16.05	8.50	2.12	24.88	8.23	8.08
壤质砾石土	7.85	8.38	8.19	0.16	1.92	8.06	8.24

（六）作物缺锰的症状

一般认为，土壤缺锰的临界含量为 5 mg/kg，土壤缺锰会影响植物器官发育，但过量会诱发其他元素失衡。缺锰植物叶片的叶脉间失绿或呈淡绿色，叶脉呈现深绿色条纹，呈肋骨状，受害叶片失绿部分变为灰色并局部坏死；植株生长瘦弱，花发育不良。典型的缺锰症有燕麦的"灰斑病"、豆类（如莱豆、蚕豆、豌豆等）的"沼泽斑点病"，甜菜的"黄斑病"，菠菜的"黄病"，薄壳山核桃的"鼠耳病"等。

（七）土壤有效锰调控

从田间试验效果看，在土壤有效锰含量低于 10 mg/kg 时，施用锰肥有很好的增产效果。不同作物种类，对锰肥的敏感程度不同，其需要量也不一样，如对锰敏感的作物有豆科作物、小麦、马铃薯、洋葱、菠菜、苹果、草莓等，需求量大；其次是大麦、甜菜、三叶草、芹菜、萝卜、番茄等，需求量一般；对锰不敏感的作物有玉米、黑麦、牧草等，需求量则较小。在生产实践中锰缺乏，往往不是因为土壤中锰含量低，而是其有效性低，还可通过调节土壤条件，如调节土壤酸碱度、有机质含量、土壤含水量等，提高锰的有效性。

作物补充锰的常用方法如下。①一般每亩用硫酸锰 1~2.5 kg，与生理酸性化肥或农家肥混合条施或穴施。沙性的石灰质土壤用量宜多。如果用含锰工业废渣，每亩用量可达 5~10 kg，撒施于地面，耕时翻入土中。②锰肥拌种量是各种微肥中最大的，一般每千克种子施用 4~8 g 锰肥。③硫酸锰浸种浓度为 0.05%~0.1%（即 50 kg 水加 50~100 g 锰肥），种子与溶液比例为 1∶1，浸泡时间为 12~24 h。④硫酸锰叶面喷洒浓度可在 0.05%~0.2%，视苗情而定。每亩喷洒 30~50 kg 即可。

六、土壤有效硼

土壤中的硼大部分存在于母岩中的含硼矿物，小部分存在于有机质中。当含硼矿物风化后，硼以 BO_3^- 离子态进入土壤溶液，再转化成各种形态硼，通常分为酸不溶态、酸溶态和水溶态 3 种形式。水溶态是指土壤溶液中的硼和可溶性硼酸盐中的硼，是对植物直接有效的部分。通常有效态硼即指水溶态硼。硼虽不是作物体内各种有机物的组成成分，但其在促进细胞壁的形成、核酸和蛋白质的合成、糖类运输等方面具有特殊的生理和生化功能。硼能提高花粉的成活率，促进花粉的萌发和花粉管伸长，对叶绿素的形成有影响。此外，硼对加强根瘤菌的固氮能力有良好的影响，如大豆喷硼肥不仅能提高产量，而且能提高含油率。

（一）等级与面积

经统计，全市土壤有效硼含量平均值为 0.62 mg/kg，属于中等含量水平。其中，土壤有效硼最小值为 0.23 mg/kg，最大值为 1.23 mg/kg，标准差为 0.18 mg/kg，变异系数为 29.03%。

由表 5-50 可以看出，土壤有效硼含量 1.0~2.0 mg/kg 的为 2 级（较高），耕地面积为 8 939.69 hm^2，占全市耕地总面积的 1.16%。土壤有效硼含量 0.5~1.0 mg/kg 的为 3 级（中），耕地面积为 527 595.85 hm^2，占全市耕地总面积的 68.46%。土壤有效硼含量 0.2~0.5 mg/kg 的为 4 级（较低），耕地面积为 234 127.40 hm^2，占全市耕地总面积的 30.38%。

表 5-50 土壤有效硼各等级面积及比例

等级	标准/（mg/kg）	等级面积/hm^2	占耕地总面积比例/%
1 级（高）	＞2.0	0	0
2 级（较高）	1.0~2.0	8 939.69	1.16
3 级（中）	0.5~1.0	527 595.85	68.46
4 级（较低）	0.2~0.5	234 127.40	30.38
5 级（低）	≤0.2	0	0

（二）与第二次全国土壤普查时土壤有效硼含量对比

1982 年，第二次全国土壤普查时全市土壤有效硼含量平均为 0.55 mg/kg，属于中等含量水平。2021 年全市土壤有效硼含量平均为 0.62 mg/kg，属于中等含量水平。与第二次全国土壤普查时相比较，全市土壤有效硼平均含量增加 0.07 mg/kg，增幅为 12.7%。

（三）不同县区土壤有效硼含量

从区域范围来看，全市土壤有效硼含量北高东低，南高东南低。由表 5-51 可以看出，不同县区间土壤有效硼含量平均值从高到低依次为：鄄城县>牡丹区、郓城县>曹县>东明县>成武县>定陶区>巨野县>单县。

表 5-51　不同县区土壤有效硼含量

县区	最小值/(mg/kg)	最大值/(mg/kg)	平均值/(mg/kg)	标准差/(mg/kg)	变异系数/%	众数/(mg/kg)	中数/(mg/kg)
牡丹区	0.42	0.99	0.77	0.11	14.63	0.69	0.79
定陶区	0.34	0.75	0.51	0.08	14.91	0.40	0.50
曹县	0.36	0.92	0.67	0.09	13.40	0.51	0.69
单县	0.28	0.63	0.37	0.07	17.61	0.32	0.34
成武县	0.35	0.84	0.60	0.08	13.32	0.59	0.60
巨野县	0.24	0.89	0.41	0.11	26.96	0.46	0.39
郓城县	0.41	1.23	0.77	0.16	21.05	1.05	0.78
鄄城县	0.58	0.99	0.79	0.08	9.67	0.90	0.78
东明县	0.29	1.09	0.64	0.16	25.42	0.97	0.61

（四）主要土类土壤有效硼含量

由表 5-52 可以看出，不同土壤类型间的土壤有效硼含量差别不大，都属于中等含量水平。不同土壤类型间的土壤有效硼平均值从高到低依次为：碱化潮土>潮土、盐化潮土>碱化盐土>脱潮土。

表 5-52　主要土类土壤有效硼含量

土类	最小值/(mg/kg)	最大值/(mg/kg)	平均值/(mg/kg)	标准差/(mg/kg)	变异系数/%	众数/(mg/kg)	中数/(mg/kg)
潮土	0.24	1.23	0.62	0.19	30.62	0.46	0.63
脱潮土	0.28	0.93	0.53	0.13	23.52	0.40	0.53
盐化潮土	0.25	1.15	0.62	0.18	28.40	0.48	0.62
碱化潮土	0.55	0.85	0.67	0.05	7.85	0.58	0.66
碱化盐土	0.51	0.66	0.58	0.06	9.99	0.51	0.57

（五）不同表层质地土壤有效硼含量

由表 5-53 可以看出，不同表层质地的土壤有效硼含量以黏土最高，为 0.75 mg/kg，属于中等含量水平；壤质砾石土土壤有效硼含量最低，为

0.26 mg/kg，属于中等偏低水平。不同表层质地土壤有效硼含量平均值从高到低依次为：黏土＞砂壤＞重壤、轻壤＞中壤＞砂土＞壤质砾石土。

表 5-53 不同表层质地有效硼含量

质地	最小值/（mg/kg）	最大值/（mg/kg）	平均值/（mg/kg）	标准差/（mg/kg）	变异系数/%	众数/（mg/kg）	中数/（mg/kg）
中壤	0.24	1.09	0.58	0.19	31.97	0.32	0.56
轻壤	0.25	1.07	0.61	0.19	30.99	0.34	0.61
重壤	0.26	1.09	0.61	0.18	29.77	0.46	0.57
黏土	0.68	0.87	0.75	0.04	4.79	0.75	0.75
砂壤	0.26	1.23	0.65	0.18	27.67	0.90	0.67
砂土	0.32	1.08	0.56	0.20	35.35	0.39	0.57
壤质砾石土	0.26	0.26	0.26	0.00	0.25	0.26	0.26

（六）作物缺硼的症状

一般认为，土壤缺硼的临界含量为0.5 mg/kg，硼素供应充足，作物生长繁茂，籽粒饱满，根系良好；反之，作物生长不良，产品的质量和产量下降；严重缺硼时，甚至颗粒无收。棉花的“蕾而不花”，苹果、番茄等作物的“花而不实”，小麦的不稔症主要是缺硼造成的。

小麦缺硼时花药空瘪，花粉败育不能完成正常授粉；玉米缺硼时上部叶片出现不规则的褪绿白斑或条斑，果穗畸形，行列不齐，着粒稀疏，籽粒基部常有带状褐疤；大豆缺硼时幼苗顶芽下卷，枯萎死亡，腋芽抽发畸形，老叶粗糙增厚，主根尖端死亡；花生缺硼时，果针萎缩，荚果多为秕果；苹果缺硼时，新梢顶端萎缩，甚至枯死，细弱侧枝大量发生，类似“小叶症”，幼果表面水浸状褐斑，坏死，干缩硬化，凹陷，龟裂，称缩果病。

蔬菜作物缺硼普遍，按主要症状归类：一是生长点萎缩死亡，叶片皱缩，扭曲畸形，多见于菠菜、食用甜菜、结球白菜等；二是茎叶及叶柄开裂、粗短、硬脆，如番茄叶柄及叶片主脉硬化，变脆；三是根菜类肉质根内部组织变褐坏死，木栓化，如萝卜等的褐心病，也称褐色心腐病；四是果皮、果肉坏死，木栓化，如黄瓜果实木栓化开裂、番茄表皮龟裂等。

（七）土壤有效硼的调控

针对土壤缺硼状况，可以通过施用硼肥进行调控。但土壤性质和作物种类不同，临界指标也有所差别。一般来说，双子叶植物的需硼量比单子叶植物高，多年生植物需硼量比一年生植物高，谷类作物一般需硼较少，往往需硼量大的作物对缺硼比较敏感，如萝卜、油菜、甘蓝、苹果等。作物体内硼的浓度一般为2~100 mg/kg，小于10 mg/kg作物就可能缺硼，大于200 mg/kg可能出现中毒现象。因此硼肥的施用，要因土壤、因作物而异，根据土壤硼含量和作物种类确定是否施用硼肥以及施用量。

（1）通过秸秆还田补充土壤有效硼。秸秆中含有可利用的硼，还田后这些资源被再利用。同时，秸秆还田还能提高土壤有机质的含量，保证土壤中养分的供需平衡，促进植株对硼的吸收利用。

（2）作基肥。每亩用硼砂0.5~1 kg，与细干土、磷肥或氮肥混匀，在作物播种或移栽时施入穴内。作基肥时，一定要施用均匀，避免局部地方硼的浓度过高引起作物中毒。

（3）浸种或拌种。用浓度为0.02%~0.05%的硼砂或硼酸溶液，每0.5 kg种子用量为0.2~0.5 g，最多不能超过1 g。拌种以溶液全部被吸净为好，阴干后即可播种。

（4）叶面喷洒。每亩用硼砂0.05~0.1 kg或硼酸0.05~0.07 kg，兑水溶解后再加清水50 kg（喷洒浓度为0.1%~0.2%），在晴天16:00后，进行叶面喷施，效果较好。

七、土壤有效钼

钼是土壤中含量较低的微量元素，其主要来源是辉钼矿这类含钼矿物。土壤中的钼可分为水溶性钼、交换态钼、难溶态钼和有机结合态钼，其中水溶性钼、交换态钼、有机结合态钼对植物直接有效或随着矿化被释放出来，为植物所吸收利用。钼是植物正常生长发育不可缺少的微量元素之一，尤其是豆科植物和十字花科植物，对钼有较大的需要量。在植物体中把无机磷转化为有机磷需要钼的参与，同时在植物体内进行固氮必须有钼的协调才能实现。钼能增强光合作用，有利于提高叶绿素的含量与稳定性，保证光合作用的正常进行。钼有利于糖类的形成与转化，改善碳水化合物。此外，钼还能增强作物的抗旱、抗寒、抗病能力。土壤中的钼含量对作物生长有明显的影响。

（一）等级与面积

经统计，全市土壤有效钼含量平均值为0.15 mg/kg，属于中等偏高含量水平；其中土壤有效钼含量最小值为0.07 mg/kg，最大值为0.21 mg/kg，标准差为0.02 mg/kg，变异系数为13.33%。

由表5-54可以看出，土壤有效钼含量＞0.20 mg/kg的为1级（高），耕地面积为5 857.04 hm^2，占全市耕地总面积的0.76%。土壤有效钼含量0.15~0.20 mg/kg的为2级（较高），耕地面积为428 257.39 hm^2，占全市耕地总面积的55.57%。土壤有效钼含量0.10~0.15 mg/kg的为3级（中），耕地面积为326 375.75 hm^2，占全市耕地总面积的42.35%。土壤有效钼含量0.05~0.10 mg/kg的为4级（较低），耕地面积为10 172.75 hm^2，占全市耕地总面积的1.32%。

表5-54　土壤有效钼各等级面积及比例

等级	标准/（mg/kg）	等级面积/hm^2	占耕地总面积比例/%
1级（高）	>0.20	5 857.04	0.76
2级（较高）	0.15~0.20	428 257.39	55.57
3级（中）	0.10~0.15	326 375.75	42.35
4级（较低）	0.05~0.10	10 172.75	1.32
5级（低）	≤0.05	0	0

（二）不同县区土壤有效钼含量

由表5-55可以看出，不同县区间土壤有效钼含量以牡丹区、曹县、定陶区、鄄城县和郓城县含量较高，分别为0.17 mg/kg、0.17 mg/kg、0.16 mg/kg、0.16 mg/kg和0.16 mg/kg，属于中等偏高含量水平；其他县区土壤有效钼含量较低，属于中等含量水平。全市土壤有效钼含量平均值由高到低依次为：曹县、牡丹区>郓城县、鄄城县、定陶区>成武县>东明县>单县>巨野县。

表5-55　不同县区土壤有效钼含量

县区	最小值/（mg/kg）	最大值/（mg/kg）	平均值/（mg/kg）	标准差/（mg/kg）	变异系数/%	众数/（mg/kg）	中数/（mg/kg）
牡丹区	0.13	0.20	0.17	0.01	7.89	0.17	0.18
定陶区	0.13	0.20	0.16	0.01	7.01	0.16	0.16
曹县	0.12	0.21	0.17	0.01	8.51	0.17	0.17
单县	0.11	0.17	0.13	0.01	7.06	0.13	0.13
成武县	0.09	0.19	0.15	0.01	10.06	0.15	0.15
巨野县	0.07	0.18	0.12	0.02	16.76	0.12	0.12
郓城县	0.13	0.19	0.16	0.01	5.94	0.16	0.16
鄄城县	0.14	0.18	0.16	0.01	4.41	0.17	0.16
东明县	0.10	0.16	0.14	0.01	8.77	0.15	0.14

（三）主要土类土壤有效钼含量

由表5-56可以看出，全市主要土类的土壤有效钼含量差异不大，平均值由高到低依次为：碱化盐土＞碱化潮土、脱潮土＞潮土、盐化潮土。

表 5-56　主要土类土壤有效钼含量

土类	最小值/（mg/kg）	最大值/（mg/kg）	平均值/（mg/kg）	标准差/（mg/kg）	变异系数/%	众数/（mg/kg）	中数/（mg/kg）
潮土	0.07	0.20	0.15	0.02	13.95	0.12	0.15
脱潮土	0.10	0.21	0.17	0.02	14.83	0.16	0.17
盐化潮土	0.08	0.21	0.15	0.02	14.93	0.15	0.16
碱化潮土	0.14	0.20	0.17	0.01	5.57	0.20	0.17
碱化盐土	0.16	0.20	0.18	0.01	5.57	0.17	0.18

（四）不同表层质地土壤有效钼含量

由表5-57可以看出，全市不同表层质地的土壤有效钼含量差别不大，从高到低依次为：黏土＞砂壤＞中壤、轻壤、重壤＞砂土＞壤质砾石土。

表 5-57　不同表层质地土壤有效钼含量

质地	最小值/（mg/kg）	最大值/（mg/kg）	平均值/（mg/kg）	标准差/（mg/kg）	变异系数/%	众数/（mg/kg）	中数/（mg/kg）
中壤	0.07	0.21	0.15	0.02	16.00	0.18	0.15
轻壤	0.07	0.21	0.15	0.02	15.65	0.07	0.15
重壤	0.09	0.21	0.15	0.02	16.30	0.12	0.15
黏土	0.16	0.18	0.17	0.00	1.85	0.16	0.17
砂壤	0.08	0.21	0.16	0.02	11.77	0.19	0.16
砂土	0.11	0.19	0.14	0.02	13.02	0.14	0.13
壤质砾石土	0.10	0.12	0.11	0.00	2.83	0.11	0.11

（五）作物缺钼的症状

一般认为，草酸-草酸铵浸提检测有效钼的临界值为0.1 mg/kg，但作物不同，土壤有效钼的临界值也不同。缺钼与作物种类密切相关，钼肥的肥效主要表现在豆科作物和十字花科作物上，以豆科作物最为敏感，如紫云英、苕子、苜蓿、大豆、花生等，对钼肥反应最好，禾本科作物对钼肥反应不敏感。

土壤缺钼导致作物缺钼主要表现出两种症状。一种是脉间叶色变淡、发黄，叶片易出现斑点，边缘发生焦枯并向内卷曲，并由于组织失水而萎蔫。一般老叶先出现症状，新叶在相当长时间内仍表现正常。定型叶片有的尖端有灰色、褐色或坏死斑点，叶柄和叶脉干枯。另一种为十字花科作物，叶片瘦长畸形，螺旋状扭曲，老叶变厚，焦枯。

（六）土壤有效钼调控

高含量钼对植物有不良影响，试验表明：钼浓度为0.5~10 mg/kg时，对亚麻生长产生不同程度影响；10~20 mg/kg时，对大豆生长有危害；25~35 mg/kg时，对棉花生长有轻度危害；40 mg/kg时，对糖用甜菜生长有危害。因此，要因土壤、因作物科学施用钼肥。

土壤缺钼造成的作物缺钼一般通过补施钼肥进行调节。目前常用的钼肥有钼酸铵，含钼54.3%；钼酸钠，含钼35.5%，两者均易溶于水。此外，三氧化钼、含钼的工业废渣，也可作钼肥施用。但应用较广泛的是钼酸铵，常用方法如下。

（1）用于种子处理拌种时，每千克种子用钼酸钠1~3 g；浸种时可用0.05%~0.1%的钼酸铵溶液浸种12 h。

（2）用于作物的根外追肥，一般常用0.01%~0.1%的钼酸铵溶液，对作物进行喷施。从苗期到现蕾的这段时间内，可喷施钼肥1~2次。

钼肥还可加到常量元素肥料中混用，但注意不能与酸性化肥混合施用，否则会导致其溶解度下降。经钼肥处理过的种子，人畜不能食用，否则会引起钼中毒。

第四节 土壤质地

土壤质地是土壤的一种十分稳定的自然属性。土壤质地是指土壤中的各粒级土粒含量的比例，简单地说，就是土壤的砂黏程度，是土壤的重要物理性质之一。除反映母质来源及成土过程的某些特征外，其对土壤的水、肥、气、热状况以及土壤的耕作性能和农业生产性能都有直接影响。

菏泽市土壤质地主要分为中壤、轻壤、重壤、黏土、砂壤、砂土、壤质砾石土7种类型（表5-58）。根据不同特性，划分为四大类。

表5-58 不同土壤质地耕地面积及比例

土壤质地	耕地面积/hm^2	占耕地总面积比例/%
砂土	10 712.22	1.39
砂壤	309 652.37	40.18

（续表）

土壤质地	耕地面积/hm^2	占耕地总面积比例/%
轻壤	202 376.09	26.26
中壤	161 222.69	20.92
重壤	83 616.93	10.85
黏土	3 005.59	0.39
壤质砾石土	77.07	0.01

一、砂土

全市砂土耕地面积 10 712.22 hm^2，占全市耕地总面积的 1.39%，主要分布在市域内的西部、北部和东南部，其他区域也有零散的小区域分布。

砂土中砂粒含量高，通气透水性强，耕性好，养分转化快，供肥能力较强，但潜在养分低，保水保肥能力差，发小苗不发老苗，作物后期易脱肥，土壤抗旱能力弱。砂土适宜种植耐瘠耐旱作物，由于土温变化快，昼夜温差大，有利于块茎、块根作物的生长，适种花生、甘薯、西瓜和谷子等。

二、壤土

全市壤土耕地面积 756 868.08 hm^2，占全市耕地总面积的 98.21%，是全市面积最大、农业生产性最好的质地类型。壤土包括砂壤、轻壤、中壤和重壤 4 类，在全市各个区域均有分布。轻壤、中壤砂粒和黏粒比例适中，固、液、气三相比例协调，通气透水性好，耕性好，适耕期长，土壤养分含量较高，保水保肥及供水供肥能力较强，适种各种作物，是一类良好的土壤质地。在地下水位高、矿化度大的地方，砂壤、轻壤易返盐。在农业生产应用中，从土壤耕性、生产性分析，砂壤土更接近于砂土类，重壤土与黏土相似。

三、黏土

全市黏土耕地面积 3 005.59 hm^2，占全市耕地总面积的 0.39%，主要分布在牡丹区高庄镇的中部和鄄城县旧城镇的沿黄地区。

黏土固、液、气三相比例不协调，土壤通气性、透水性差，持水性强，吸湿水和凋萎含水量高，有效水含量低，土温低、上升慢，土壤有明显的湿胀性，干时龟裂，因为土质黏重，结持力强，耕性不良，适耕期短，翻耕后土垡大。这种质地的土壤含有丰富的矿质养分和较高量的有机质，保肥保水能力较强，土壤养分含量高、转化慢，相对来讲供肥能力不强，但作物一般没有脱肥现象。旱时无水，汛期易涝，应注意深耕深翻，推广秸秆还田，改善土壤物理性状。

四、砾石土

砾石土主要是指壤质砾石土，土壤中粒径大于 1 mm 的砾石含量大于 30%。全市砾石土耕地面积 77.07 hm^2，占全市耕地总面积的 0.01%。主要分布在巨野县东部核桃园镇的山地丘陵地区，由于土体中砾石含量较多，这类质地的土壤通常比砾质土类肥水条件更差，土壤养分含量更低，宜种植耐瘠耐旱作物，如花生、谷子、甘薯等，但产量较低。

第六章　耕地改良与利用

第一节　菏泽市耕地质量变化趋势

菏泽市属黄河冲积平原，主要土壤类型为潮土，以小麦-玉米为主要种植方式。农田土壤养分变化情况受气候、轮作制度、农户施肥和土壤性质等不同因素的影响，造成不同年度土壤养分含量有所差异。通过长期定位监测，可以分析土壤肥力的变化趋势，为指导科学施肥和耕地质量提升，推进“藏粮于地、藏粮于技”战略实施，保障粮食安全提供科学的基础性支撑。通过土壤样品采集化验和数据分析，形成菏泽市2022年度耕地质量监测报告。

一、基本情况

菏泽市综合考虑县区行政区划、土壤类型、利用现状、耕作制度、管理水平等因素，依循延续性、代表性和均匀性的原则，统一规划部署，共布设国家、省、市、县耕地质量长期定位监测点位206个，其中国家级监测点4个、省级监测点17个、市级监测点25个、县级监测点160个。根据菏泽市第三次国土调查结果，菏泽市耕地面积1 155.99万亩，平均5.6万亩1个点，高于农业农村部10万亩1个点的密度要求。

土样于每年秋种前采集，经自然风干后按化验要求进行处理，主要对有机质、pH值、碱解氮、有效磷、速效钾等进行分析测定。本检测报告涉及的主要土壤养分指标分级标准参照《山东省土壤肥料总站关于印发〈山东省耕地质量监测指标分级标准〉的通知》（表6-1）。

表 6-1　山东省耕地质量监测指标分级标准

指标	单位	分级标准				
		1 级 （高）	2 级 （较高）	3 级 （中）	4 级 （较低）	5 级 （低）
有机质	g/kg	＞25	20～25	15～20	10～15	≤10
碱解氮	mg/kg	＞150	120～150	90～120	60～90	≤60
有效磷	mg/kg	＞50	30～50	20～30	10～20	≤10
速效钾	mg/kg	＞200	150～200	100～150	50～100	≤50
pH 值	—	6. 5～7. 5	7. 5～8. 0， 6. 0～6. 5	8. 0～8. 5， 5. 5～6. 0	8. 5～9. 0， 5. 0～5. 5	＞9. 0， ≤5. 0

二、监测结果与分析

1. 土壤有机质现状及变化趋势

土壤有机质是土壤养分的重要来源，它不仅含有多种植物营养元素，而且是土壤微生物生命活动的能源，在改善土壤理化性质和调节土壤肥力等方面有不容忽视的作用。

2022 年全市四级监测点土壤有机质含量均值为 16. 86 g/kg，监测点数据在 15. 0～20. 0 g/kg 区间分布最多（图 6-1）。根据《山东省耕地质量监测指标分级标准》，处于 1 级（高）水平的监测点占比为 0. 50%，平均含量为 27. 55 g/kg；处于 2 级（较高）水平的监测点占比为 14. 79%，平均含量为 21. 5 g/kg；处于 3 级（中）水平的监测点占比为 55. 93%，平均含量为

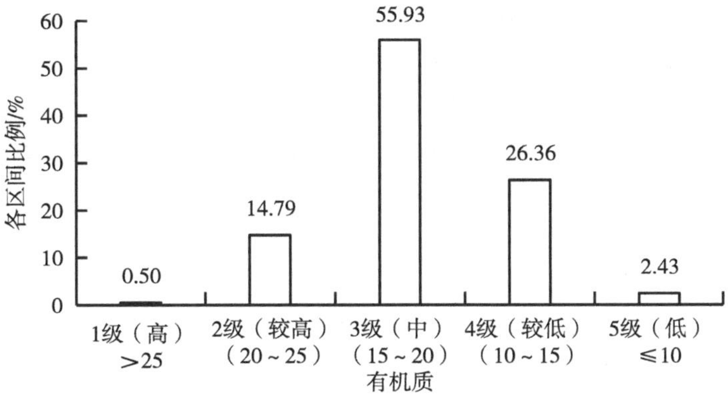

图 6-1　2022 年菏泽市四级监测点有机质区间比例

17.62 g/kg；处于 4 级（较低）水平的监测点占比为 26.36%，平均含量为 13.26 g/kg；处于 5 级（低）水平的监测点占比为 2.43%，平均含量为 8.27 g/kg。

由图 6-2 可看出，全市近年来的土壤定位监测点的有机质含量呈平稳上升趋势。2016—2022 年的土壤定位监测点有机质含量平均值分别为 14.67 g/kg、14.98 g/kg、15.18 g/kg、15.42 g/kg、15.88 g/kg、16.09 g/kg 和 16.86 g/kg，2022 年比 2016 年增加 2.19 g/kg，平均年增长率 2.49%。推广有机肥替代化肥、秸秆还田、畜禽粪便腐熟还田等措施，有利于土壤有机质含量的增加。

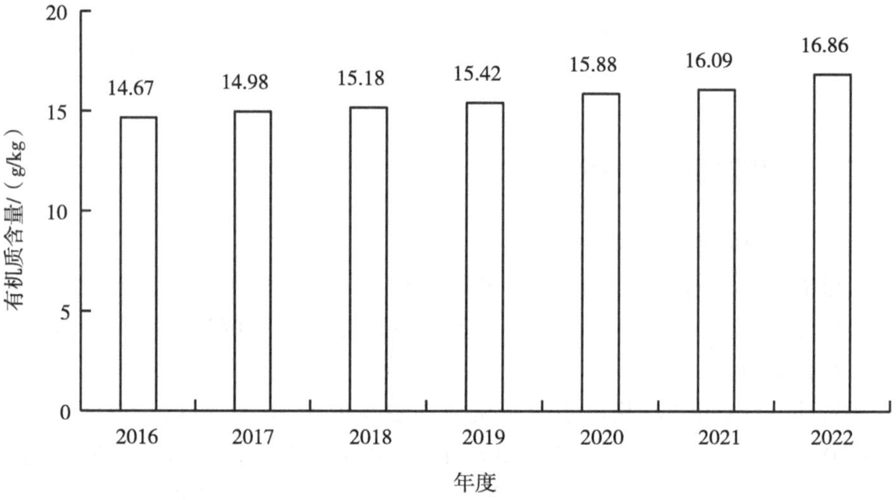

图 6-2　2016—2022 年全市土壤有机质平均含量变化情况

2. 土壤 pH 值现状及变化趋势

土壤 pH 值，又称土壤酸碱度，是影响土壤肥力和作物生长的重要因素之一。菏泽市 2022 年土壤 pH 平均值为 8.01，呈现弱碱性，在 7.5~8.0 和 8.0~8.5 区间分布最多（图 6-3）。处于 1 级（高）水平的监测点占比为 2.97%，均值为 7.43；处于 2 级（较高）水平的监测点占比为 43.56%，均值为 7.81；处于 3 级（中）水平的监测点占比为 52.97%，均值为 8.20；处于 4 级（较低）水平的监测点占比为 0.50%，均值为 8.62；处于 5 级（低）水平的监测点 0 个。

由图 6-4 可看出，2016—2022 年全市土壤定位监测点 pH 值年际间变化幅度不大，说明随着增施有机肥、水肥一体化、土壤调理剂及秸秆还田技术的推广应用，土壤盐渍化趋势受到抑制，菏泽市耕地土壤的 pH 值呈现比较稳定的趋势。

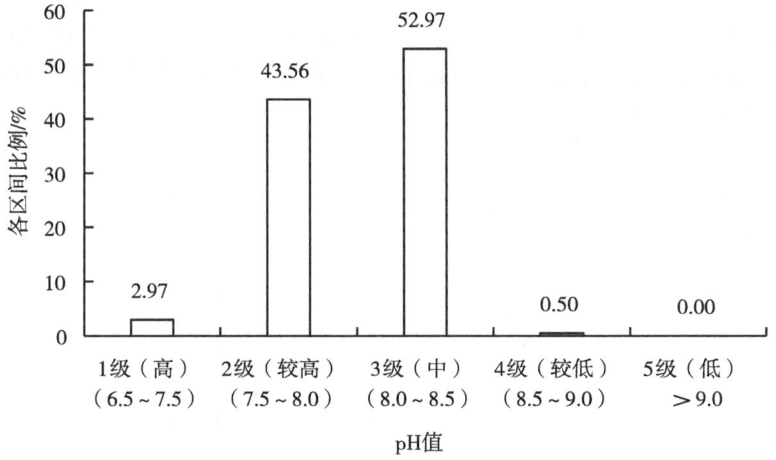

图 6-3　2022 年菏泽市四级监测点 pH 值区间比例

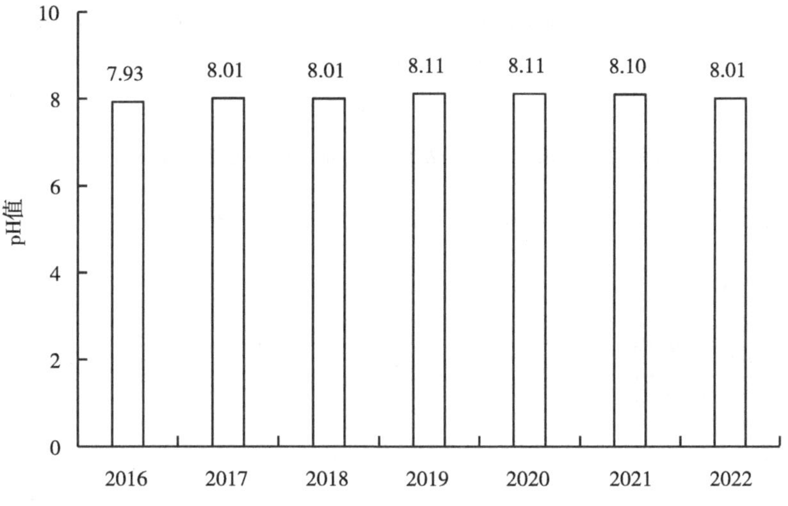

图 6-4　2016—2022 年全市土壤 pH 值变化情况

3. 土壤碱解氮现状及变化趋势

碱解氮包括无机的矿物态氮和结构简单较易分解的有机态氮，可供作物近期吸收利用，其含量水平决定供氮强度，是耕地地力的重要影响因素之一。2022 年全市四级监测点土壤碱解氮含量均值为 84.79 mg/kg，监测点数据在 90～120 mg/kg、60～90 mg/kg 区间分布最多，占总量的 87.13%（图 6-5）。处于 1 级（高）水平的监测点 0 个；处于 2 级（较高）水平的监测点占比为

4.46%，平均含量为 124.21 mg/kg；处于 3 级（中）水平的监测点占比为 35.64%，平均含量为 102.08 mg/kg；处于 4 级（较低）水平的监测点占比为 51.49%，平均含量为 75.76 mg/kg；处于 5 级（低）水平的监测点占比为 8.42%，平均含量为 45.93 mg/kg。

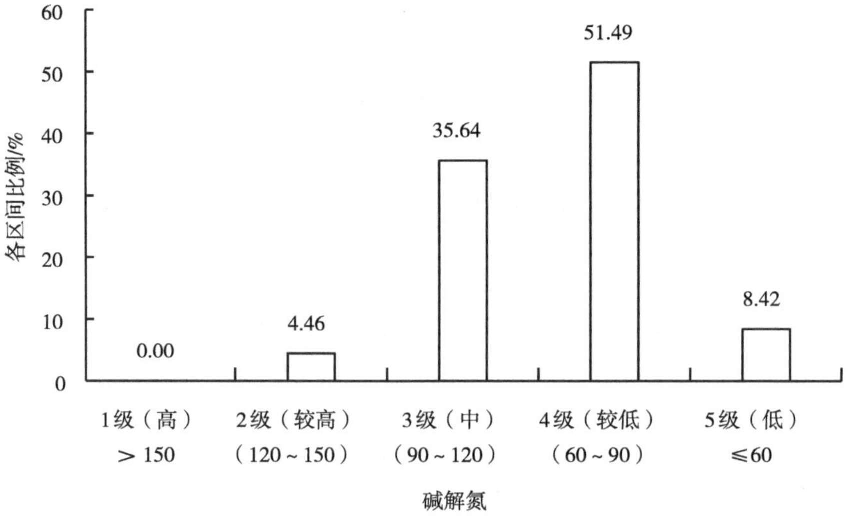

图 6-5　2022 年菏泽市四级监测点碱解氮区间比例

由图 6-6 可知，2016—2022 年菏泽市土壤碱解氮总体呈现先升后降的趋

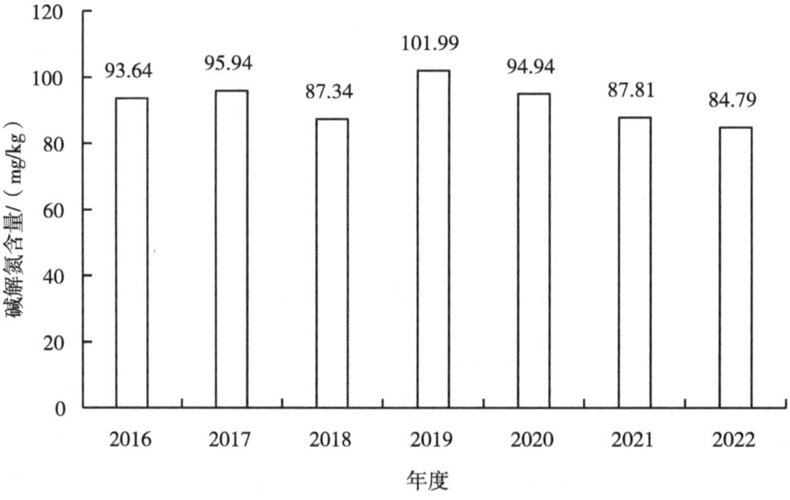

图 6-6　2016—2022 年全市土壤碱解氮平均含量变化情况

势，2022 年比 2016 年降低 8.85 mg/kg。分析可能原因：一是随着测土配方施肥技术普及，菏泽市的施肥结构得到优化；二是受近年来汛期降水量增多影响，土壤碱解氮部分流失。

4. 土壤有效磷现状及变化趋势

磷是作物必需的三大营养元素之一，土壤磷素与作物产量密切相关，常用来衡量土壤磷素含量状况的指标是土壤有效磷含量，其含量是衡量土壤肥力水平的重要指标。

由图 6-7 可看出，2022 年全市四级监测点土壤有效磷含量均值为 27.77 mg/kg，属中等水平。数据处于 1 级（高）水平的监测点占比为 6.44%，平均含量为 65.16 mg/kg；处于 2 级（较高）水平的监测点占比 22.77%，平均含量为 37.60 mg/kg；处于 3 级（中）水平的监测点占比 41.09%，平均含量为 25.21 mg/kg；处于 4 级（较低）水平的监测点占比 26.73%，平均含量为 16.44 mg/kg；处于 5 级（低）水平的监测点占比 2.97%，平均含量为 8.9 mg/kg。

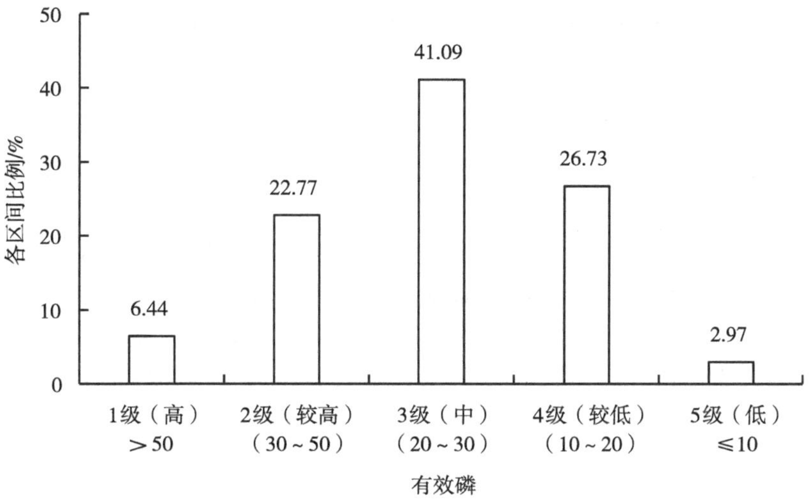

图 6-7　2022 年菏泽市四级监测点有效磷区间比例

由图 6-8 可看出，2016—2022 年全市耕地土壤的有效磷含量呈现平稳上升的趋势。2022 年土壤定位监测点有效磷含量比 2016 年增加 5.42 mg/kg，平均年增长率 4.04%。随着高产高效农业的发展，农作物产量逐年增加，磷肥需求量也逐渐增大，在农业生产中要注意适当增施过磷酸钙和钙镁磷肥，以提升土壤中有效磷含量。

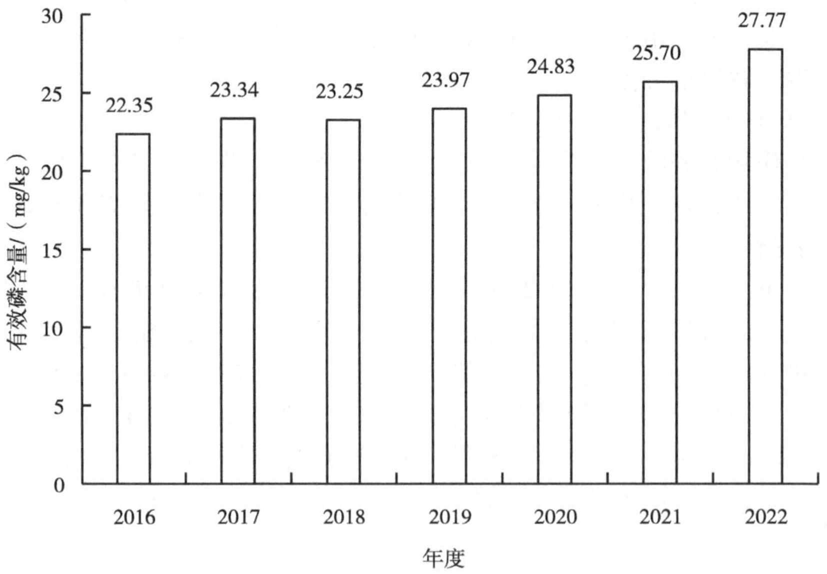

图 6-8　2016—2022 年度全市土壤有效磷平均含量变化情况

5. 土壤速效钾现状及变化趋势

钾肥有促进作物秸秆健壮和增加籽粒产量的作用。土壤速效钾可以被当季作物吸收利用，其含量水平直接关系土壤的供钾能力，是反映土壤肥力水平的指标之一。

2022 年全市四级监测点土壤速效钾平均含量为 176. 49 mg/kg，处于较高水平，监测点数据在 150～200 mg/kg 区间分布最多（图 6-9）。处于 1 级（高）水平的监测点占比为 25. 25%，平均含量为 260. 22 mg/kg；处于 2 级（较高）水平的监测点占比为 42. 08%，平均含量为 173. 40 mg/kg；处于 3 级（中）水平的监测点占比为 26. 73%，平均含量为 123. 30 mg/kg；处于 4 级（较低）水平的监测点占比为 5. 94%，平均含量为 81. 83 mg/kg；处于 5 级（低）水平的监测点 0 个。

由图 6-10 可看出，与 2016 年相比，全市土壤定位监测点速效钾含量呈明显上升的趋势。其中，2022 年全市土壤定位监测点的速效钾含量的平均值为 176. 49 mg/kg，比 2016 年增加 28. 24 mg/kg，年增长率为 3. 16%。表明随着配方肥料的普及应用及秸秆还田的实施，有效提高了农田土壤中速效钾的含量水平。

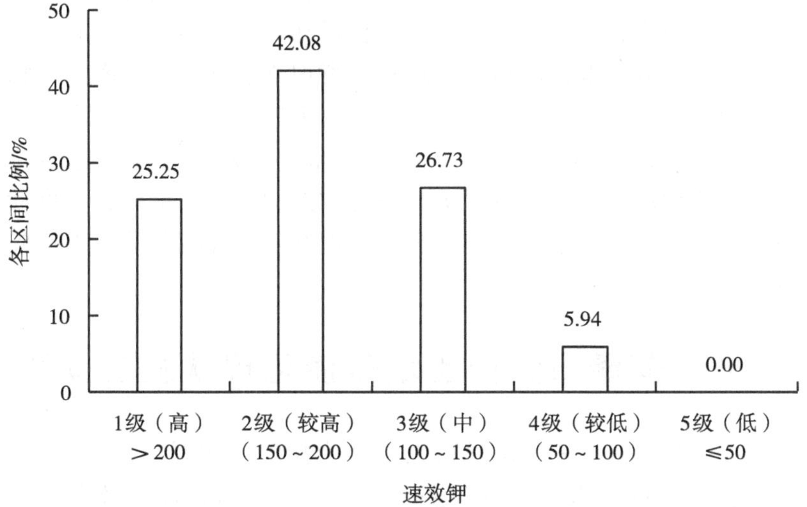

图 6-9 2022 年菏泽市四级监测点速效钾区间比例

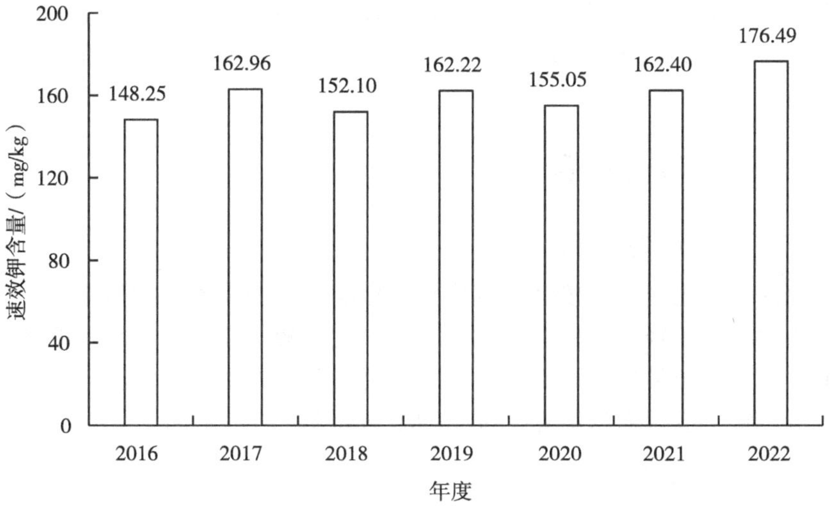

图 6-10 2016—2022 年全市土壤速效钾平均含量变化情况

三、小结

通过对 2016—2022 年全市 206 个土壤地力定位监测点的土壤养分进行汇总分析，菏泽市耕地土壤中多数养分含量有所增加，其中土壤中有机质和速效钾含量提高明显，有效磷稳中有升，碱解氮含量略有降低，土壤 pH 值趋势平稳。说明随着测土配方施肥、增施有机肥、水肥一体化、秸秆还田等化肥减量增效技术的推广应用，菏泽市的化肥零增长行动取得初步成效，有机肥替代化肥普及水平不断提升，群众的科学合理施肥意识逐步增强，菏泽市作物的施肥结构更趋合理。但近些年气候变化较大，极端天气情况频出，降水量骤增导致部分地块碱解氮流失也不可忽视，否则将会影响耕地地力水平稳步向好的趋势。建议各地持续加大耕地质量保护与提升方面的投入，更广泛地推动秸秆还田、深耕深松、化肥减量增效、施用土壤调理剂、合理灌溉等技术措施，推进耕地地力水平持续上升。

第二节　菏泽市大田土壤盐渍化现状及改良技术

自 20 世纪 80 年代以来，菏泽市大田土壤盐渍化状况未再开展全面调查。30 多年来，由于气候和人为因素等多方面影响，盐碱地面积及发生程度发生了巨大变化。为摸清当前大田土壤盐碱地面积及程度，有针对性地开展土壤改良试验示范，解决土壤盐渍化这一障碍因素，提升耕地生产能力，根据山东省土壤肥料总站文件《关于组织开展大田土壤盐渍化状况调研工作的通知》，菏泽市各县区于 2015 年秋季及 2016 年春季，开展了各县区大田土壤盐渍化现状调研活动。

一、调研方法与内容

（一）室内填写面积

依据各县区土壤图，按轻度氯化物盐化潮土、中度氯化物盐化潮土、重度氯化物盐化潮土、轻度硫酸盐盐化潮土、中度硫酸盐盐化潮土、重度硫酸盐盐化潮土、碱化潮土类型填写面积。另外，要对已开垦种植的盐土、碱土，未利用的盐土、碱土进行面积估算，按类型填写面积。

（二）布点采样

依据各县区土壤图，按轻度氯化物盐化潮土、中度氯化物盐化潮土、重度氯化物盐化潮土、轻度硫酸盐盐化潮土、中度硫酸盐盐化潮土、重度硫酸盐盐化潮土、碱化潮土、已开垦种植的盐土及碱土 9 种类型进行布点，共采集土样 612 个，采样深度 0~20 cm，全层均匀取样，8~10 个小点混合。采样时间是 2015 年秋季或 2016 年春季土壤返盐高峰期。

（三）实地调查

通过实地与农户座谈，菏泽市各县区共填写大田土壤基本情况调查表

612 份。

（四）测定土壤全盐量

所有土样测定土壤水溶性盐总量，依据 NY/T 1121.16—2006《土壤检测 第 16 部分：土壤水溶性盐总量的测定》标准进行测定。

二、调研结果与分析

（一）第二次土壤普查土壤盐渍化面积

根据第二次土壤普查数据可知，菏泽市共有盐化潮土面积 174.42 万亩，其中，以氯化物盐化潮土为主，各县区均有分布；以硫酸盐盐化潮土为辅，主要分布在郓城县、鄄城县、巨野县、牡丹区及曹县。氯化物盐化潮土面积约 142.03 万亩，其中，轻度氯化物盐化潮土 100.10 万亩、中度氯化物盐化潮土 33.92 万亩、重度氯化物盐化潮土 8.00 万亩。硫酸盐盐化潮土面积约 32.39 万亩，其中，轻度硫酸盐盐化潮土面积 22.70 万亩、中度硫酸盐盐化潮土面积 9.08 万亩、重度硫酸盐盐化潮土面积 0.60 万亩。

根据第二次土壤普查资料，菏泽市共有碱化潮土面积 3.97 万亩，主要分布在东明县、郓城县、巨野县及曹县。截至目前，菏泽市已开垦种植的盐土及碱土面积为 9.70 万亩，未利用盐土及碱土面积 0.95 万亩。

（二）本次调查土壤盐渍化状况

通过对采集的 612 个土壤样品进行处理，化验分析其水溶性盐总量，得出菏泽市大田土壤水溶性盐总量范围为 0.06～8.55 g/kg，平均值为 1.39 g/kg，菏泽市大田土壤的盐渍化程度较低。其中，无盐渍化程度（0～2 g/kg）的有 488 个，占土样总数的 79.74%；轻度盐渍化程度（2～4 g/kg）的有 105 个，占土样总数的 17.16%；中度盐渍化程度（4～6 g/kg）的有 16 个，占土样总数的 2.61%；重度盐渍化程度（6～10 g/kg）的有 3 个，占土样总数的 0.49%。通过对比第二次土壤普查结果，菏泽市大田土壤的中度和重度盐渍化面积大幅度减少，盐渍化危害程度明显减轻。

（三）大田土壤盐渍化原因分析

近几年，菏泽市还部分存在着过量施肥、不合理施肥、大水漫灌现象，加之常年旋耕，耕层变浅，导致土壤次生盐渍化、土壤板结等障碍因素形成。加上常年种植，连作障碍明显，造成农产品质量和产量呈现下降趋势。

三、大田土壤次生盐渍化改良措施

（一）合理灌溉，推广水肥一体化技术

作物生育期要选择较好的水源浇灌，并且每次灌水要浇足浇透，将表土积聚的盐分稀释下淋供作物根系吸收。在土壤休闲期，采用大水灌溉或去掉覆盖物，利用自然降雨进行土壤淋洗，可将土表积聚的盐分有效地稀释下淋。另外，水肥一体化技术可实现机械化、自动化灌溉与施肥，具有节水、节肥的作用，可有效提高肥料利用率，减少土壤盐渍化的发生，保护农业生态环境。

（二）配方施肥，杜绝过量和盲目施肥

根据作物生长的需肥规律和土壤的供肥能力，采用以有机肥为主、化肥为辅、微肥按不同作物种类需求比例施用的平衡施肥原则，并且注意基肥深施、追肥限量和少量多次的施肥技术，可有效地提高作物产量和品质，提高肥料利用率。

（三）施用有机肥，实行秸秆还田

作物施用有机肥，不仅可以提高土壤养分含量，还可有效改善土壤结构，预防盐渍化发生；另外，通过推广作物秸秆还田，在行间覆盖秸秆或锯末等有机物质，防止水分蒸发引起的土壤表面盐分积累，同时还可增加土壤有机质含量，稀释土壤表层盐分浓度。

（四）轮作倒茬，实行菜粮轮作

进行合理的间套种和轮作栽培措施，不同生长习性的作物可充分合理地利用不同养分和不同土层深度的养分。

（五）实行深翻，加深耕作层

通过合理的土壤耕作可有效预防设施土壤次生盐渍化的发生，定植前深翻土壤使盐分较多的表层土壤与深层土壤混合可稀释设施土壤表层盐分浓度；在作物生长期间进行适当的中耕，可起到疏松土壤、减弱毛细管作用、降低地下水位，阻止土壤中盐类物质随毛细管上移的作用。

（六）施用客土或土壤改良剂

一般在原有土壤发生次生盐渍化而无法种植或种植效果极差的情况下，可考虑施用土壤改良剂进行改良，或采取客土法，将已严重发生次生盐渍化的土壤取出重新换入新的栽培土壤。

第三节　菏泽市蔬菜地次生盐渍化现状及改良技术

随着我国经济社会发展和农业产业结构的逐步调整，蔬菜地面积尤其是设施农业蔬菜栽培面积不断扩大。在蔬菜特别是设施蔬菜生产中片面追求高产，而采取化肥等多种肥料高投入的生产方式，使得菜地土壤可持续生产能力不断降低，土壤次生盐渍化及由此引发的农产品安全问题逐步凸显。为摸清菏泽市蔬菜地土壤次生盐渍化程度，以便有针对性地开展土壤改良试验示范，有效解决土壤次生盐渍化问题，保证蔬菜地永续利用、蔬菜生产健康发展。笔者于 2017 年 5—9 月在全市范围内对蔬菜地面积、菜地施肥、盐分积累等情况进行了调查分析。

（一）调查方法与内容

1. 蔬菜地种植面积

根据各县区农技人员调查统计，菏泽市目前共有蔬菜面积 289.56 万亩，其中保护地蔬菜面积（含棚间）73.30 万亩，露天菜地面积 216.26 万亩。在保护地栽培蔬菜中，日光温室面积 13.91 万亩，大拱棚面积 29.39 万亩，中小拱棚栽培面积 30.00 万亩。在露天菜地栽培蔬菜中，菜粮轮作面积 150.13 万亩，菜菜轮作面积 66.13 万亩。

2. 布点采样和实地调查

在综合考虑蔬菜种植年限、盐渍化程度以及代表性的基础上，根据每 2 000~5 000 亩布置 1 个调查点的要求，共采集土样 321 个（其中日光温室 137 个、大拱棚 55 个、中小拱棚 30 个、露天菜地 99 个），填写《菜地基本情况调查表》321 份。

采样深度为 0~20 cm，全层均匀取样，8~10 个小点混合。

3. 测定土壤全盐量

所有土样测定土壤水溶性盐总量，依据 NY/T 1121.16—2006《土壤检测　第 16 部分：土壤水溶性盐总量的测定》标准进行测定。

（二）结果与分析

1. 不同菜地类型施肥情况

从 321 个采样点的调查情况看，菏泽市蔬菜地存在的主要障碍因素有连作和土壤板结，在施肥情况上兼顾有机肥、化肥和冲施肥等，其中有机肥包括商品有机肥和腐熟粪肥，化肥包括复合肥（15-15-15）和氮肥、磷肥、钾肥等单质肥料。

表 6-2 为不同蔬菜地类型的施肥情况，可以看出，菏泽市蔬菜地的年度化

肥用量平均为89.84 kg/亩，明显大于粮食作物的施肥量。年度氮肥用量表现为中小拱棚>露天菜地>大拱棚>日光温室，年度施用磷肥、钾肥和化肥总量、其他肥料用量均表现为日光温室>大拱棚>中小拱棚>露天菜地。其中，日光温室的氮肥、磷肥、钾肥施用比例为1：0.90：1.02，大拱棚的氮肥、磷肥、钾肥施用比例为1：0.84：0.91，中小拱棚的氮肥、磷肥、钾肥施用比例为1：0.69：0.72，露天菜地的氮肥、磷肥、钾肥施用比例为1：0.68：0.71。

表6-2 不同菜地类型施肥情况

菜地类型	样本数/个	年度施肥水平/（kg/亩）				
		N	P_2O_5	K_2O	合计	其他肥料用量
日光温室	137	32.12	29.02	32.86	94.00	183.74
大拱棚	55	33.64	28.15	30.78	92.57	128.64
中小拱棚	30	36.29	25.22	26.00	87.51	103.33
露天菜地	99	34.99	23.81	24.98	83.78	77.50
施肥平均	—	33.50	26.91	29.43	89.84	167.94

2. 不同菜地类型水溶性盐总量变化情况

通过对采集的321个土壤样品进行处理，化验分析其水溶性盐总量，得出菏泽市蔬菜地的水溶性盐总量平均为2.14 g/kg，属轻度盐渍化。不同菜地类型的水溶性盐总量（表6-3）以日光温室为最高，达2.52 g/kg；其次为大拱棚、中小拱棚，分别为2.40 g/kg、1.81 g/kg；露天菜地含量最低，为1.55 g/kg，这与不同菜地类型的年度施肥总量的变化规律相一致，高的施肥量导致日光温室的土壤水溶性盐总量偏多。另外，日光温室覆膜时间比其他菜地类型长，不利于自然降水对棚内土壤地表积聚盐分的淋洗，易造成土壤盐分的积累形成土壤次生盐渍化。

表6-3 不同菜地类型土壤水溶性盐总量变化

菜地类型	样本数	盐渍化程度			水溶性盐总量/（g/kg）		
		无	轻度	中度	平均	最小值	最大值
日光温室	137	53	65	19	2.52	0.13	5.86
大拱棚	55	25	25	5	2.40	0.38	5.67
中小拱棚	30	19	11	0	1.81	0.02	3.88

（续表）

菜地类型	样本数	盐渍化程度			水溶性盐总量/（g/kg）		
		无	轻度	中度	平均	最小值	最大值
露天菜地	99	80	13	6	1.55	0.26	5.16
合计	321	177	114	30	2.07	—	—

3. 不同种植年限水溶性盐总量变化情况

表6-4为菜地不同种植年限水溶性盐总量变化情况，可以看出，全市菜地种植年限低于5年、5~10年和10年以上的水溶性盐总量分别为2.24 g/kg、2.02 g/kg和2.18 g/kg，均属于轻度盐渍化。随着种植年限的增加，年度施用化肥总量呈逐年增加的趋势，而菜地水溶性盐总量则是种植年限5~10年时含量最低。

表6-4　不同种植年限菜地土壤水溶性盐总量变化

种植年限/年	样本数/个	年度化肥水平/（kg/亩）				水溶性盐总量/（g/kg）
		N	P_2O_5	K_2O	合计	
<5	110	30.87	25.50	27.42	83.79	2.24
5~10	134	34.02	25.94	29.31	89.27	2.02
>10	77	36.36	30.61	32.52	99.49	2.18

（三）菏泽市蔬菜地盐渍化原因分析

菏泽市蔬菜地的水溶性盐总量平均为2.14 g/kg，属轻度盐渍化。不同菜地类型的水溶性盐总量以日光温室为最高，达2.52 g/kg；其次为大拱棚、中小拱棚，分别为2.40 g/kg、1.81 g/kg；露天菜地含量最低，为1.55 g/kg，这与不同菜地类型的年度施肥总量的变化规律相一致，高的施肥量导致日光温室的土壤水溶性盐总量偏多。

从露天菜地和设施菜地的比较来看，设施蔬菜地的复种指数高、化肥施用量大，加上生产环境的密闭性，以及菜农施肥结构不合理，导致当季不能被作物利用的养分不断积累到土壤中，是导致盐离子在土壤中大量积累形成次生盐渍化的主要原因，这与相关研究者对设施蔬菜土壤次生盐渍化的成因等研究结果类似。

当种植年限在0~6年时，随着种植年限的增加，土壤可溶性盐分总量呈增加的趋势，当种植年限大于7年时，则有随着种植年限增加而降低的趋势。不同年限蔬菜地水溶性盐总量的变化规律还可能与土壤质地、种植制度及菜地土壤类型等相关，这需要进一步的研究。

（四）菏泽市蔬菜地土壤盐渍化改良措施

土壤盐渍化改良是一项难度大、复杂程度高、周期长的工作。针对此次调查的结果，提出以下改良建议。

一是推广蔬菜地测土配方施肥技术，根据蔬菜生长的需肥规律和土壤的供肥能力，采用以有机肥为主、化肥为辅、微肥按不同蔬菜种类需求比例施用的平衡施肥原则，并且注意基肥深施、追肥限量和少量多次的施肥技术，可有效地提高蔬菜产量和品质，提高肥料利用率。二是采取合理的栽培管理措施。轮作栽培不同蔬菜品种、定植前深翻土壤、在蔬菜生育期进行适当中耕、行间覆盖秸秆或锯末等有机物质，可有效减少土壤盐渍化的发生。三是对于盐渍化严重的棚室，可采用夏季揭膜、利用雨水洗盐、施用调理剂、深翻土壤等方式进行改良。四是有条件的设施蔬菜基地，可推广水肥一体化技术，将传统的灌水施肥量进行适度减量，提高水肥利用效率。

第四节　菏泽市设施菜地土壤连作障碍治理技术

为提升和保护菏泽市耕地质量，促进化肥减量增效，设施蔬菜土壤连作障碍治理取得成效，结合菏泽市生产实际，构建如下技术模式。

一、测土配方施肥技术

测土配方施肥技术是以土壤测试和肥料田间试验为基础，根据作物需肥规律、土壤供肥性能和肥料效应，在合理施用有机肥料的基础上，提出氮、磷、钾及中微量元素等肥料的施用数量、施肥时期和施用方法。设施菜地应用测土配方施肥技术对促进菏泽市蔬菜增产、菜农增收、土壤连作障碍治理具有十分重要的作用。

1. 测土配方施肥技术优势

一是节肥增产。在合理施用有机肥料的前提下，不增加化肥投入量，调整养分配比平衡供应，使蔬菜单产在原有基础上，能最大限度地发挥其增产潜能。二是减肥优质。通过菜园土壤有效养分的测试，在掌握土壤供肥状况，减少化肥投入量的前提下，科学调控蔬菜营养均衡供应，有效降低蔬菜中硝酸盐含量，以达到改善蔬菜品质的目标。三是配肥高效。在准确掌握菜园土壤供肥特性、蔬菜需肥规律和肥料利用率的基础上，合理设计养分配比，从而达到提高产投比和增加施肥效益的目的。四是培肥改土。实施配方施肥必须坚持用地和养地相结合，有机肥与无机肥相结合，在逐年提高蔬菜作物单产的基础上，不断改善菜园土壤的理化性状，以达到培肥改土、提高菜园土壤综合生产能力，以及可持续发展的长远目标。五是生态环保。实施测土配方施肥，可有效控制化肥的投入量，减少肥料的面源污染，不使水源富营养化，从而达到养分供应和蔬菜需求的时空一致性，是协调蔬菜高产和生态环境保护的有效措施。

2. 配方设计

肥料配方设计是测土配方施肥工作的核心。通过总结田间试验、土壤养分数据等，划分不同区域施肥分区；同时，根据气候、地貌、土壤、耕作制度等相似性和差异性，结合经验，制定出菏泽市设施菜地的施肥配方：氮、磷、钾比例 15-10-20、16-9-20、16-11-18，总养分含量 45%的硫基复合肥。

3. 施肥数量

在亩施商品有机肥和生物有机肥各 200~300 kg 的基础上，一般亩底施配方肥 40~60 kg，可根据蔬菜种类和产量水平适当增减用量。

4. 施肥时期及施肥方式

施肥分为底肥和追肥，其中，底肥撒施或条施，追肥结合水肥一体化技术冲施。

二、增施有机肥技术

增施有机肥可改良土壤、增加产量、改善蔬菜品质、减少病虫害发生。

1. 增施有机肥的作用

一是改良土壤。施用有机肥可提高土壤的疏松程度，有利于根系发育和下扎。有机肥能够使土壤形成较好的团聚体结构，增加孔隙度，改善土壤结构和耕性。根据在杜堂镇大棚黄瓜上的试验，结果显示，随着有机肥用量的增加，土壤容重逐步降低，亩施1 000 kg生物有机肥与对照处理相比较，土壤容重由 1.38 g/cm^3下降到 1.22 g/cm^3，下降了 0.16 g/cm^3。有机肥施用能改善砂质土的保水能力，黏质土的排水能力，提高土壤水分保持性。有机肥能改善菜田土壤的 pH 值和电导率，有助于减缓设施菜地土壤的盐渍化。由于设施菜地长期的高温高湿环境，矿化速度快，蒸腾量大，盐分容易表聚，发生次生盐渍化，易使作物出现生理性干旱、养分亏缺及单盐毒害等问题，对生产非常不利。有机肥能提供丰富的腐殖质，增加土壤的缓冲性。若增施纤维素含量较高的有机肥，利用有机肥腐解产生的有机胶体的吸附性，增加对土壤溶液中 K^+、Ca^{2+} 等盐离子的吸附，可增加土壤对盐离子的缓冲性，降低盐害。在设施菜地施用生物有机肥，可以通过改变土壤微生物数量，改善土壤微生物区系，并减轻连作蔬菜一些自毒化合物的毒害作用。一些有机肥对于土壤酶、呼吸强度也有改善作用，并利于蚯蚓等土壤有益生物的生长。

二是增加土壤有机质。有机肥施用不仅增加了土壤的有机质含量，还能改善有机质的活性，因而设施菜地施用有机肥有利于培肥土壤。有关资料显示，连续6年不施用有机肥，土壤表层0~10 cm有机碳含量明显降低；而连续6年施用风干鸡粪可以维持土壤的有机碳库；化学氮肥和风干鸡粪配合施用可以明显提高0~10 cm土壤中活性有机碳含量。同时，施用有机肥能明显提高土壤呼吸速率。此外，长期配施有机肥还能提高微生物碳氮含量并提高多种土壤酶的活性和土壤生物多样性，为作物稳产高产创造良好的土壤生态环境。

三是有机肥提供养分。有机肥中含有丰富的大量元素及中微量元素，在矿化过程中向土壤中释放，能够平衡而持久地为蔬菜提供所需养分。有机质作为土壤肥力的基础，其含量与土壤的速效氮、有效磷、速效钾等养分含量显著正相关。此外，有机肥腐解不仅从土壤养分供给植物，施用纤维素含量较高的有机肥在土壤中分解后还释放出CO_2促进植物光合作用。

四是抑制土传病害。有机肥能为蔬菜生长提供一些有益的有机化合物和微生物，提高作物的根系活力，促进植株生长，并降低病原菌的活性。在设施菜地，施用一些功能性有机肥可缓解病虫害问题。

2. 增施数量

一般每年每亩温室大棚施用腐熟的有机肥为5~8 t，或商品有机肥和生物有机肥各200~300 kg。

3. 施肥时期及施肥方式

一般在大棚前茬作物收获后，后茬作物种植前与化肥混合撒施或条施做底肥，随后整地。

三、水肥一体化技术

水肥一体化技术是将灌溉与施肥融为一体的农业新技术。水肥一体化是借助压力系统（或地形自然落差），将可溶性固体或液体肥料，按土壤养分含量和作物种类的需肥规律和特点，配兑成的肥液与灌溉水一起，通过可控管道系统供水、供肥，使水肥相融后，通过管道和滴头形成滴灌，均匀、定时、定量浸润作物根系发育生长区域，使主要根系土壤始终保持疏松和适宜的含水量。同时根据不同作物的需肥特点，土壤环境和养分含量状况，作物不同生长期需水、需肥规律情况进行不同生育时期的需求设计，将水分、养分定时定量按比例提供给作物。

1. 适宜范围

该项技术适宜于有井、水库、蓄水池等固定水源，且水质好、符合微灌要求，并已建设或有条件建设微灌设施的区域推广应用。主要适用于设施农业栽培、果园栽培和棉花等大田经济作物栽培，以及经济效益较好的其他作物。

2. 优势概述

这项技术的优点是灌溉施肥的肥效快，养分利用率高，可以避免肥料施在较干的表土层易引起的挥发损失、溶解慢，最终肥效发挥慢的问题；尤其避免了铵态和尿素态氮肥施在地表挥发损失的问题，既节约氮肥又有利于环境保护。因此，水肥一体化技术使肥料的利用率大幅度提高，设施蔬菜和果树化肥利用率能够提高 20%，粮田提高 10%。灌溉施肥体系比常规施肥节省肥料 40%~50%，同时大大降低了设施蔬菜和果园中因过量施肥而造成的水体污染问题。水肥一体化技术通过人为定量调控，能够满足作物在关键生育时期“吃饱喝足”的需要，杜绝了任何缺素症状，因而在生产上可达到作物的产量和品质均良好的目标。

3. 技术要领

水肥一体化是一项综合技术，涉及农田灌溉、作物栽培和土壤耕作等多方面，其主要技术要领有以下 5 个方面。

（1）设施配置。水肥一体化系统由首部枢纽（水泵、动力机、施肥系统、过滤设备、控制阀等）、输配水管网（包括干管、支管、毛管三级管道）、灌水器（分为滴头、滴灌管或微喷头等）以及流量、压力控制部件和测量仪等组成。施肥系统有文丘里施肥器、注肥泵、施肥罐、智能施肥系统等。常用的过滤系统有网式过滤器、叠片式过滤器，含沙多的水源需加装离心过滤器，含苔藓等杂物多的水源需加装介质过滤器。

目前适合菏泽市的主要有 7 种模式：蔬菜有单井单棚滴灌施肥模式、恒压变频滴灌施肥模式和喷水带施肥模式；果树有微灌（滴灌、微喷）施肥模式和轮灌微灌（滴灌、微喷）施肥模式；小麦有喷水带施肥模式和可移动立式喷灌施肥模式。

根据菏泽市农作物布局、水源条件、气象特点、经营规模等因素，灌溉设备粮田主要选用喷水带和移动式喷灌，蔬菜选择滴灌，果园选择滴灌或微喷。

（2）水分管理。根据作物根系分布、需水规律、土壤墒情、土壤性状、设施条件和技术措施，制定灌溉制度，包括作物全生育期的灌水量、灌水次数、灌溉时间和每次灌水量等。

（3）养分管理。选择溶解度高、溶解速度较快、腐蚀性小、与灌溉水相互作用小的肥料，优先施用能满足农作物不同生育时期养分需求的水溶复合肥料。按照农作物目标产量、需肥规律、土壤养分含量和灌溉特点制定施肥制度，确定施肥次数、施肥时间和每次施肥量。

（4）水肥耦合。按照肥随水走、少量多次、分阶段拟合的原则，将作物总灌溉水量和施肥量在不同的生育阶段分配，制定灌溉施肥制度，包括基肥与追肥比例、不同生育时期的灌溉施肥的次数、时间、灌水量、施肥量等，满足作物不同生育时期水分和养分需要。充分发挥水肥一体化技术优势，适当增加追肥数量和次数，实现少量多次，提高养分利用率。在生产过程中应根据天气情况、土壤墒情、作物长势等，及时对灌溉施肥制度进行调整，保证水分、养分主要集中在作物主根区。

（5）维护保养。定期检查维修系统设备，防止漏水，及时清洗过滤装置。作物生育期第一次灌溉前和最后一次灌溉后应用清水冲洗管道系统。冬季来临前应进行系统排水，防止结冰爆管，做好易损部件保护。

四、深耕深翻技术

1. 深耕深翻的作用

一是提高土壤的蓄水能力。深耕深翻部位土壤疏松，有利于雨水入渗，加之深耕深翻后可使土壤表面粗糙度增加，阻碍雨水径流，延长雨水入渗时间，因此在一定条件下可以多蓄水。二是改善土壤结构。深耕深翻后形成虚实并存的土壤结构，有利于土壤的气体交换，促进微生物的活化和矿物质的分解，改善土壤肥力。三是土地深耕深翻后，可增加肥料的溶解能力，减少化肥的挥发和流失从而提高肥料的利用率。

2. 技术规范

把握好土壤适耕性，土壤适耕性以土壤含水量表示，以土壤含水量10%～25%为宜；耕深一般大于20 cm；减少开闭垅，耕后地表平整，实际耕幅与犁耕幅一致，避免漏耕、重耕；耕深稳定性，植被覆盖率、碎土率应符合设计标准。

3. 作业质量

作业质量应达到深、平、透、直、齐、无、小七字要求。深：达到规定深度、深浅一致。平：地表平坦、犁底平稳。透：开墒无生埂，翻垡碎土好。直：开墒要直，耕幅一致，耕地整齐。齐：犁到头，耕到边，地头、地边整齐。无：无重耕、漏耕、无斜子、三角、无“桃形”。小：墒沟小，伏脊小。

4. 实施要点和注意事项

深翻的时间应在前茬作物收获后，后茬作物种植前进行。耕深应掌握在适宜为度，根据土壤特性、微生物活动、作物根系分布规律及养分状况来确定，一般以打破犁底层为宜。耕翻过深会造成土壤自下而上的提墒能力减弱，影响种子发芽和幼苗生长；有机肥被埋压在深土层，肥效利用慢；生土被翻到地面以上，对幼苗生长不利。

做好作业前的准备工作，机具必须合理配套，正确安装，正式作业前进行试运转和试作业；深翻的同时应配合施用有机肥以培肥地力。

五、轮作倒茬技术

轮作是指同一块地上有计划地按顺序轮种不同类型的作物和不同类型的复种形式。轮作是用地养地相结合的一种生物学措施。

1. 轮作倒茬的作用

（1）均衡利用土壤中的营养元素，把用地和养地结合起来。

（2）改变农田生态条件，改善土壤理化特性，增加生物多样性。

（3）免除和减少某些连作所特有的病虫草的危害。利用前茬作物根系分泌的灭菌素，可以抑制后茬作物上病害的发生。

（4）合理轮作换茬，可因食物条件恶化和寄主减少而使寄生性强、寄主植物种类单一及迁移能力小的病虫大量死亡。

（5）促进土壤中对病原物有拮抗作用的微生物的活动，从而抑制病原物的滋生。

（6）降低土壤中的盐分。大棚土壤盐渍化的原因如下。一是大棚蔬菜属于高效作物，为使蔬菜生产效益最大化，很多菜农大量施用化肥。但无论是化肥中的氮、磷、钾，还是中微量元素，都是无机盐类物质，大量的化肥施入土壤后，只有少量被蔬菜吸收，大部分留在了土壤中，日积月累造成土壤盐离子浓度升高，形成盐害。此外，大棚蔬菜生长期间施用水冲肥后，更加剧了盐分在土壤表层的集聚，这是造成大棚土壤盐害的主要原因。二是大棚内特定的环境条件。为了营造大棚内特定的小气候条件，其顶部几乎全年被塑料薄膜覆盖，长期无降雨淋溶，棚室内土壤施用的大量矿质肥料不能随雨水流失，也不能随雨水淋溶到土壤深层，而是残留在土壤耕层内，并会随着水分上升而进入土壤表层，使表层土壤盐分含量越来越多，当累积到一定程度时，就会对作物产生盐害。另外，大棚内的栽培措施如浅耕、面施肥料及向表土泼浇肥料等也加剧了盐分向表层集中。三是土壤湿度条件。大棚内浇水施肥频繁，根层土壤湿度长期偏大，土壤团粒结构受到破坏，大孔隙减少，通透性变差，盐分不能渗透到土壤深层，水分蒸发后盐分在土壤表层积聚，使得土壤板结、盐渍化。四是不同土质和肥料的影响。土壤中盐类浓度因土壤种类和肥料的不同而有差异。沙性土壤吸肥量少，比黏重土壤容易发生盐类危害。硝酸钙、硝酸钾、硝酸铵等易溶解于土壤溶液中，被土壤吸附的比例小，因此土壤盐浓度容易升高。而过磷酸钙、磷酸铵、磷酸钾等被土壤吸附的比例大，土壤盐浓度不易升高。五是灌水频繁、灌溉水质差。频繁灌水会降低土壤的渗透能力，水分蒸发后盐分积聚在土壤表层。特别是地势低洼的大棚，土壤长期处在湿度大的环境中，通透性下降，土壤耕作层更易积蓄大量盐分。大棚蔬菜多为冬季和春季生产，因河水温度低，只能采用井水灌溉，井水含盐量常常超过河水的淡水标准，灌溉时会将部分盐分带入大棚土壤，灌溉水的含盐量越高，带给大棚土壤的盐分也越多，对蔬菜的危害就越大。六是盲目施用鸡鸭粪肥。大棚蔬菜种植提倡增施有机肥，多数菜农把鸡鸭粪肥作为主要有机肥，一般亩用量8 000~10 000 kg。虽然鸡鸭粪肥是养分含量较高的有机肥料，但其也含大量不溶性尿酸盐。鸡鸭粪肥施入土壤后，一部分养分被蔬菜吸收，一部分淋溶于土壤深层或地下水中，还有相当一部分残存在土壤耕作表层，造成耕作层土壤盐分增加。

2. 轮作的方式

适合菏泽市轮作的模式主要有番茄、辣椒、黄瓜、西瓜分别与玉米或豆角轮作。

第五节　菏泽市农作物秸秆利用技术

一、菏泽市农作物秸秆处置现状

（一）秸秆产生和综合利用情况

菏泽市是山东省重要的粮食产区，农作物秸秆以粮食作物小麦、玉米为主，另外还有花生、棉花、大蒜、芦笋等秸秆。为加快推进全市农作物秸秆综合利用工作，缓解秸秆废弃和焚烧带来的资源浪费及农业面源污染问题，根据《山东省2021年农作物秸秆综合利用项目实施方案》，菏泽市全面推行秸秆肥料化、饲料化、原料化、能源化、基料化等综合利用新技术，初步形成秸秆“五化并举”的综合利用格局。

2021年，农作物秸秆综合利用项目建设以秸秆粉碎深耕（腐熟）还田为主，大力开展收储体系建设，支持秸秆利用企业开展技术研发。根据各县区初步统计数据，预计菏泽市秸秆产生总量约为1 100万 t，可收集总量约为870万 t，综合利用量约为820万 t，其中直接还田量约为730万 t。

（二）菏泽市农作物秸秆还田肥料化利用方式

1. 直接还田方式

农作物秸秆还田肥料化利用是菏泽市秸秆综合利用的主要方向，也是土壤退化修复和耕地培肥的重大举措。目前，菏泽市农作物秸秆直接还田方式主要是翻埋还田、耕层混拌和覆盖还田。翻埋还田和耕层混拌主要通过机械方式将收获后的作物秸秆粉碎并均匀抛撒在田间，之后进行翻埋或者混拌，起到改善土壤物理性质和提高土壤肥力的作用。覆盖还田分为秸秆粉碎覆盖、高留茬覆盖和整株覆盖，将粉碎的秸秆或整株秸秆直接覆盖于土表，起到抗旱保湿、控制水土流失及提升土壤肥力的作用。

2. 间接还田方式

菏泽市农作物秸秆间接还田方式，主要是秸秆堆腐还田技术与应用。秸秆堆腐还田是通过收集粉碎的作物秸秆，并添加水、尿素、秸秆腐熟菌剂，在空闲地块进行堆肥发酵，待作物秸秆完全腐熟后，将其抛撒还到农田中。秸秆堆腐还田是微生物主导下的生物化学过程，其机理是利用一系列微生物对作物秸秆等有机物进行矿质化和腐殖化作用，具有方法简单、腐熟快、产物养分含量高、杀灭病虫草害等优点。秸秆堆腐还田后，可有效减轻土传病害，改善土壤物理性质，增加土壤肥力，提高微生物活性。

二、菏泽市农作物秸秆还田肥料化利用存在的问题

（一）农户对秸秆还田的认识不足

长期以来，农民局限于方便耕种、草木灰肥田、杀灭害虫等传统思想，认为花费时间和人工收集秸秆是“赔本买卖”，对秸秆还田利用的重要性认识不足。

此外，近年来菏泽市部分地区农业从业人员老龄化严重，以 50 岁以上人口为主，接受新事物、新信息、新政策的能力差、途径少，进一步加剧了秸秆还田利用的难度。

（二）秸秆还田、离田、储运成本高

目前，菏泽市各地区普遍存在秸秆还田、离田、储运成本高的问题。经测算，玉米秸秆机械还田成本在 930 元/hm^2 以上，尽管政府补贴资金近几年有所上涨，但较收回成本仍相差较大。由于秸秆还田利用涉及多个部门，如农业、财政、科技、生态环境、税收等，各部门缺乏沟通、协作和分工，各自为政，难以形成合力。

收储点多为个体经营，资金回收周期长，难以筹措资金购买秸秆捡拾打捆机、搂草机、抓车、运输车等基本设备。运输难以规范，运输途中面临的罚款因素较多。秸秆收储设备每年只使用两次，夏季收集小麦秸秆 5~7 d，秋季收集玉米秸秆 7~10 d，其他时间闲置。

（三）秸秆还田农机农艺结合不紧密

菏泽市部分地区存在秸秆还田农机农艺结合不紧密、机械不配套等问题，

导致秸秆粉碎粒度过大、掩埋浅，加之秋季收获后气温快速下降、冬季寒冷漫长、秸秆腐解慢、腐解率低，影响下茬作物生长，春季耕层温度低、不易播种、出苗质量差。

（四）秸秆还田后，易出现病虫草害

虽然秸秆腐熟还田技术对后茬作物产量的增加大有好处，但在秸秆还田后的后茬作物的病虫害较不还田的处理有所加重，尤其是棉铃虫和玉米红蜘蛛发病明显加重。主要是因为农作物秸秆还田量大，耕地难以自行消化，超过土地承载能力，造成病虫害增多、下茬作物出苗率降低等不利影响。

三、解决秸秆粉碎腐熟田间综合利用困境的建议

（一）加强宣传普及，提高农户对秸秆还田的认识

利用各种手段，大力宣传秸秆综合利用的意义，加强技术培训，安排专业技术人员下乡宣传、指导，加大秸秆综合利用技术培训和示范推广力度，提高技术的入户率，从推广成熟技术入手，重视技术交流、信息传播和知识普及，提高农民群众的环保意识和秸秆综合利用技能，逐步把秸秆综合利用转变为群众的自觉行动。

（二）加大政策扶持力度，降低农户成本

一是对购买、使用秸秆综合利用机械的群众，政府加大补贴力度，除了对农机购置进行补贴外，也要加大财政专项补贴，以减轻机手或农户的负担；二是对合理利用秸秆的企业实施奖励，以实现秸秆利用的最大化；三是鼓励引导科技创新，鼓励各类经济主体开发秸秆利用的新科技、新方法，政府可以给予必要的研发补贴和优惠条件。

秸秆还田肥料化利用的基本工作是秸秆的储存和运输，建立秸秆储运基地是现阶段的主要发展目标。政府有关部门应该重点观察农户合作企业的日常工作，对其工作中产生的问题进行协助处理，同时带领农户将农作物秸秆运输至正确的储存点，提升企业和农户之间的配合关联性。政府有关部门应该结合当地实际，根据地区特点，建立一个完善的农作物秸秆资源储存运输基地，并为该项目提供经济政策帮助，确保农作物秸秆资源储存运输的可持续发展。

在进行农作物秸秆资源储存运输基地建设的同时不能忽略对企业收益的保障。在农作物秸秆资源生产规模大、不集中的地区，应该帮助秸秆还田肥料化利用企业投入资金建造秸秆资源储存运输服务点。与此同时，不能忽略企业与农户之间的服务商对农作物秸秆资源储存运输基地建设的影响，培养发展有利于完善秸秆储存运输基地组织机构，充分发挥农户与农作物秸秆还田肥料化利

用企业之间的协同处理作用，有效降低农作物秸秆资源储存运输成本，提高农户和企业的收益。

除此之外，还应该创造出合理的品质分级与储运价格的管控规则，高品质、水分含量低的秸秆资源对应低的储运价格，低品质、水分含量高的秸秆资源对应高的储运价格，由此可以减少一定的储运成本。与此同时，对收购农作物秸秆资源的中间服务商设定合理的奖惩措施，激励其收购高品质水分含量低的农产品秸秆资源，该措施既能节省储存运输成本又能增加农作物秸秆资源的储存时间，为农作物秸秆储运基地不间断地获取高品质秸秆资源提供保障。

（三）加强技术指导，提升秸秆资源化利用水平

一是继续推广普及保护性耕作技术，通过鼓励农民使用秸秆粉碎还田机械，控制收割高度，加装粉碎设备，提高秸秆肥料化利用率。大力推广秸秆快速腐熟、精细化还田配合深耕等技术措施，着力解决秸秆还田过多造成的下茬作物耕种困难等问题。二是继续推广秸秆饲料化利用，在秸秆资源丰富的牛羊养殖区，鼓励养殖场（户）利用秸秆制作青贮、氨化、颗粒饲料，降低养殖成本，促进农牧结合，延长产业链。

（四）做到科学秸秆还田，加强病虫害防治

带病的秸秆不能直接还田，否则易发生病虫害。通常情况下，秸秆还田后病虫害有加重发生的趋势。特别是蝲蛄、蛴螬等地下害虫，它们可利用未腐熟的秸秆进行繁殖和提供食物。秸秆上的病原菌和玉米螟等虫卵，也会进入土壤中，增加越冬基数。因此，在秸秆还田之前，可用50%辛硫磷乳油1 000倍液加50%百菌清悬浮剂500倍液喷洒秸秆，杀灭虫卵和病原菌。

第七章　耕地质量数据库建设

自从组织开展耕地调查与评价工作以来，积累了大量的耕地质量基础数据，这些数据包括空间数据和属性数据两大类。耕地质量调查与评价不仅仅是了解现有的耕地质量状况，更重要的是实时监测耕地质量变化，及时更新监测结果，实现成果信息化管理与共享，满足各项工作需要。为实现这一目标，耕地质量数据库的建设十分必要。

第一节　数据库建设准备

一、数据库建设依据

菏泽市耕地质量数据库建设主要依据《耕地质量等级》《耕地质量调查监测与评价办法》，参照《全国耕地资源管理信息系统》数据字典及工作空间检测标准，以及各类国家标准、行业规范和技术规程等。

二、建设目标

（1）提供科学的和可操作的评价指标体系和耕地质量等级划分。

（2）建立耕地质量数据库的管理、利用和共享机制。

（3）实现耕地质量全方位监管和持续动态跟踪。

（4）提供全面、科学和准确的耕地质量信息，为决策提供科学依据。

（5）促进耕地资源管理、农业生产和农村可持续发展。

三、面临的主要问题

市级耕地质量数据库建设主要面临以下几方面的问题。

1. 信息收集存在局限性

基础数据的收集，一方面参阅了第二次土壤普查的成果数据，另一方面则是根据测土配方施肥项目和耕地质量提升项目的野外取样与化验分析。受当时技术与条件的限制，第二次土壤普查的成果数据常出现坐标信息不精确、误差大，基础信息数据有遗漏或缺失等情况，且现在的土地利用现状与原来的也有了较大的变化与差异。

2. 不同类型数据表达方式不一致

不同类型的数据在同一项数据中采取的表达方式不一，如各图件的比例尺不尽相同，数据或图件采用的坐标系和文件格式也与现在的使用标准不同。不同年份和不同调查时段的数据及不同部门间的数据也存在较大差异。

3. 数据准确性有待提高

受各种条件的限制，在进行数据融合时需要进行不同类型数据的统一化和标准化，在转换过程中难免造成较大的误差和部分数据的缺失和丢弃。

针对以上存在的问题，需要统一标准，采用最新的数据对老旧数据进行校核，建立数据更新转换方法，统一将数据和文件按标准进行转换和修正，严格控制数据质量。

四、数据库建设流程

1. 数据采集

采集土壤样品并通过实验室分析获取各项指标数据，从各部门获取与耕地质量相关的数据，如自然资源与规划局的土地利用现状数据、水利局的水系水文数据、农机部门的深耕深松项目数据及农业农村局内部相关部门的土壤数据、耕地确权数据、高标准农田建设数据等。

2. 数据质控

进行数据质量控制，对相关数据进行核查，并根据制定的数据标准进行转换与修改，保证数据的准确性和可靠性。

3. 数据录入

将数据根据不同类型录入到数据库中，并建立数据索引体系。

4. 数据管理

进行数据的查询、修改、计算、删除及备份与恢复等操作，建立数据管理与维护系统。

5. 数据分析与应用

通过数据分析，提供各类报告和决策支持，促进耕地资源的合理利用。

第二节　数据库标准化

一、标准引用

GB/T 17296—2009　中国土壤分类与代码

GB/T 21010—2017　土地利用现状分类

GB/T 13923—1992　国土基础信息数据分类与代码

GB/T 25529—2010　地理信息分类与编码规则

GB/T 40767—2021　地理空间数据交换基本要求

GB/T 17798—2007　地理空间数据交换格式

GB/T 33469—2016　耕地质量等级

GB 3100—1993　国际单位制及其应用

GB/T 16831—2013　基于坐标的地理点位置标准表示法

GB/T 2260—2007　中华人民共和国行政区划代码

GB/T 41475—2022　1∶25 000~1∶500 000　土壤养分图用色与图例规范

GB/T 36501—2018　土壤制图　1∶25 000　1∶50 000　1∶100 000　中国土壤图用色和图例规范

NY/T 4322—2023　县域年度耕地质量等级变更调查评价技术规程

NY/T 3702—2020　耕地质量信息分类与编码

NY/T 2626—2014　补充耕地质量评定技术规范

NY/T 1119—2019　耕地质量监测技术规程

《县域耕地资源管理信息系统数据字典》第 2 版

二、坐标系和文件格式

1. 空间数据坐标系

按照《关于印发启用 2000 国家坐标系实施方案的通知》要求，我国自 2008 年 7 月 1 日起，启用 2000 国家大地坐标系。根据要求结合菏泽市所处地理位置，空间数据库中矢量数据的坐标系为 CGCS2000_3_Degree_GK_Zone_38（CGCS2000 坐标系 3 分度 38 度带）。

2. 文件格式

空间数据的矢量图层数据及附加的属性数据文件采用 prj（空间参考及坐标系定义）、shp（几何图形数据）、shx（索引）、dbf（属性数据）4 种文件类型。

属性数据库采用 Access 数据库、mdb 文件格式。

三、数据转换

所有采集与整理的数据全部按照标准进行整理，与数据标准不相同的数据类型或格式按照标准重新进行转换。

采用北京 54 坐标系和 MapGIS 格式的文件将原土壤图、地貌类型图、表层质地图、剖面构型图、耕地盐渍化图等全部转换为 CGCS2000_3_Degree_GK_Zone_38 坐标系的 shp 格式。

按照技术规程和字典规范将耕地质量调查与化验数据全部进行整理。

第三节 空间数据库

空间数据即地理信息数据，分为点要素、线要素和面要素 3 种类型，不同类型的空间数据保存在不同数据集中。

一、空间数据建设内容

Shapefile 是一种常用的地理信息系统（GIS）数据格式，用于存储和表示地理空间数据。Shapefile 由多个文件组成，包括.shp、.shx、.dbf 等文件。.shp 文件用于存储几何图形数据，如点、线和多边形的坐标信息；.shx 文件是.shp 文件的索引文件，用于提高数据的查询性能；.dbf 文件用于存储属性数据，如属性表中的字段和记录。

空间数据库建设是指将收集到的矢量数据及其附带的属性数据和处理加工生成的成果矢量数据整理集合成一个空间数据库。

二、图件分类

按照空间数据库建设的分层原则，空间数据库内的所有图件均采用同一个地理底图，其他图件都是在这个底图的基础上转换、加工或计算处理生成得到。

按照图件数据来源和作用不同，图件分为地理基础图件（土地利用现状图、耕地地块图、行政区划图）、农业基础图件（土壤图、地貌类型图、表层质地图、剖面构型图、耕地盐渍化图）、数据图件（点位图、灌溉分区图、排水分区图、耕地资源管理单元图、养分栅格图）、成果图件（土壤养分等值线图、土壤养分含量分布图、耕地质量评价结果图）4 种类型。

三、图件属性结构

由表7-1可以看出，在图件的属性数据中，严格按照《县域耕地资源管理信息系统数据字典》的规范和要求进行编制。

表7-1 空间数据库中图件属性数据结构

图件名称	字段名称	字段类型及长度	说明
土地利用现状图	内部标识码	长整型	内部ID号
	实体类型	字符串，4	面
	实体面积	双精度	
	实体长度	双精度	
	计算面积	双精度	
	平差面积	双精度	
	地类面积	双精度	
	报告日期	日期型	更新日期
	地类号	字符型，8	
	地类编码	字符型，8	GB/T 21010—2017 土地利用现状分类
	地类名称	字符型，20	
行政区划图	内部标识码	长整型	内部ID号
	实体类型	字符串，4	面
	实体面积	双精度	
	实体长度	双精度	
	行政区代码	字符型，12	
	行政区名称	字符型，20	GB/T 2260—2007 中华人民共和国行政区划代码
	县内行政码	字符型，6	
土壤图	内部标识码	长整型	内部ID号
	实体类型	字符串，4	面
	实体面积	双精度	
	实体长度	双精度	
	县土壤代码	字符型，8	GB/T 17296—2009 中国土壤分类与代码

（续表）

图件名称	字段名称	字段类型及长度	说明
地貌类型图	内部标识码	长整型	内部 ID 号
	实体类型	字符串，4	面
	实体面积	双精度	
	实体长度	双精度	NY/T 4322—2023 县域年度耕地质量等级变更调查评价技术规程
	地貌类型	字符型，8	
表层质地图	内部标识码	长整型	内部 ID 号
	实体类型	字符串，4	面
	实体面积	双精度	
	实体长度	双精度	NY/T 4322—2023 县域年度耕地质量等级变更调查评价技术规程
	耕层质地	字符型，10	
剖面构型图	内部标识码	长整型	内部 ID 号
	实体类型	字符串，4	面
	实体面积	双精度	
	实体长度	双精度	NY/T 4322—2023 县域年度耕地质量等级变更调查评价技术规程
	质地构型	字符型，10	
耕地盐渍化图	内部标识码	长整型	内部 ID 号
	实体类型	字符串，4	面
	实体面积	双精度	
	实体长度	双精度	NY/T 4322—2023 县域年度耕地质量等级变更调查评价技术规程
	盐渍化	字符型，4	
灌溉分区图	内部标识码	长整型	内部 ID 号
	实体类型	字符串，4	面
	实体面积	双精度	
	实体长度	双精度	
	灌溉水源	字符型，10	
	灌溉水质	字符型，4	
	灌溉方法	字符型，18	
	年灌溉次数	字符型，2	
	灌溉条件	字符型，4	
	灌溉保证率	长整型	
	灌溉模数	双精度	
	抗旱能力	长整型	
	灌溉能力	字符型，8	

（续表）

图件名称	字段名称	字段类型及长度	说明
耕地质量调查点点位图	内部标识码	长整型	内部 ID 号
	实体类型	字符串，4	点
	X 坐标	双精度	
	Y 坐标	双精度	
	点县内编号	长整型	
耕层土壤 pH 值等值线图	内部标识码	长整型	内部 ID 号
	实体类型	字符串，4	折线
	实体长度	双精度	
	pH 值	双精度	
耕层土壤有机质等值线图	内部标识码	长整型	内部 ID 号
	实体类型	字符串，4	折线
	实体长度	双精度	
	有机质	双精度	
耕层土壤全氮等值线图	内部标识码	长整型	内部 ID 号
	实体类型	字符串，4	折线
	实体长度	双精度	
	全氮	双精度	
耕层土壤有效磷等值线图	内部标识码	长整型	内部 ID 号
	实体类型	字符串，4	折线
	实体长度	双精度	
	有效磷	双精度	
耕层土壤速效钾等值线图	内部标识码	长整型	内部 ID 号
	实体类型	字符串，4	折线
	实体长度	双精度	
	速效钾	双精度	
耕地资源管理单元图	内部标识码	长整型	内部 ID 号
	实体类型	字符串，4	折线
	实体长度	双精度	
	有效磷	双精度	

第四节　属性数据库

属性数据库是各类耕地质量相关的属性数据以记录表的形式将各类属性数据形成记录集，存储于数据库内。耕地质量的属性数据库包括空间数据的属性数据、原始数据、结果数据 3 大类，各类属性数据通过内部标识码与其他数据表或空间数据进行连接。

一、属性数据库建设内容

市级汇总的数据全部是采用各县区耕地质量调查与化验数据及耕地质量等级评价相关数据，其属性内容严格按照《全国耕地资源管理信息系统》中的数字字典和有关专业领域属性标准代码填写。

二、属性数据分类

耕地质量的属性数据库包括空间数据的属性数据、原始数据、结果数据 3 大类。空间数据的属性数据为各图件的属性数据，如土地利用现状图中的地类编码、地类名称等；土壤图中的土壤代码和土壤名称等；耕地资源管理单元图中的 18 项评价要素数据等。原始数据为汇总整理形成的各类评价用数据，如耕地质量调查点基本情况和化验结果数据表、行政区划代码表、土壤类型代码表等。结果数据为耕地质量等级评价生成的评价结果数据，包括耕地质量评价结果表和自定义耕地质量评价结果表。

三、属性数据结构

在属性数据库中，因空间数据的属性数据与空间数据库是一体的，将空间数据的属性数据纳入到空间数据库中，不再重复放入属性数据库中。

属性数据结构内容严格按《县域耕地资源管理信息系统数据字典》编制（表 7-2）。

表 7-2　属性数据库结构表

数据表名称	字段名称	字段类型	说明
耕地质量调查点基本情况与化验结果数据表	县内编号	长整型	NY/T 1119—2019 耕地质量监测技术规程
	统一编号	字符型，14	
	省名称	字符型，20	
	县名称	字符型，20	
	乡名称	字符型，10	
	村名称	字符型，10	
	采样年份	长整型	
	经度	双精度	WGS1984
	纬度	双精度	
	县土类名称	字符型，20	GB/T 17296—2009 中国土壤分类与代码
	县亚类名称	字符型，20	
	县土属名称	字符型，20	
	县土种名称	字符型，20	
	成土母质	字符型，30	NY/T 3702—2020 耕地质量信息分类与编码
	地貌类型	字符型，10	
	地形部位	字符型，20	
	有效土层厚度	长整型	
	耕层厚度	长整型	
	耕层质地	字符型，10	
	土壤容重	双精度	
	质地构型	字符型，10	
	生物多样性	字符型，6	
	农田林网化程度	字符型，20	
	pH 值	双精度	
	盐渍化程度	字符型，4	
	地下水埋深	长整型	
	障碍因素	字符型，8	
	清洁程度	字符型，6	
	灌溉能力	字符型，8	
	排水能力	字符型，8	

（续表）

数据表名称	字段名称	字段类型	说明
耕地质量调查点基本情况与化验结果数据表	有机质	双精度	NY/T 1121 土壤检测
	全氮	双精度	
	有效磷	双精度	
	速效钾	双精度	
	缓效钾	双精度	
	有效铜	双精度	
	有效锌	双精度	
	有效铁	双精度	
	有效锰	双精度	
	有效硼	双精度	
	有效钼	双精度	
	有效硫	双精度	
	有效硅	双精度	
行政区基本情况数据表	县内行政码	字符型，6	GB/T 2260—2007 中华人民共和国行政区划代码
	省名称	字符型，20	
	县名称	字符型，20	
	乡名称	字符型，20	
	村名称	字符型，20	
	行政单位名	字符型，20	
	总人口	长整型	
	农业人口	长整型	
	非农业人口	长整型	
	国民生产总值 GNP	双精度	
县级行政区划代码表	行政单位名称	字符型，20	GB/T 2260—2007 中华人民共和国行政区划代码
	县内行政码	字符型，6	
土壤类型代码表	县土壤代码	字符型，8	GB/T 17296—2009 中国土壤分类与代码
	省土壤代码	字符型，8	
	县土壤名称	字符型，30	
	省土壤名称	字符型，30	

（续表）

数据表名称	字段名称	字段类型	说明
耕地质量评价结果数据表/自定义耕地质量评价结果数据表	内部标识码	长整型	NY/T 1119—2019 耕地质量监测技术规程
	实体面积	双精度	
	F 灌溉能力	浮点型	
	F 地形部位	浮点型	
	F 盐渍化程度	浮点型	
	F 排水能力	浮点型	
	F 有效土层厚度	浮点型	
	F 耕层质地	浮点型	
	F 质地构型	浮点型	
	F 土壤容重	浮点型	
	F 障碍因素	浮点型	
	F 耕层厚度	浮点型	
	F 有机质	浮点型	
	F 有效磷	浮点型	
	F 速效钾	浮点型	
	F pH	浮点型	
	F 地下水埋深	浮点型	
	F 农田林网化程度	浮点型	
	F 生物多样性	浮点型	
	F 清洁程度	浮点型	
	评价得分	浮点型	
	质量等级	整型	

第五节　建库成果

菏泽市耕地质量数据库是由空间数据、属性数据、评价模型、空间图集等集成一体的菏泽市工作空间，完全兼容《全国耕地资源管理信息系统》，且经《全国耕地资源管理信息系统》进行空间检测，达到合格以上水平。

一、建立工作空间

依照耕地质量等级评价的相关标准、规程与规范的要求，按照《全国耕地资源管理信息系统》中工作空间的组织结构模式，建立菏泽市工作空间。

二、导入空间数据

在菏泽市工作空间中，将耕地质量相关的空间数据（即矢量图件文件）全部导入工作空间的 VectorFile 文件夹中。

三、导入属性数据

将耕地质量调查点基本情况和化验结果数据表、行政区划基本情况数据表、行政区划代码表和土壤类型代码表导入并生成 OriginalDB. mdb 数据库，并将数据库文件存放入工作空间的 DataTable 文件夹中。

四、生成耕地质量数据

针对构建的耕地资源管理单元图，采用耕地质量等级评价模型（层次分析模型和隶属函数模型）计算每个评价单元的综合指数，根据综合指数结合耕地质量等级划分标准确定每个评价单元的质量等级，并将以上数据形成耕地质量评价结果数据表和自定义耕地质量评价结果数据表，生成 ProgenyDB. mdb 数据库，将数据库文件存放入工作空间的 DataTable 文件夹中。

五、构建图集

图集是空间数据与属性数据的有机结合，是对纷繁复杂的地理信息进行分类提取，通过内部标识码与属性数据进行连接，得到所需要的数据信息并以不同的颜色、面状的图形特征直观地展现出来。

根据耕地质量工作要求，组合不同的图件设置图件不同类型元素的显示模式建立图集，菏泽市工作空间下的图集主要包括地图服务图集、耕地质量调查点点位图集、耕地地块图集、土地利用现状图集、土壤类型图集、行政区划图集、耕地质量评价图集及耕地土壤 pH 值（有机质、有效磷、速效钾、全氮）分布图集等。

第六节　耕地质量数据库的应用

构建耕地质量数据管理信息化支撑体系和应用系统，在空间数据库和属性数据库的基础上，利用土地利用变更调查、规划管理、土地整治、占补平衡、年度耕地质量调查与变更评价等信息，实现耕地质量全面的动态监管。

一、农业生产决策

耕地质量数据库能够为农业生产决策提供科学依据。通过对耕地质量进行等级划分和持续监测，可以了解土壤肥力、种植条件、利用现状等相关信息，从而制定更为合理的种植结构、耕作制度和施肥方案，提高农业生产效益。

二、土地整治规划

耕地质量数据在土地整治规划中起着重要的作用，通过对不同区域、不同地块的耕地质量进行对比分析，可以确定整治的重点区域和措施，为土地整治项目的实施提供科学依据。同时，耕地质量数据还有助于评估整治效果，为后续的土地整治工作提供经验和借鉴。

三、增产潜力评估

利用耕地质量数据，可以对耕地的增产潜力进行评估。通过对土壤养分、水分、耕作条件、环境条件等因素的分析，确定不同地块的增产潜力和提升空间，为农业生产提供方向和目标。

四、质量提升与生态环境保护

耕地质量数据是提升耕地质量的重要依据，通过对耕地质量进行长期监测和评估，可以及时发现土壤退化、污染等问题，为采取相应的治理措施提供依据。通过合理利用耕地资源，减少对土地资源的过度开发和污染，有助于维护生态平衡和生物多样性。耕地质量数据还可以为生态补偿机制的建立提供依据，促进生态环境的可持续发展。

五、科研与技术创新

耕地质量数据为农业科研和技术创新提供了宝贵的资源。科研人员可以利用这些数据开展土壤改良、作物新品种选育、节水灌溉等方面的研究，推动农业科技进步。

附录一　菏泽市主要农作物科学施肥技术

一、冬小麦化肥减量增效技术

（一）技术概述

冬小麦化肥施用减量增效技术是以测土配方施肥技术为依托，以保障国家粮食安全和重要农产品有效供给为目标，以耕地质量保护与提升为基础，牢固树立“增产施肥、经济施肥、环保施肥”理念，依靠科技进步，创新服务机制，转变施肥方式，深入推进科学施肥，广泛应用有机肥，减少不合理化肥投入，走高产高效、节本增效、优质环保的可持续发展之路。该技术模式主要包括玉米秸秆粉碎还田、深耕深松整地、施用配方肥料和生物菌肥、深施追肥、“一喷三防”等技术。

（二）技术效果

冬小麦化肥减量增效技术模式较常规施肥技术模式增产增效明显。本技术模式每亩施用纯 N 17.7 kg、P_2O_5 9 kg、K_2O 2.5 kg，亩施肥总量为 29.2 kg，与常规施肥相比，每亩节省肥料用量为 7.0 kg，节肥 19.34%；每亩产量为 514.2 kg，比近三年小麦平均亩产量 478.6 kg 增产 35.6 kg，增产 7.44%。除增加的其他投入外，本化肥减量增效技术模式形成的纯经济效益为 32.92 元/亩。本技术的实施，使肥料利用率明显提高，耕地质量明显提升，提高了劳动生产率，对促进农业节本增效、农民增收、农业可持续发展具有十分重要的作用和意义。

（三）适用范围

本技术模式适用于菏泽市潮土区冬小麦种植区域。

（1）玉米秸秆粉碎还田。用玉米秸秆还田机械粉碎 2~3 遍，秸秆长度 5 cm左右，翻埋 10~20 cm。1 t 玉米秸秆相当于主要化肥量：尿素（46%）20 kg、过磷酸钙（14%）10.7 kg、氯化钾（54%）22 kg。

（2）施用生物菌肥。每亩施用生物菌肥（有效活菌数≥20.0 亿/g）4 kg，可以起到活化土壤、平衡营养、抑制病菌的作用。

（3）施用配方肥料。推荐施用45%（18-18-9）和40%（17-18-5）2个配方的肥料。45%（18-18-9）的施肥建议：①亩产量水平400~500 kg，推荐配方肥每亩底施40 kg，起身期到拔节期结合灌水每亩追施尿素15 kg；②亩产量水平500~600 kg，推荐配方肥每亩底施40~50 kg，拔节中期结合灌水每亩追施尿素15~20 kg；③亩产量水平600 kg以上，推荐配方肥每亩底施50 kg，拔节后期结合灌水每亩追施尿素20 kg。40%（17-18-5）的施肥建议：①亩产量水平400 kg以下，推荐配方肥每亩底施40 kg，小麦起身期结合灌水每亩追施尿素10~15 kg或配方肥（30-0-5）20~25 kg；②亩产量水平400~500 kg，推荐配方肥每亩底施40~50 kg，拔节期结合灌水每亩追施尿素15~20 kg或配方肥（30-0-5）20~25 kg；③亩产量水平500~600 kg，推荐配方肥每亩底施50 kg，拔节中期结合灌水每亩追施尿素20 kg或配方肥（30-0-5）25 kg。

（4）深耕深松整地。采用旋耕的麦田，应旋耕3年，深耕翻1年，耕深23~25 cm，破除犁底层；或用深松机械深松，深度30 cm，也可破除犁底层。耕翻或旋耕后及时耙地，破碎土块，达到地面平整、上松下实、保墒抗旱。

（5）精细播种。用小麦精播机或半精播机播种，播种深度3~5 cm。保证下种均匀、深浅一致、行距一致。播种后镇压。

（6）春季肥水管理。根据产量水平在小麦起身期至拔节期追肥浇水。因地制宜选用化肥深施机械、追肥机械等机械追肥，追肥量为尿素每亩10~20 kg不等，浇水量每亩40 m^3。

（7）一喷三防。为提高工效，减少田间作业次数。在小麦孕穗期至灌浆期将杀虫剂、杀菌剂与磷酸二氢钾（或其他的预防干热风的植物生长调节剂、微肥）混配，叶面喷施，一次施药可达到防虫、防病、防干热风的目的。药剂可为每亩用15%三唑酮可湿性粉剂80~100 g、10%吡虫啉可湿性粉剂10~15 g、0.2%~0.3%磷酸二氢钾100~150 g兑水50 kg，叶面喷施。

（8）收获。用配备秸秆粉碎设备的联合收割机在小麦蜡熟末期至完熟初期收获，麦秸均匀抛撒还田。

二、夏玉米化肥减量增效技术

（一）技术概述

该技术主要是针对过量施肥、肥料配比不合理、施肥时期和施肥方式不佳、重视化肥轻视有机肥和微肥以及耕地质量方面存在的问题，通过推广

“精、调、改、替”的技术路径，促进化肥减量增效。通过推广测土配方施肥技术，实现精准施肥，减少化肥用量；通过推广机械化深施肥技术，减少化肥损失；通过提高化肥利用率，减少化肥用量；通过农家肥与化肥混合施用，增施微肥提高土壤肥力和肥料利用效率，可提高土壤有机质约0.1%和各种养分含量，减少玉米化肥施用量，实现减肥增效；通过推广新型施肥技术满足作物不同生育阶段水分和养分需要，提高肥料利用效率，实现化肥减量增效。

（二）技术效果

通过推广测土配方施肥技术、机械化深施肥技术、农家肥与化肥混合施用技术和新型施肥技术，可以大大降低玉米化肥使用量，每亩可减少化肥施用量5 kg。肥料成本降低的同时，玉米病虫害可大大减轻，玉米品质明显提高，玉米亩产可增加50 kg以上，玉米节本增效150元以上，经济效益显著。可使耕地质量提升，土壤有机质含量提高0.1%，对降低农业面源污染、保护环境也具有意义。

（三）适用范围

该项技术适用于菏泽市各县区，种植的玉米必须是适宜于当地的高产品种。

（四）技术措施

1. 测土配方施肥技术

以测土配方施肥为基础，合理制定针对不同土壤类型、肥力水平、玉米目标产量和作物亩均化肥施用限量标准，推广配方施肥，减少盲目施肥行为，减少化肥用量。亩产600～700 kg目标产量需要亩施氮（纯N）14～16 kg、磷（P_2O_5）5～6 kg、钾（K_2O）8～10 kg、硫酸锌1 kg，分2～3次施肥（种肥同播或苗期施肥、穗期施肥、粒期施肥），磷钾肥及其他肥料苗期施用，氮肥苗肥占30%～40%，穗肥占50%～60%，粒肥占10%，在玉米行一侧8～10 cm处条施或沟施。测土配方施肥技术有针对性地补充玉米所需的营养元素，作物缺什么元素就补充什么元素、需要多少补多少，实现各种养分平衡供应，满足玉米的需要，从而达到提高肥料利用率和玉米产量、降低生产成本、保护农业生态环境的目的。因此，通过配方施肥技术，可以大大降低玉米化肥使用量，降低肥料成本，玉米亩增产50 kg。

2. 机械化深施技术

机械化深施技术主要是指使用农业机械深施种肥（也称“种肥同播”）、深施追肥。机械化深施可以减少化肥特别是氮肥损失，提高化肥利用率约5%，节省肥料成本，提高产量，增加效益。

3. 农家肥与化肥混合施用

利用畜禽粪便和秸秆等有机废弃物为原料生产有机肥，易于积制、成本低、施用简单，是发展优质、高效、低耗农业的一项重要技术。充分腐熟的农家肥养分含量比较齐全，肥效持久而稳定。坚持化肥与农家肥混合施用，一可改良土壤理化性状，增强土壤肥力；二可使迟效与速效肥料优势互补；三可减少化肥的挥发与流失，增强保肥性能，较快地提高供肥能力；四可提高玉米抗逆性、改善品质，并减轻环境污染。在玉米苗期，通过在玉米一侧 8～10 cm 每亩沟施有机肥1 000 kg，可以改善土壤物理性状和化学性状，增强土壤微生物活性，提高土壤肥力和肥料利用效率，可提高土壤有机质约 0.1%和各种养分含量，减少玉米化肥施用量，实现减肥增效。

4. 推广新型施肥技术

一是施用高含量的多元复合肥，减少施用低含量的复混肥；二是积极试用高能有机无机复合肥；三是推广有机无机复混肥；四是配施高含量有益微生物的肥药兼用肥；五是应用高效缓控释肥、水溶性肥料、生物肥料、土壤调理剂等新型肥料；六是采用水肥一体化方法均匀施用液体肥料，加强水肥同步管理，促进水肥耦合与一体化下地，做到精准投放化肥，避免过量使用。根据作物不同生育期需肥规律，确定施肥次数、施肥时期和每次施肥量，按照肥随水走、少量多次、分阶段拟合的原则，合理确定基追肥比例，不同生育期灌溉施肥次数、时间、施用量等，满足作物不同生育阶段水分和养分需要，提高肥料和水资源利用效率 10%以上。

三、大蒜科学施肥技术模式

（一）菏泽市大蒜生产概况

菏泽市大蒜种植面积约 90 万亩，主要分布在成武县、巨野县、单县、牡丹区王浩屯镇、大黄集镇及定陶区黄店镇等，其他县区有零星种植。全市大蒜产量每亩1 300 kg左右，其中一类大蒜田占全县大蒜种植面积的 30%，亩产1 500 kg左右；二类大蒜田占 50%，亩产1 220 kg左右；三类大蒜田占 20%，亩产1 060 kg左右。通过测产发现，新蒜区在同样施肥、同样管理的条件下，产量高出老蒜区将近 1 倍。老蒜区由于连年重茬，不同年份大蒜叶枯病、根腐病、病毒病发生较重，有的地块甚至出现死株现象。

（二）大蒜施肥存在的问题

1. 不重视有机肥的施用

据调查，目前菏泽市约 70%的大蒜田施用有机肥，一般以商品有机肥为主，亩施用 40~80 kg；另有部分地块施用鸡粪、饼肥等，一般鸡粪每亩 1~3 m^3，饼肥 50 kg 左右。调查发现，约 30%的大蒜田不施用有机肥，部分群众只用地不养地，认为施用有机肥效果不明显，一味地迷信化肥。由于长期不施用有机肥，加之大蒜区一般以大蒜-棉花轮作，无秸秆可还田，造成土壤有机质降低，土壤理化性状变差，土壤板结，加剧了大蒜病害。通过多年连续跟踪调查，群众对有机肥的认识不断提高，有机肥施用面积有逐年增加的趋势。

2. 过量施用化肥

部分群众不问地力状况和大蒜需肥量，盲目增加化肥施用量，认为肥料施得越多，产量就越高。据调查，过量施肥的地块占全市大蒜面积的 10%~15%，每亩底肥施用量 45%的复合肥在 150 kg 以上，比推荐化肥施用量高出 1/3。不仅投资成本增加，而且造成烧种烧苗，带来严重的环境污染。

3. 施肥配方不合理

菏泽市大蒜底肥施用以高浓度复合肥为主，极少部分施用单质肥料。据调查统计，菏泽市有部分大蒜田施用氮磷钾配比为 15-15-15 或 16-16-16 复合肥，这与蒜田土壤养分状况及大蒜对氮磷钾的需求不相适应。据土壤测试统计，大蒜田碱解氮平均含量为 69 mg/kg，有效磷 27.4 mg/kg，速效钾 112 mg/kg。大蒜每生产 1 000 kg蒜头需要吸收氮 14.2 kg、五氧化二磷 5.1 kg、氧化钾 12.3 kg。针对菏泽市大蒜田养分状况和大蒜对养分的需求，总的施肥原则是控氮、减磷、增钾。施用 15-15-15 或 16-16-16 复合肥磷的用量过多，钾用量不足，造成土壤养分失衡，作物生长不良，导致抗逆性降低，品质差，产量低。

4. 不施用中微量元素肥料，施肥的随意性大

近年来通过大蒜钙、硫、锌、硼肥试验，大蒜施用钙、硫、锌、硼肥有明显的增产效果。目前，生产中农户施用钙肥和硫肥的比例仍然不高。由于大蒜价格忽高忽低，不同年际间变化较大，群众在化肥的投入上随着大蒜价格的上涨而增加，随着大蒜价格的下跌而减少，这在大蒜追肥上表现最明显。

（三）大蒜试验示范及推荐施肥量

项目实施以来，共完成大蒜小区试验 14 个，示范试验 19 个。通过对试验示范的总结分析，探索出了大蒜肥料利用率、土壤养分利用系数等施肥参数，求得了大蒜最佳和最大施肥量（附表 1-1），建立了土壤养分丰缺指标，制定了大蒜施肥方案。通过示范试验，检验修正了施肥参数，优化了大蒜施肥方案。

附表 1-1 大蒜不同产量水平推荐施肥量

作物	产量水平/（kg/hm^2）	氮肥用量	磷肥用量			钾肥用量		
			土壤中有效磷含量/（mg/kg）			土壤中速效钾含量/（mg/kg）		
			＜15	15～30	＞30	＜100	100～150	＞150
大蒜	1 500	24	10	7	5	15	10	5
	2 000	28	12	10	7	20	15	10

（四）大蒜科学施肥方案

根据菏泽市大蒜区养分状况和大蒜需肥特性，结合试验示范结果，大蒜的施肥原则是：在施足有机肥的基础上，控制氮肥用量，酌减磷肥用量，增加钾肥用量，补施钙、硫、锌、硼肥，做到基追结合，分期施用。

推荐底肥施肥配方为 15-10-20、16-11-18、16-9-20。追肥配方为 25-5-15、30-5-10。

大蒜基肥、追肥施用比例为：氮肥 60%～70%基施，30%～40%追施；磷肥 90%～100%基施，0%～10%追施；钾肥 70%～80%基施，20%～30%追施；中微肥全部基施。

（1）基肥：每亩施优质土杂肥 3 000～5 000 kg 或腐熟的饼肥 50～100 kg，或生物有机肥 80～100 kg，包膜尿素 25～30 kg，磷酸二铵 25 kg，硫酸钾 30～35 kg 或45%配方肥 100～125 kg，钙肥（过磷酸钙）40～50 kg，硫肥 6～10 kg，锌肥 1. 5～2 kg，硼肥 1 kg。

（2）追肥：4 月上旬结合浇水亩冲施 25-5-15 或 30-5-10 冲施肥 15～20 kg。蒜薹收获期根据大蒜长势可酌情冲施冲施肥 10～15 kg。

四、夏花生化肥减量增效技术

（一）技术概述

以测土配方施肥技术为依托，以保障国家粮食安全和重要农产品有效供给为目标，以耕地质量保护与提升为基础，牢固树立“增产施肥、经济施肥、环保施肥”理念，依靠科技进步，创新服务机制，转变施肥方式，深入推进科学施肥，广泛应用有机肥，减少不合理化肥投入，走高产高效、节本增效、优质环保的可持续发展之路。

（二）技术措施

夏花生化肥减量增效技术模式主要包括施用生物有机肥、配方施肥、施用缓控释肥料等技术。

1. 施用生物有机肥

每亩施用生物有机肥（有机质≥45%、$N+P_2O_5+K_2O$≥5%、有效活菌数≥2.0亿/g）50 kg，可以起到活化土壤、平衡营养、拟制病菌的作用。结合整地施用。

2. 施用配方肥料

推荐施用45%（15-10-20）或相近配方的肥料。施肥建议：①亩产量水平400 kg以下，在花生团棵期每亩追施40 kg；②亩产量水平400 kg以上，每亩追施40~50 kg。

3. 施用缓控释肥料

推荐施用45%（15-10-20）或相近配方的肥料。施肥建议：在花生苗期追施50 kg/亩。

4. 精细播种

夏直播花生在麦收后抢墒播种，建议6月15日前播完，不能迟于6月20日。适宜的种植密度为每亩12 000穴左右，每穴2粒。

5. 叶面追肥

在花生结荚期，可叶面喷施0.2%~0.3%磷酸二氢钾溶液或1%尿素溶液加2%过磷酸钙浸出液，以延长上部叶功能期，防止早衰，促进荚果成熟饱满，提高产量。

6. 适期收获

在10月上旬，植株上部叶片变黄，大部分荚果果壳硬化，网纹清晰，籽仁饱满，种皮有光泽时应及时收获，防止落果、烂果，影响产量与品质。

（三）效益分析

1. 经济效益

农户常规施肥每亩施用纯N 9.1 kg、$P_2O_5$15.65 kg、K_2O 3.0 kg（按近3年来30户农户施肥情况的平均值），施肥总量为27.75 kg/亩；本技术模式施肥每亩施用45%的配方肥（15-15-15）50 kg，折合纯N 7.5 kg、$P_2O_5$7.5 kg、K_2O 7.5 kg，再加上生物有机肥中的每亩2.5 kg，施肥总量为25.0 kg/亩，节肥量为2.75 kg/亩，节肥18.85元/亩，节肥9.91%。应用此化肥减量增效施用技术，花生产量为423.8 kg/亩，比近3年花生平均产量385.5 kg/亩，增产38.3 kg/亩，增产9.94%，增收191.5元/亩。此技术模式与常规技术相比，增加的其他投入有施用生物有机肥60元/亩、叶面追肥3.5元/亩。由此计算，本化肥减量增效技术模式形成的纯经济效益为191.5+18.85-60-3.5=146.85（元/亩）。

2. 生态效益

实行夏花生化肥减量增效技术模式，通过施用生物有机肥技术，有助于防治耕地盐渍化和土壤板结，使土壤容重降低，孔隙度增加，对土壤结构起到保护作用，并形成适宜的水、肥、气、热环境，利于作物生长；通过使用配方肥料和化肥深施技术，肥料利用率提高，减少化肥用量，节约能源，减轻面源污染，改善生态环境。

3. 社会效益

夏花生化肥减量增效技术的实施，提高了肥料利用率、耕地质量和劳动生产率，是促进现代农业发展的一项重大的农业生产技术，对促进农业节本增效、农民增收、农业可持续发展具有十分重要的作用和意义。

4. 推广前景

夏花生化肥施用减量增效技术可减轻环境污染，改善土壤结构，显著提高农业生产能力，实现农业生产的良性循环。对指导菏泽市今后的农业生产发展规划，加强耕地质量建设，增强农民群众的科学施肥素质，促进花生增产具有很好的指导作用。

五、棉花绿色高产高效栽培技术模式

（一）技术概述

菏泽市大部分棉花种植，采用营养钵育苗移栽，实行大蒜-棉花、小麦-棉花一年两作。棉花营养钵育苗存在费工费时、劳动强度大、棉苗病害重等技术问题。在施肥方面，农民从不认识化肥、排斥化肥，到依赖化肥，盲目地大量地使用化肥，棉花产量增产乏力，品质低下，缺乏市场竞争力，耕地地力快速下降，土壤盐渍化，酸化快速发展，理化性状每况愈下，生态环境受到严重影响。自 2007 年起，菏泽市巨野县进行了基质穴盘育苗试验示范，组装集成了适于鲁西南蒜棉套作的“棉花基质育苗及配套高产栽培技术”，同时大规模开展测土配方施肥技术应用推广，由于该技术轻简、经济适用，很受棉农的欢迎，截至 2016 年底，巨野县推广应用面积达 10 万 hm^2，取得了很好的测土配方、减量施肥、优化良种的效果。

（二）技术效果

通过该技术的推广应用，每亩棉花种植可节约化肥用量 5.29 kg，减少用工 12 个，增收皮棉 4.68 kg，皮棉的纤维长度、弹性可提高 10%左右，衣分增加 1.5%。测土配方施肥的技术应用使化肥的使用量减少，显著提高了土壤有机质、孔隙度，理化性状有所改善，明显提高了耕地质量，减少了肥料的挥发、径流和固定，面源污染得到有效控制，对土壤、水、大气环境的保护具有积极的意义。

（三）适用范围

该技术是山东省菏泽市巨野县146万亩黄泛冲积平原潮土区试验示范、归纳总结而成。巨野县土壤有潮土、盐土2个土类，以潮土分布为主，划分为3个土类6个亚类7个土属85个土种。该项技术适宜在温带大陆性季风气候潮土区推广应用，适宜作物主要是抗虫棉、普通棉花等品种。

（四）技术措施

1. 选用优良品种

抗虫棉品种很多，应尽量选用生长期短的品种，并使用精选包衣棉种。

1.1　常规抗虫棉品种

中棉所30、中棉所41、中棉所45、中棉所29、中棉所38、丰抗棉六号等。

1.2　杂交抗虫棉品种

鲁棉研15号、鲁RH-1、鲁H498、鲁棉研28号、鲁棉研40号、瑞杂816、鲁棉研30号、中棉所62、中棉所78等。

2. 科学配方，减量施肥

2.1　科学配方

棉花作物吸收氮（N）、磷（P_2O_5）、钾（K_2O）三要素之比约为1∶0.5∶1。巨野县土壤成土母质属于黄泛冲积物，土壤类型属于潮土，根据多年土壤分析化验及棉花试验示范，确定棉花追肥配方可选择N-P_2O_5-K_2O为20-8-12、24-6-10，根据当地种植习惯，棉花种植一般都是在大蒜地于4月中旬套种，只能使用棉花追肥。

2.2　轻施提苗肥，重施花铃肥，补施盖顶肥，注重叶面喷肥

5月底至6月初，每亩追施尿素5~10 kg；7月，每亩用氮磷钾配方20-8-12或者24-6-10配方肥30~40 kg；8月，每亩用氮磷钾配方30-0-5或者尿素5~10 kg，以防早衰。花铃期叶面喷施磷酸二氢钾（0.3%~1.0%）+硼砂（0.2%~0.3%）+尿素（1%~3%）。

3. 科学育苗

主要育苗方式有营养钵育苗和基质育苗2种。

3.1　营养钵育苗

3月中旬，是麦后移栽棉进行营养钵育苗的最佳时期，棉花营养钵育苗移栽，利用小拱棚或苗床覆膜，以克服早春低温，实现壮苗早发，解决棉花大田生长期不足的问题，延长有效结铃期。

3.1.1　制钵建苗床

苗床应建在靠近棉田，地势高燥平坦，无枯、黄萎病，无盐碱，易灌排的

地方。苗床宜南北方向，宽度 1.3 m，长 8~10 m，深 14~16 cm，床沿高于地面 4~5 cm。床底要砸实，整平，深浅一致。苗床摆钵前要铺垫一层细沙土或草木灰，以便于起苗。肥沃的钵土是培育壮苗的物质基础。选用有机质含量高，团粒结构好，无枯、黄萎病的肥沃土，经过筛除去草根、砖、石等杂物用作钵土。按照土肥 8：2 或 7：3 的比例掺入腐熟的有机肥混合均匀，并按每亩 5 000个钵土适量加入磷酸二铵 2 kg、氯化钾 1 kg，做到氮、磷、钾养分齐全。

制钵时间可选在冬季农闲时或播种前，营养钵大小一般为直径 6.5~7.5 cm，高 9~10 cm；数量要比实栽用量多 30%左右。摆钵时要将钵体对缝斜摆，摆紧摆实，以防复土后塌漏形成空洞，不利保墒。同时要求钵体顶部高低一致，以保证覆土深浅一致，出苗整齐。在播前 5~7 d 浇水，水量掌握在钵土手握成团，平胸落地碎散即可。

3.1.2　足墒、精播良种

抗虫棉种很多，应尽量选用生长期短的品种并使用精选包衣棉种。移栽棉在 3 月中下旬开始育苗，具体日期以麦收日期往前推 45~50 d 为宜，足墒播种，墒情不足时，可在播种前 2~3 d 用喷壶喷透钵体，使钵体喝足水。播种时每钵放种 1~2 粒，轻压入土，要严防漏播。用过筛后干湿适中、疏松的细土覆盖，厚度 1.5~2 cm，要覆土均匀，深浅一致。覆土后，每 10 m 苗床面积用 1 支床草净（2 mL）兑水 2 kg 均匀喷洒床面，用于苗床除草。除草剂要分床配药，分床使用，切忌 1 次配药多床使用，以防造成苗床药量不均引起药害，常用芽前除草剂有二甲戊灵、氟乐灵，育苗期比较安全的除草剂是敌草胺。根据气温覆盖地膜或搭建小拱棚。苗床可以覆盖地膜，地膜要盖匀、拉紧，四周要用土封严压实，防止大风揭膜。地膜与苗床之间留 2~3 cm 的空隙，以免出苗以后放苗不及时造成高温烧苗。提倡使用蓝色地膜，在弱光下可增加透光率。苗床四周挖好排水沟，防止雨水或客水流入苗床。苗床也可以搭建小拱棚，棚架中间距钵面高度约 50 cm。

3.1.3　科学管理育壮苗

播种至出苗阶段，本着高温足湿促齐苗、严防高温烧苗的原则。促湿的标志是床土湿润，早晨棚内雾气缭绕，膜内结满晶莹露珠。床温控制在 30~35℃，不宜超过 40℃。控温降湿稳长苗，齐苗至 1 片真叶期，床温应保持在 25~30℃，不宜超过 30℃。为防止温度过高，可在白天将弓棚两端掀开通风降温，晚间盖好。此后，可选择晴朗无风天在 8：00—9：00，揭膜晒床，昼揭夜盖，晒到表土发白，苗茎 1/3 发红为准，晒床时间不宜过长，且不可使红茎超过 1/2，不然会成为僵苗。结合晴天揭膜，用多菌灵或者甲基硫菌灵或者半量式波尔多液棉苗喷雾，当棉苗长出第 1 片真叶时，可将喷雾器喷头上的单眼片拆下，喷头朝下沿着棉苗根部喷洒，使棉苗根部及盖籽土有足够的药液淋到。另外，每 100 kg 药液加 200 g 磷酸二氢钾，可促壮苗。每钵播 2 粒种子的要在 1 片真叶期后及时定苗；1 片至 2 片真叶期，防止高脚苗。床温应控制在 20℃左右；2 片真叶后气温稳定在 18℃以上时，可昼夜通风但不揭膜，遇有阴雨、大风降温天气要及时封膜护苗。为防高脚苗可搬钵蹲苗，也可以喷施壮苗素。用甲哌鎓 1 g 加水 65~100 kg 或 25%的甲哌鎓 1 mL 加水 15~25 kg 苗心喷雾。到移栽前 5~7 d 不再盖膜，通过昼晒夜晾增强棉苗适应大田环境的能力。

3.2 基质育苗

3.2.1 基质育苗优势

基质育苗和营养钵育苗相比，具有 8 大优点：一是省工。工厂化基质育苗减少了棉农挖床、筛土、打钵、摆钵等诸多劳动环节。二是操作便捷。基质育苗棚可因地制宜建造，连栋大棚和大、中、小拱棚均可实现安全育苗；既可以一家一户分散育苗，也可以工厂化、规模化集中育苗；定植时既可以人工操作也可以机械作业。三是苗壮。利用苗盘育苗，基质松散，含水量高，适于棉种萌发；同时，基质育苗脱离了土壤，一些土传病害得到控制，整个苗期基本不生病，苗齐、苗壮。四是移栽简便。移栽基质苗比营养钵苗提高效率 1 倍，每公顷可节约用工 7.5 个。五是加快生育期进程。基质育苗时间比营养钵育苗提前 10~15 d，加快了棉花的生育期进程，增加了棉花霜前花，能够发挥一些中晚熟抗病品种的增产优势。六是缓苗期短、成活率高。移栽后 2~3 d 即可恢复生长，并且成活率一般在 95%以上。七是降低果枝始节高度。基质育苗的棉株果枝始节高度降低了 3~4 cm，茎秆粗壮，有效地控制了高脚棉的形成，利于搭好丰产架子；果节间距短，避免了旺长，株型趋于合理。八是产量高。在相同地力情况下可增产 6%~10%。

3.2.2 基质育苗技术

3.2.2.1 备播

（1）品种选择。应选用中晚熟杂交种，以延长有效结铃，发挥单株的个体优势。

（2）晒种。播种前 15~20 d，将棉种摊在竹席或干净的地面上晒种 3 d，以提高发芽率和出苗整齐度，但不要在水泥地上晒种。

（3）基质准备。结合本地资源，经多次试验，棉花育苗基质以东北草炭、蛭石、珍珠岩和腐熟牛粪为原料，按照 4∶2∶1∶3 配比时比较经济合理，育出的棉苗也最为健壮。每公顷棉田需用基质约 900 L。

（4）育苗盘选择。棉花育苗宜选用 105 穴的苗盘，每公顷需 315 个。

3.2.2.2 建棚

主要有 4 种育苗棚：小拱棚、中拱棚、大拱棚和连栋棚，可根据具体情况选用。

（1）小拱棚。棚架为半圆形，高度 1 m 左右，宽 1.5~2.5 m，长度依育苗量而定，棚架用细竹竿（片）按棚的宽度将两头插入地下形成圆拱，拱杆间距 30 cm 左右，拱杆全部插完后，绑 3~4 道横拉杆，使骨架成为一个牢固的整体。这种棚可建在大田也可建在庭院，育苗方式可一家一户，也可连片规模集中育苗，选址灵活，造价低廉；但苗床管理难度大，保温效果差，抗御大风、低温等自然灾害能力差，安全系数低。

（2）中拱棚、大拱棚。采用钢木结构，建棚成本稍高。中拱棚跨度一般为 4 m，高度 1.5 m，长度 10~25 m，人员能够进入，进行苗床管理，棚内温度、湿度也易于控制；大拱棚跨度一般为 8~10 m，高度 2.5 m，长度 30~50 m，简单机器可以在棚内作业，管理方便，容易培育壮苗。和小拱棚相比，这两种拱棚抗灾能力显著增强，苗床管理方便，育苗量大，适于集中育苗。

（3）连栋大棚。钢架结构，占地以育苗量而定，一般 0.27 hm^2棚每年可育 40 余万株优质棉苗。连栋大棚土地利用率高、抗灾能力强，棚内温度分布比较均匀且变化比较平缓，棚边低温带所占比例小；棚内可进行小型机械化作业，便于规模化管理，还可以重复使用，是集中工厂化育苗的理想选择。

3.2.2.3　育苗

穴盘基质棉苗的壮苗移栽标准为 2 叶 1 心，棉株红茎占 2/3，株高 12 cm 左右，苗龄 35 d 左右。当 5 cm 地温大于 17℃时移栽，棉苗扎根快，缓苗期短，棉苗长势好。鲁西南地区 5 cm 地温稳定超过 17℃的时间为 4 月下旬至 5 月初，因此，适宜育苗下种时间为 3 月下旬。

（1）将基质预湿。用淋水器等向基质洒水并翻拌，使基质含水量达 65%~70%。

（2）基质装盘。把苗盘平铺在地面上，用铁锨把基质均匀撒到苗盘上，用棱棍刮平基质，使每个苗盘穴内基质均匀；然后把大约 10 个苗盘整齐地摞起来，在上面放 1 块木板，压实，使每个苗盘每穴成窝。

（3）播种。在苗盘上播种，每穴 1 粒，加基质和蛭石覆盖种子。

（4）摆苗盘。整平育苗棚内的畦面，然后铺 1 层编织袋，以防止棉苗根系下扎，把播完种的苗盘平摆在育苗畦内。

（5）浇水。播种后浇 1 次透水。约 4 d 后开始出苗，7 d 后齐苗。齐苗后用喷雾器喷水 1 次，使棉苗顶起的基质复位，带壳的种子也能脱去种壳。

3.2.2.4　苗床管理

（1）温度控制。棉花从出苗到子叶平展期，适宜温度为 25℃左右；齐苗后可通过及时小通风等控制棚温，防止形成高脚苗。当真叶长出后，苗床温度应控制在20~25℃范围内；若棚内温度超过30℃，需要加盖遮阳网或其他覆盖物，防止烧苗。当棉苗达到“2叶1心”时开始炼苗，上午揭膜通风，下午覆盖，炼苗时间一般为7个昼夜，标准是棉苗红茎占2/3。

（2）湿度控制。应根据实际情况适当调整棚内湿度，育苗期棚内相对适宜湿度为85%~90%，炼苗期适宜相对湿度为60%左右，移栽前棚内相对湿度应与棚外空气湿度基本一致。由于棉苗生长在穴盘内，水分蒸发较快，应根据幼苗长势及时喷水补水，以免因基质含水量低而造成幼苗早衰。另外，最好在起苗前3~6 h浇1次透水，以便于起苗移栽，提高成活率。

4. 移栽定植

4.1　普通定植

田间定植密度以3.5万株/hm^2左右为宜。用配套打孔器在蒜行打孔，把棉苗携基质放入穴内，3~7 d后浇水并查看成活率，缺苗处及时补栽。

4.2　大小行定植

棉花移栽可进行大小行定植，大行距80 cm、小行距60 cm，有效利用阳光，也便于田间管理，是比较好的定植方法。

5. 田间管理措施

针对基质苗无主根、易倒伏和早衰的特点，管理措施的主攻目标是防倒伏、防早衰、保全程健壮生长。主要措施是搞好中耕培土、科学整枝、合理施肥、全程化控、综合防治病虫害等。

5.1　中耕培土

5月底至6月初大蒜收获后及时中耕除草，起垄培土，清除地膜；6月中下旬深中耕8~10 cm，同时搞好2次培土，培育强壮根系。

5.2　整枝

5.2.1　普通整枝法

棉株现蕾后，及时将第1果枝以下的枝叶全部去掉；摘除6月10日以前现的早蕾；7月15—20日打顶心，按照“时到不等枝、枝到看长势”的原则摘掉1叶1心；中部果枝封行时及时打边心，每7~10 d打1次；立秋5 d后现的蕾或白露5 d后开的花为无效花蕾，要及时摘掉；其他赘芽也宜及早去除。

5.2.2　定向整枝法

适合大小行种植法，宽行距少修剪或者免修剪，窄行距重修剪，可合理利用阳光，也便于施肥、除草、打药等农事操作。

5.3　合理排灌

棉花蕾期一般不浇水，花铃期遇10 d以上无雨或20~40 cm土壤含水量低于田间持水量的60%时，需及时浇水，但水量宜小，不可大水漫灌。吐絮期当20~40 cm土壤含水量低于田间持水量的55%时应及时浇水。生育期间遇大雨要及时排除田间积水。

5.4　科学化控

化控要根据地力、气候、棉花长势、品种特性，本着少量多次的原则，分别在蕾期、花铃期分4次进行调控，具体时间和用量分别为：6月下旬喷甲哌鎓7.5~15 g/hm^2、7月上旬喷甲哌鎓15~22.5 g/hm^2、7月中旬喷甲哌鎓22.5~30 g/hm^2、7月下旬喷甲哌鎓30~37.5 g/hm^2。棉花最终株高1 m左右。

5.5　防治病虫害

①棉花种衣剂：22%苯醚·咯·噻虫（苯醚甲环唑+咯菌腈+噻虫嗪）悬浮种衣剂。主要防治蚜虫、地下害虫及立枯、红腐等大部分病害。②苗期搞好棉蚜、棉叶螨、二代棉铃虫等害虫的防治，可用吡虫啉或者啶虫脒+阿维菌素喷防。③蕾期至花铃期重点防治盲蝽、棉蚜、棉红蜘蛛等非鳞翅目害虫，可用吡蚜酮或者噻嗪酮+炔螨特喷防。防治红蜘蛛时，一定要上下打透；防治棉花盲蝽时，一是要适时防治，二是要统一施药，集中进行防治，三是选用高效药剂，混合或交替用药，以确保防治效果。

5.6　科学除草

芽前：乙草胺、氟乐灵、二甲戊灵；苗后：精喹禾灵（单子叶草）、辛酰溴苯腈（双子叶草）、乙羧氟草醚（双子叶草）；大草：草甘膦，草铵膦。

5.7　防烂铃

秋雨较多天气，出现黑色病斑的棉铃要及时摘掉，可用1%乙烯利水溶液浸沾后晾晒，以获得色泽较好的棉花。

5.8　化学催熟

对晚熟棉铃较多、不能适时吐絮的棉田，可采用乙烯利催熟，一般喷药后3~5 d气温保持在20℃以上或枯霜前15~20 d晴天喷雾（即常年在9月下旬至10月上旬）。一般亩用40%乙烯利水剂300~800倍液60 kg，喷雾重点是棉株上的青铃。

5.9　收花

正常棉铃以吐絮5~7 d后采收为宜。采下的棉花要选择清洁干净的场地及时晾晒，晒至牙咬种子能发出清脆的响声时入仓储存或出售。采收时要严禁异性纤维混入棉花，在收摘、装运和储藏过程中禁止使用化纤袋子装花，而应选用棉布袋，同时人员在接触棉花时要戴上棉制帽子，以防毛发混入。收获的棉花要按不同品种、不同级别进行分收、分存、分晒、分售，以提高售棉的质量，实现优质优价。

六、设施黄瓜“有机肥+水肥一体化技术”模式

（一）技术概述

该项技术适用于菏泽市冬暖式日光温室越冬黄瓜种植。

（二）技术措施

1. 品种选择

选用生长势强健、适应性强、耐低温弱光、抗病、丰产、品质优良的品种，如津优5号、中农10号、沃林12号等。

2. 育苗

将砧木黑子南瓜种子和接穗黄瓜种子放在50～55°C温水中浸泡10～15 min，自然冷凉取出种子冲洗干净后，再用育苗基质和育苗盘进行育苗。采用顶插法嫁接。

3. 培育适龄壮苗

定植前，要求培育苗高12 cm左右，4叶1心壮苗。

4. 整地施肥

定植前进行高温闷棚。移栽前，每亩基施猪粪、鸡粪、牛粪等经过充分腐熟的优质农家肥4～5 m^3，或商品有机肥（含生物有机肥）450～500 kg，同时根据有机肥用量基施45%（18-18-9或相近配方）的配方肥40～50 kg。均匀撒施后深翻旋耕深度达到30 cm，活化耕层，防止土壤板结，增强土壤通透性，耙平后做成畦宽70 cm、高20 cm的畦，沟宽60 cm。

5. 定植

8月下旬至9月上旬定植。按每畦栽植2行黄瓜，畦内行距30 cm，株距30 cm，每亩定植2 800～3 400株。每行安装铺设水肥一体化滴灌管，滴孔朝上，并覆盖地膜。

6. 田间管理

6.1　灌溉

定植的当天，要滴灌一次定植水；过5～6 d，滴灌一次缓苗水。灌水量不可过大，灌水量为每亩15～20 m^3。

6.2　追肥

定植后前2次只灌水，不施肥，每次每亩灌水量为15～20 m^3。苗期推荐配方为50%（20-10-20或相近配方）的水溶肥，每次每亩用量为3～5 kg，每隔5～6 d灌水施肥1次，每次每亩灌水量为10～15 m^3，共3～5次；开花坐果后，每次采摘结合灌溉施用配方为49%（18-6-25或相近配方）的水溶肥，

每次每亩用量为 3~5 kg，每次每亩灌溉量为 10~15 m^3，共 8~15 次。

6.3 整枝、绑蔓

单干整枝，及时抹杈、绑秧。用聚乙烯或聚丙烯材料的吊绳吊架。主蔓长到 2 m 时，及时落蔓，保持 15~20 片功能叶，摘除老叶和侧蔓。适当疏瓜，及时摘除畸形瓜。

6.4 病虫害防治

主要防治的黄瓜病虫害有霜霉病、青枯病、根结线虫病和蚜虫、白粉虱等。

6.5 覆盖地膜

用黑色地膜覆盖，提高地温、控制湿度、控制杂草。及时揭盖草苫，尽量延长光照时间；阴雪天气也要进行揭盖，植株接受散射光也能生长。室内温度，白天 20~30℃，夜间 13~15℃，最低夜温最好不低于 12℃。晴天，午间温度达 30℃时，可用天窗通风。特别注意：连续阴天突然转晴，不可马上全揭开草帘或保温被，以防萎蔫。

（三）技术效果

有机肥生产配套技术：将畜禽粪便和辅料加入到高温密闭发酵设备，并在发酵设备内加入专用的 ATMO 高温发酵菌种。启动加热电源通电加热，使温度加热至 90~100℃保持 2 h，然后自动断电使其温度保持在 80~100℃，同时发酵设备内配套的搅拌系统和曝气系统间歇性搅拌和曝气，在发酵设备内整个发酵时间约 10 h。这种快速发酵生产出的有机肥，具有减少氮素损失，使杂草种子和病原菌灭活，降低抗生素含量等优点。

技术效果：一是提高土壤有机质含量，降低土壤容重，增加土壤通透性和保肥保水性能，改良土壤质量；二是提高肥料利用率；三是黄瓜抗逆性增强，抵抗低温及病虫害；四是提高黄瓜品质和产量。黄瓜产量能够达到 12 000 kg/亩以上。

七、设施栽培西瓜“腐植酸液体肥料与化肥配施”肥水一体化技术模式

（一）技术概述

该项技术适用于菏泽市大棚栽培西瓜种植。

（二）技术措施

1. 品种选择

西瓜品种选择“早佳 8424”。早春茬口种植，2 月 10 日前后播种，3 月

20 日前后定植；秋延晚种植，7 月 10 日前后点播，9 月 17 日开始采收，8 月 16 日为始花期，从开花到成熟为 32 d。

2. 肥料品种选择

优质厩肥，氮磷钾水溶复合肥（17-17-17），过磷酸钙（0-18-0），硫酸钾（0-0-50）；大量元素液体肥料（N 100 g/L，P_2O_5 220 g/L，K_2O 180 g/L，Fe 1.5 g/L，Zn 1.0 g/L，Cu 0.2 g/L，Mn 0.2 g/L，B 1.0 g/L，Mo 0.2 g/L）；腐植酸液体肥料（水溶性腐植酸 80 g/L，N 100 g/L（含硝态氮），P_2O_5 220 g/L，K_2O 180 g/L，Fe 1.5 g/L，Zn 1.0 g/L，Cu 0.2 g/L，Mn 0.2 g/L，B 1.0 g/L，Mo 0.2 g/L）。

3. 土壤条件

选择中壤质潮土，土层深厚（耕作层厚 20 cm 以上）。

4. 栽培管理方式

垄畦小拱棚+大棚避雨栽培，密度为 4 500 株/hm^2；优质厩肥 3 0 000 kg/hm^2，过磷酸钙 750 kg/hm^2，硫酸钾 225 kg/hm^2，基肥整地时一次性施入。

5. 施肥管理

第 1 批瓜采摘前 10 天进行第 1 次施肥，兑水 1 500 kg/hm^2，用水泵抽肥水滴灌施入，灌溉用水量为 90～120 m^3/hm^2；之后每次采瓜前 10 天和幼瓜膨大期（幼瓜坐果后，长至鸡蛋大小时）进行滴灌施肥，灌溉用水量为 105～135 m^3/hm^2；共滴灌 12 次，不同处理施肥次数一致。滴灌施肥比较方案见附表 1-2。

附表 1-2　滴灌施肥比较方案

处理编号	处理名称	单次施肥量/（kg/hm^2）
A	CK（常规施肥）	氮磷钾水溶复合肥 75+硫酸钾 75
B	腐植酸+常规施肥	腐植酸液体肥料 30+氮磷钾水溶肥料 75+硫酸钾 75
C	大量元素液体肥料+常规施肥	大量元素液体肥料 30+氮磷钾水溶肥料 75+硫酸钾 75
D	腐植酸液体肥料+70%常规施肥	腐植酸液体肥料 30+氮磷钾水溶肥料 52.5+硫酸钾 52.5
E	腐植酸液体肥料+50%常规施肥	腐植酸液体肥料 30+氮磷钾水溶肥料 37.5+硫酸钾 37.5

6. 技术效果

（1）腐植酸液体肥料与化肥配施，在协调西瓜植株生长性能方面，能促进植株的生长发育、提高植株生长的整齐度；在增产优质方面能显著提高西瓜的产量，提高西瓜中心糖度和边缘糖度，减小西瓜中边糖度差，改善西瓜的口感品质，具有明显的增产和增甜效果。

（2）腐植酸液体肥料与不同量化肥配施，在常规施肥减量30%和50%情况下，配施腐植酸液体肥料对西瓜生长性能、整齐度有一定的促进作用，可以保证西瓜稳产、增产，改善西瓜的口感品质。腐植酸液体肥料在节约氮磷钾肥料施用方面效果明显，科学合理施用在化肥减量30%~50%的条件下，仍可保证西瓜的稳产、增产。

（3）西瓜整个生育期营养需求规律：幼苗期吸收缓慢、伸蔓期渐进吸收、开花前后需磷多、结果膨瓜期吸收进程加速。生产上可以根据西瓜整个生育期营养需求规律，调配不同含量腐植酸液体肥料与化肥配施施肥数量。

附录二　菏泽市特色农作物科学施肥技术规程

一、山药配方施肥技术规程

1. 产地环境

山药对产地没有严格要求，但山药种植区的生产环境应符合 NY/T 5010—2016 要求，达到生产无公害蔬菜农产品的条件。产地应选择土层深厚、疏松肥沃、排水条件好，pH 值在 6.5～8.1，盐分低于 0.6 g/kg 的砂质壤土，前茬作物为禾本科或豆科作物较好。

2. 种植技术

2.1　品种及种子的选择

根据山药种植区域和生长特点选择适合当地生产和有市场需求的优质品种。品种主要选择陈集山药（鸡皮糙、西施山药、淮山药等）等柱型山药。种子可选用圆嘴（由零余子通过无性繁殖长成的小山药）、龙头嘴（山药前部较细的部分）、段子（成品山药切成段）。

2.2　种子处理

（1）种子截取。龙头嘴截取时，要带少量可食部分，重量达到 70～100 g。段子截取长度为 15～20 cm。圆嘴不做截取整薯作种，重量达到 70～100 g。

（2）晒种。圆嘴及龙头嘴，播前晒 3～5 d，段子播前晒 5～7 d。

（3）分级。将种子按大小分为一级、二级、三级。在分级时，随手将龙头嘴、段子，晒后表皮干缩的（退化的）剔除。

（4）催芽。用段子做种的，晒后要进行阳畦或拱棚催芽，当芽露出 1 cm 左右时，取出备播，若同时出 2 个以上芽，留 1 个饱满的芽，其余的全部抹去。

（5）药物浸种。种子晒后、播前，用 50%多菌灵可湿性粉剂 300 倍液浸种 15～20 min。

2.3　整地施肥与播种

（1）茬口选择。山药忌重茬、连作，忌用老菜园。应选择前茬作物是禾本科或豆科作物的地块种植山药。

（2）整地配方施肥。山药是种植在预留的春地上，一般在种植前对土壤进行检测或在种植前的秋季作物收获后对土壤进行检测。一般每生产1 000 kg山药需纯氮4.32 kg、五氧化二磷1.07 kg、氧化钾5.38 kg。氮：磷：钾的比例接近4：1：5。山药种植前先将地整平，然后每亩施商品有机肥300~400 kg（有机质含量在45%以上）、纯氮18 kg、五氧化二磷14 kg、氧化钾25 kg做基肥撒施到地表。磷肥选用生理酸性的含磷物料，钾肥为硫酸钾。同时，每亩施硫酸锌1.5 kg、硫酸锰1.0 kg、硫酸铜1.0 kg、硫酸亚铁2 kg、螯合态钙肥5 kg，硫酸镁15 kg。化肥均匀撒在地表后进行旋耕、轧实。按90 cm的行距放线，按线进行机械开沟，深度150~170 cm，沟宽15~18 cm。

（3）播种。当20 cm地温稳定在10℃时开始播种，时间一般选在清明节前后，4月15日前后播种完毕。播种时在种植畦内开沟，种植沟底的深度以地平面至地面下2~3 cm为好。将选好的种子平放在沟中，芽朝一个方向平放，覆土6~10 cm后轻轻踩踏，使种子与土壤紧密结合。播种密度为5~6棵/m，4 000~4 500株/亩。

3. 田间管理

3.1　中耕除草

播种后第2~3 d采用芽前除草剂封杀杂草。5月结合松土作芽前除草剂1次。如果山药苗未出土可用灭生性除草剂灭草，并将山药的藤蔓扶上杆，将行间的杂草除掉。6—7月进行第2次和第3次除草，这两次除草只能用手拔掉杂草，不能使用除草剂。

3.2　插杆搭架

当苗高长到30 cm时，应及时搭架。材料可选用树条、竹竿等，长度2 m左右。在每棵山药苗旁插1根。架高要达到100~150 cm，最低不应低于80 cm。为防风可绑扎成三脚架，然后将每行的各三脚架用绳连成一体，两端打桩固定。

3.3　追肥

第1次追肥在6月中旬进行，每亩追施纯氮4.0~4.5 kg。第2次追肥在7月中旬进行，每亩追施纯氮4.6 kg、氧化钾5.0 kg。第3次追肥在8月中旬进行，每亩追施纯氮5.5~7.0 kg、氧化钾5.0 kg。8月中旬后至收获（10月中下旬）不再追肥。氮肥用尿素，钾肥用硫酸钾。结合防病每次喷药时每亩喷施磷酸二氢钾100~150 g（纯度98%以上）。

3.4　其他管理措施

（1）引蔓上架。当蔓秧长到50 cm以上时，应及时人工引蔓上架。

（2）疏通三沟。在雨季到来之前，要及时挖好田间垄沟、毛沟、田边排水沟，接通大沟河，即疏通内外三沟，以保证排水通畅，防止田间积水。

（3）整枝摘蔓。山药藤蔓上架后，基部如出现侧枝，应及时摘去，以利于集中养分，增加块根产量。

4. 病虫害防治

主要病虫害有炭疽病、褐斑病、蝼蛄、蛴螬、金针虫、蚜虫。

4.1　防治原则

按照“预防为主，综合防治”的植保方针，坚持以“农业防治、物理防治、生物防治为主，化学防治为辅”的无害化控制原则，科学合理防治，保证生产安全的山药产品。

4.2　农业防治

（1）实行一年以上的轮作。

（2）阴雨天注意排涝。

（3）增加通透性，避免株间郁蔽高湿。

（4）采收后将留在地上的病残体集中烧毁，并深翻减少越冬菌虫源。

4.3　物理防治

通过黄板诱蚜杀灭蚜虫。

4.4　药剂防治

（1）炭疽病。6 月中旬起每亩用 80%代森锰锌可湿性粉剂 50 g 兑水 50 kg 喷施，每 10~15 d 喷施 1 次。

（2）褐斑病。7 月上中旬起每亩用 50%异菌脲可湿性粉剂 40 g 兑水 50 kg 喷施，每 7~10 d 喷施 1 次。

（3）蝼蛄、蛴螬、金针虫。每亩用 1 kg 辛硫磷颗粒剂防治。

5. 采收

5.1　采收时间

10 月下旬，当茎叶全部枯黄后准备采收。先从地上 20 cm 以上剪掉主茎，再抖落茎蔓上的零余子，分别拾、扫地面的枝叶和零余子。也可以根据市场行情来确定采收时间，市场行情不好时可以让山药在田间越冬，春节后采收。

5.2　采收方法

要用专用山药铣采挖，从垄的一头开始，在垄两侧沟内去土，挖长约 70 cm、深以山药的深度而定的空间，再向两侧铲土，把山药茎块周围的土刨去，使山药整体外露，用手抓住山药垄头向上提（托）取出整薯，再依次挖取山药。

5.3　处理分级

块根表面不附有污染或其他外来物，无腐烂、病虫、机械伤，按一定长度分级包装，整齐度要达到90%以上。

6. 贮藏

采收后，10月下旬至翌年3月上旬，可采用常温（0℃以上）屋贮、沟贮，翌年3月下旬以后进行4~6℃恒温贮藏。

6.1　常温贮藏

在室内采用1层湿沙1层山药的办法，逐层堆积贮藏。也可采用堆积法贮藏，即底层和顶层为沙，厚8~10 cm，中间堆7~8层山药，如空气特别干燥，最外层还应覆上薄膜以保湿。

6.2　恒温贮藏

入库前剔除病虫危害块茎，并按质量标准分级。温度控制在4~6℃，湿度控制在80%~85%。

二、油用牡丹肥水管理技术规程

牡丹是毛茛科芍药属牡丹组落叶灌木。油用牡丹除具有极高的观赏价值和药用价值外，种子含油量还较高。牡丹籽油中不饱和脂肪酸超过90%，其中α-亚麻酸（ALA）含量达43.18%，牡丹籽油中含亚油酸26%油酸21%。此外，牡丹籽油中VE含量高达316.2 mg/kg，还含有植物甾醇、多酚类物质等多种营养成分。目前，油用牡丹品种主要是凤丹牡丹和紫斑牡丹。

1. 产地环境

油用牡丹耐瘠薄不耐盐碱，耐干旱不耐潮湿。种植油用牡丹应选择土壤肥沃，排水条件好的地块。一般要求土壤盐分低于0.6 g/kg，pH值为6.5~8.2，有机质含量较高、便于排水的地块种植油用牡丹。种植区的生产环境应符合NY/T 5010—2016要求，种植地应远离城区、工矿区、交通主干线、工业污染源、生活垃圾场等易造成污染的环境。

2. 苗期水肥管理技术

2.1　整地施肥

油用牡丹育苗地宜选择地势平坦、干燥向阳处，土壤质地以砂壤为最佳，pH值为6.5~8.1，盐分低于0.6 g/kg，排灌条件好。

牡丹育苗无论是育苗畦育苗还是大田直播，整地时须施足底肥，每亩施用充分腐熟的商品有机肥200~300 kg，或充分腐熟的饼肥200 kg或腐熟的厩肥2 000 kg。严禁施用不经发酵腐熟的鸡、牛、羊等动物排泄物。同时每亩施纯N 4~5 kg，P_2O_5 8~9 kg，KCl 8~10 kg。氮肥为硫酸铵或尿素；磷肥为过磷酸钙或重过磷酸钙或磷酸一铵；钾肥为硫酸钾。为减少牡丹苗期病虫害对牡丹苗的危害，整地时每亩施入 10~15 kg 辛硫磷颗粒剂和 4~5 kg 百菌清等作为土壤杀虫杀菌剂。

2.2　播种育苗

（1）播种时间。种子宜当年采当年播。播种的最佳时间在 8 月下旬至 9 月中旬。过晚当年发根少而短，且翌春苗木生长纤弱。

（2）种子处理。油用牡丹播种前要用 50℃以下的温水浸种 24~48 h，使种皮软化，吸水膨胀易于萌芽。浸种后拌以适量草木灰再播种更利于发芽出苗；用赤霉素（GA）浸种 12 h 也利于萌芽和小苗生长。如不能立即播种，可先将种子用等量细沙拌匀后沙藏，但沙藏时间不能超过 20 d。

（3）畦播、机播、条播或点播。畦播时作畦高度一般为 10 cm，畦宽可根据实际情况或地膜宽度确定。将处理好的种子均匀撒在苗床上，踏实覆土 3~5 cm，然后覆盖地膜以利于保墒、提高地温。畦播每亩用种量为 150 kg，机播时每亩用种量为 100 kg。将处理好的种子倒入播种机内，播种深度 3~5 cm，行距 20~25 cm。为节约用种也可采用点播、条播的方式进行播种。机播、点播或条播后覆盖地膜。为防止风将地膜吹坏，在地膜上均匀地压少量土。

2.3　水分管理

无论畦播还是大田直播，土壤墒情一定要好，土壤水分 75%（相对含水量）左右为最佳。翌年 2 月下旬到 3 月中旬，当地温上升到 4~5℃时揭去地膜，然后浅散表土、拔除杂草。油用牡丹田里的杂草只能拔除，不能使用除草剂。

春季气温回升到 18~25℃时，水分蒸发量大，土壤干旱时要浇小水，最好采用喷灌的方式补充水分。

春季结合除草，叶面喷施磷酸二氢钾，喷施浓度为 0.3%。油用牡丹苗期要注意防治立枯病和黑根病，用多菌灵进行防治。

3. 大田水肥管理技术

3.1　栽植技术

（1）整地施肥。每亩施充分腐熟的商品有机肥（有机质含量 45%以上）250~300 kg 或充分腐熟的厩肥 1 500~2 000 kg，另外施牡丹专用肥（12-15-18）40~50 kg，硼砂（酸）、硫酸锌、硫酸锰各 1.0~1.5 kg。为防治地下害虫及土传病害，每亩用 1.5%辛硫磷颗粒剂 10~15 kg，50%的多菌灵可湿性粉剂 2~3 kg。深翻 25~30 cm，耙细整平。

（2）牡丹苗分级及处理。对 2 年生的油用牡丹苗进行分级，苗根茎 0.5 cm以上苗长 20 cm 为一级苗；苗根茎 0.3 cm 以下或病苗、虫苗、弱苗要剔除。用 800 倍福美双浸泡油用牡丹苗 5~10 min，晒干后栽植。

（3）栽植时间。栽植时间以 9 月中旬至 10 中旬为最佳时间。

（4）栽植方法及密度。栽植时用铁锨或间距与株距等同的带柄 2~3 股专用叉插入地面，撬开宽度 5~8 cm、深度 25~33 cm 的缝隙，将牡丹苗放入缝隙中，牡丹苗的根茎低于地表面 2 cm 左右，将根系舒展开，然后踏实，使土与根系紧密结合。栽植后按行用土封成 5~8 cm 的土埂，以利于越冬。栽植密度为3 000株/亩左右，（80+30）cm 宽窄行栽植，或密度为5 555株/亩左右，采用 20 cm×60 cm 栽植，1~2 年后隔 1 株剔 1 株，剔除的牡丹建新牡丹园，或作观赏类牡丹的砧木。

3.2　田间水肥管理

（1）施肥。油用牡丹喜欢有机肥、磷钾肥及微量元素铁锌硼肥。油用牡丹施肥原则是以有机肥为主，无机肥为辅，有机无机结合，配施中微量元素肥料。

栽植后的第 1 年不需要施肥，第 2 年开始追肥，第 1 次在春分前后，每亩施牡丹专用肥（12-15-18）40~50 kg，同时施硫酸锌、硼砂（酸）、硫酸锰各 1.0~1.5 kg，硫酸亚铁 8~10 kg。第 2 次追肥在入冬前进行，每亩施商品有机肥 300 kg 左右，同时亩施牡丹专用肥（12-15-18）40~50 kg。施肥方法可以采用穴施或条施。

第 3 年起每年施 3 次肥。第 1 次花前肥，以无机肥为主。每亩施牡丹专用肥（12-15-18）40~50 kg；开花前可喷施磷酸二氢钾 50 kg，浓度为 0.2%~0.3%。第 2 次开花后半个月，每亩追施牡丹专用肥（12-15-18）40~50 kg，同期追施硫酸锌、硼砂（酸）、硫酸锰各 1.0~1.5 kg，硫酸亚铁 8~10 kg。第 3 次冬前肥，入冬前将每亩 300 kg 左右的商品有机肥和 30~40 kg 牡丹专用肥（12-15-18）混合后施入土壤。

（2）浇水。牡丹为肉质根，不耐水湿，应保证排水通畅，避免田间有积水。

油用牡丹浇水掌握以下 4 个时期：一是 1~2 年生小苗在土壤干旱时；二是在特别干旱炎热的夏季；三是大苗在严重干旱的年份；四是追肥后土壤干旱。

浇水的方式以喷灌最好。浇水量的掌握：一是田间没有积水，二是浇水后土壤含水量在 75%左右或用手握 20 cm 处土壤能成团，松手后落地即散开。油用牡丹不应经常浇水，以防病害发生。

三、芦笋丰产栽培技术规程

1. 育苗

1.1　整地施肥

选择土壤疏松，肥水条件好，透气性强的壤土或砂土。育苗田亩施芦笋配方肥（18-7-17）50 kg、有机肥 500 kg（或者农家肥 2 500~4 000 kg），均匀撒肥后深翻 30 cm 左右，再旋耕 2 遍使土、肥拌匀，土块打碎，地面平整。根据土地的长度作畦，为便于放风操作畦长 15 m 为佳，畦宽 1.0 m，畦垄走道高 15 cm、宽 40 cm，荡平畦面准备播种育苗。

1.2　品种选择

作为多年生经济作物，芦笋种植一定选用高产、优质的一代杂交种，这样才能保证 15 年以上的高产丰收，目前国内种植多选用“盛丰 f1”“2000-3f1”2 个杂交种，以上 2 个新品种生长速度快（移栽半年后即可采收，2 年后进入丰产，萌芽多，粗大均匀，产量比之前的老品种高 30%~40%，抗病性提高 63%，属于绿芦笋、白芦笋兼用型品种）。

1.3　育苗时间

一般在 3 月上中旬采用小拱棚育苗，若小拱棚结构结实能覆盖棉毡、草苫等保温材料也可提前到 2 月中下旬；如果在早春移栽，可利用温室大棚于 1 月育苗，春季 4 月就可以移栽。根据笋农选地茬的不同，夏、秋播种育苗亦可。总之，每年的 3—9 月的任何一天，均可进行播种育苗。早春、晚秋育苗苗龄期 80 d 以上可以移栽；夏季育苗生长速度较快，苗龄期 60 d，地上茎 2~3 根，地下根 5~7 根，苗高 20 cm 以上，均可移栽。

1.4　种子处理

（1）晾晒。利用晴天的中午，先把种子在木板净布上晾晒 2~3 h。

（2）浸泡。芦笋种子皮厚坚硬，外被蜡质吸水困难，播前必须浸种、催芽。方法是：先用 30~40℃的温水浸泡种子，用手简单搓洗种子，使其表皮蜡质破坏后沉入水中（捞出漂浮的秕籽），水温自然冷却后放置于室内，此后每天换自然温度的井水 1 次。一般浸泡 3 d，除第 1 次用温水外，此后均用凉水浸泡。

（3）催芽。种子浸泡 3 d 后，已经充分吸水膨胀，将水滤出，放入干净的空盆中，在室内 25~28℃环境下进行催芽。为防止闷种，种子摊放的厚度不超过 5 cm，上面覆盖干净的湿布防止种子表面落干；每天用自然温度的井水淘洗种子 1 次，把水倒掉覆盖湿布。因季节温度的不同，种子催芽的时间不等，早春、秋季催芽 4~5 d，夏季催芽 3~4 d，当种子有 10%左右的胚根露白时，催芽完成，即可进行播种。

意外情况下的处理：如果催芽几天后，种子已经达到 10%~20%的发芽，需要播种；但出现连续降雨大风等特殊情况无法播种时，可将催好芽的种子用湿布包好，外用塑料袋套上，放在 5~10℃的环境下存放，如冰箱的保鲜箱、恒温库等。但需要每天进行淘洗，让种子生长停滞，以免发芽太长，播种时会弄断唯一的幼芽。此种处理可以延迟播种时间 7~10 d。不能简单地将种子一直浸泡在水中以降低出芽率速度，这样做会抑制种子的呼吸作用，导致种子生长不正常，时间长了也会导致种芽腐烂。

种子发芽的温度：芦笋种子发芽与温度关系极为密切，种子发芽的最适温度是 25~30℃。20℃时 17 d 发芽率仅为 27%，25℃和 30℃时经 8 天发芽率即分别达 98%和 91%，35℃时经 8 d 发芽率只有 31%，因此温度过高或过低都会影响发芽率。

1.5　播种育苗

芦笋的育苗方法有多种，如撒播、点播、条播、穴盘、营养钵等，都可以进行芦笋育苗。下面把使用最多的早春点播、营养钵育苗方法做详解，夏季育苗、秋季育苗参考早春育苗的方法。

（1）早春点播育苗。播前将苗畦面灌足底墒水，用平直的细木条把畦面划平，待水渗下后，按株、行 10 cm 划好直线，将催芽后的种子单粒点播在交叉点上，然后用筛子将土均匀地筛在畦面上，覆土 2~3 cm。

（2）早春营养钵育苗。选择口径 7~9 cm 的塑料营养钵，种植 1 亩芦笋需要 50 g 种子，2 300~2 400粒。准备2 400个营养钵，苗床面积约 20 m^2。畦宽 1.0 m，长 20 m。苗床走道比畦面高 15 cm，把苗畦中混合好的营养土（先前施入过配方肥或农家肥，此即为育苗的营养土）装入营养钵里，从一端开始摆放，每个钵排紧、挤实，钵的下部围土，上部不留缝隙，摆完后，上面高矮水平一致，撒上 1~2 cm 的细土弥补缝隙，用木条抹平。整个苗畦灌足大水，把营养钵充分浇透，水渗下去后，就可以播种，每个钵内点 1 粒种子。播种后上面覆土 2~3 cm 厚，用木条把覆盖的土抹平整。

（3）封闭除草。把苗床上覆盖的土用小水喷湿后，盖土，表面喷二甲戊灵除草剂 1 遍，（亩用药量 50 mL 兑水 30 kg），可确保笋苗正常萌发，同时控制杂草的滋生。

（4）地下害虫的控制。喷施过二甲戊灵封闭性除草剂后，畦面上每亩撒 3~5 kg 炒熟的麸皮（拌入 300~500 g 辛硫磷乳油），可有效控制苗床地下害虫的危害。

（5）覆膜保温。早春育苗为了提高地温、保持湿度，播种后立即插竹片建小拱棚，棚的高度 0.6~0.8 m，宽度 1.0 m，并及时覆盖塑料薄膜。保持 5 cm以下地温为白天 25~30℃、夜间 15~18℃。

（6）苗期通风。播种后一般 11~13 d 开始陆续出苗，出齐苗后，畦内温度超过 32℃要及时打开小拱棚的两边、两头进行通风散热，15：00 后封闭通风口。

（7）苗期水肥。小苗出土 30 d 后，要补充水肥，每亩撒尿素 20 kg，冲大水使尿素颗粒完全溶解并渗入地下。出苗后 40 d，逐渐加大通风口进行炼苗，以增强对外界环境的适应性。出苗 50 d 后，可以撤去覆盖的薄膜，让小苗在自然环境下生长。

（8）病害预防。苗期多半在小拱棚的保护下生长，因此没有病害的发生；薄膜去掉后，如遇下雨，可在雨后及时喷施 300 倍液的百菌清 1 遍，预防苗期茎枯病的发生。

（9）夏季育苗。4—8 月为夏季育苗，苗床的准备、种子处理、播种、盖土等操作与早春相同，不同的是夏季不需要做小拱棚保温，而是覆盖草苫给苗床降温。为保持苗床湿度，间隔 3~4 d 对草苫喷水 1 次，播种 10 d 后，在傍晚撤掉草苫，小苗陆续出土。

（10）秋季育苗。9 月初育苗操作与夏季育苗相同，此时温度下降，播种后多观察苗床墒情及时喷水，可以不覆盖草苫，至 11 月底小苗进入休眠时，苗高 20 cm 以上，露地自然休眠即可，12 月对苗床灌 1 遍越冬水，不需要对苗床做特殊的保护，根系可以安全越冬。

9 月中旬至 9 月底前育苗，需要和早春育苗一样，苗床建小拱棚保护，整个冬季小拱棚一直封闭保温，保护小苗根系越冬。

2. 定植

2. 1　定植地的选择

芦笋对于酸碱度的要求不甚严格，凡 pH 值在 5. 3~8. 5 的土壤均可进行栽植。为了获得高产稳产，最好选择具有水浇条件，富含有机质的壤土或砂壤土。芦笋地怕积水，切忌选用地下水位过高和夏季易于积涝的地块。

2. 2　土地的整理

土地的整理有 2 种方式。

（1）全部深耕。每亩施入农家肥 10 m^3、芦笋配方肥 50 kg，均匀撒在整个田间后，用大功率拖拉机全部深耕 30~40 cm 深，旋耕打平后，准备移栽。因为芦笋的根系会向两边伸展 1. 0 m 的长度，因此全部深耕是更科学的处理方法。

（2）挖定植沟。在选择好的土地上，按行距要求打好直线（白芦笋行距 1. 8~2. 0 m，株距 21~23 cm，亩定植密度1 600棵。绿芦笋小面积的行距 1. 4~1. 5 m、株距 22~23 cm，亩定植密度2 000棵；大面积的行距 1. 8~1. 9 m、株距 18~20 cm，亩定植2 000棵），沿直线挖定植沟，沟宽 40 cm，沟深 40 cm，将上面 20 cm 的熟土放定植沟的左边，下面 20 cm 的生土放定植沟的右边。将每亩 50 kg 的农家肥填入沟内，把左侧的 20 cm 熟土回填入沟底，用机器把填入的肥料和熟土混合均匀，然后把右侧 10 cm 的生土回填在上部，这样沟面略低于原地平面 10 cm，耧平沟面，此时定植沟成中间高、两面低的小凹面。

2.3　起苗定植

待芦笋幼苗地上茎长出 2~3 根、苗高 20 cm 以上，即可进行移栽定植。点播培育的苗子，起苗时先沿笋苗株、行中间，用铁铲割成方块，然后带土将苗起出，按必要的株距，在定植沟里略挖小坑 5 cm 深，埋土至土块的上部，用手按实；营养钵苗要抽掉塑料钵体，埋至土团的上部，埋土用手按实。此时，笋苗鳞茎盘低于地平面 15 cm，浇灌充足的稳苗水，使定植沟自然踏实，等水渗下后，适时搂锄松土保墒，弥合裂缝。移栽后 30 d 内，查苗、补苗，确保全苗。

2.4　定植后的管理

每年早春 4—11 月的 7 个月里，芦笋任何一天都可以移栽定植。定植后要视墒情适时浇水，为加速笋苗生长，移栽后应及时追肥浇水，可以间隔 15 d、20 d、30 d 补充水肥 1 次，每次用肥量分别为 20 kg、30 kg、40 kg 芦笋配方肥，在距离笋棵 20 cm、30 cm、35 cm 处开小沟把肥料埋入，开沟深度不要超过 10 cm 以免伤根。每次追肥后必须随机浇大水，以便肥料溶解、被根系吸收利用。

（1）早春移栽的芦笋，当年配方肥用量为 250 kg。

（2）夏季移栽的芦笋，当年配方肥用量为 200 kg。

（3）秋季移栽的芦笋，当年配方肥用量为 50 kg。

（4）11 月底芦笋休眠后，利用冬闲，每亩施入农家肥 3~5 m^3，均匀撒入笋垄间，旋耕 10 cm 深埋。

（5）12 月上冻之前，对整个芦笋地浇 1 遍越冬水，确保根系安全越冬。

3. 防治病虫害

芦笋为多年生作物，除移栽第 1 年的新芦笋田病害相对较少外，其他年份要注重病虫害的防治。

3.1　病害

主要防治芦笋茎枯病、锈病、根腐病、褐斑病等病害，可采取综合防治，以预防为主，“防病不见病，稳产又高产”。

（1）早春认真清园，彻底拔除干枯休眠的地上茎，将清扫的枯枝落叶运至远离芦笋地的地方做无害化处理。对地面喷 50%多菌灵可湿性粉剂 300 倍液，对土壤进行消毒，可以有效预防茎枯、根腐等病害的发生。

（2）适时松土、除草，及时拔除意外病死的茎。改善通风透光条件，对低洼处易积水的笋株，每年用 45%施纳宁 300 倍液灌根 1 遍，可有效预防芦笋根腐病的发生和蔓延。

（3）对于芦笋影响最大的是茎枯病，茎枯病由半知菌亚门球壳孢科茎点霉属真菌引起。它繁殖须满足 2 个条件：第一，温度要达到 16~36℃，适宜温度23~26℃；第二，必须有水作为介质，才能分裂繁殖，繁殖后原地侵害笋茎，或者随水流动到别处侵害，二者缺一不可。其发病规律：新发展的笋地，病菌基数少，病害轻。老笋地病菌残留多，病害重，每间隔10~12 d出现1次发病高峰。黄河流域7—10月为高发期，11月后温度降低、雨水减少，病害很少发生。芦笋棵子干枯休眠，残存的病菌在病株上、或散落在地表上越冬。芦笋下端的茎部、上端的分枝，都会感染茎枯病。

防治的要点：喷药要喷匀、喷透，地面、茎、枝叶都要喷到，不能只喷枝叶。

常用的药物配方：

A. 50%多菌灵可湿性粉剂300倍液+80%代森锰锌可湿性粉剂300倍液。

B. 80%代森锰锌可湿性粉剂300倍液+50%百菌清可湿性粉剂300倍液。

（4）芦笋褐斑病也是芦笋的常见病，危害没有茎枯病严重，但会造成生长不良、来年减产。病菌随病残组织在土壤中越冬，来年发生危害。主茎、分枝、拟叶都可能被感染。感染后为褐色圆斑，多个相连后成卵圆型大斑。褐斑病一般侵害表皮组织，深入不到髓质内部，不会导致整根笋棵死亡。褐斑病的防治药物与茎枯病相同，在防治茎枯病的同时，褐斑病基本都能被控制住。

生长期间的芦笋田，每隔7 d左右喷1次，喷药时要以地面以上60 cm的主茎为主，上部枝叶为辅，要喷透喷匀，以上病害都有较好的防治效果。

3.2　虫病

危害芦笋的主要害虫是营养生长期间的甜菜夜蛾、采收期间的蓟马等。甜菜夜蛾发生时，可喷500倍液11.6%甲维·氯虫苯悬浮剂1~2次即可；蓟马发生时，可用高效低毒的吡虫啉、啶虫脒喷施：50%吡虫啉可湿性粉剂3 000~4 000倍液，5%啶虫脒可湿性粉剂2 000~2 500倍液，早晚喷雾防治。

4. 清园、消毒

每年的早春采收前，白芦笋、绿芦笋都要彻底清园。清园就是把上年秋季生长结束后干枯的地上茎全部割掉，运到芦笋田外做无害化处理，为采收做好准备。

用清园机（或者人工）在地面下2~3 cm处割掉，干枯的棵子运出田外，散落的碎枝等搂干净一并运出。

整个地面喷50%多菌灵可湿性粉剂300倍液1遍，对土壤表面杀菌消毒。

5. 培垄、采笋

5.1　培垄时间与方法

（1）培垄时间：于3月下旬（采笋前15~20 d）进行。

（2）培垄方法：培垄之前，每亩撒芦笋配方肥20 kg，笋垄旋耕10 cm，使土肥拌匀，疏松的垄土作为培垄之用。

绿芦笋培垄：沿着笋芽萌发的直线，用弧形培垄机培土 15 cm 高度即可。

白芦笋培垄：沿着笋芽萌发的直线，用培垄机培土，培垄要直，高度要适宜。一般垄高 25~30 cm，上宽 30~40 cm，底部宽 60~80 cm，培垄时要做到不培偏垄，不伤根系。

5.2　采笋时间与方法

绿芦笋采收：根据销售目标的不同，绿芦笋采收长短不一。销售给加工厂做加工出口的，采收的长度 22~23 cm，切掉白根后长度 20 cm。每天早晚 2 次采收，采收工具为方形篮子、剪刀。做内销的绿芦笋，采收长度 30 cm。

白芦笋的采收：白芦笋以加工出口为主，采收的长度 22~23 cm，切齐后长度 20 cm 为标准。

（1）嫩笋出土之前垄的顶部土壤表面有“裂缝”或“顶瓦”现象，均为应该采收的笋芽，用手扒开土面，使笋芽露出，用采笋刀从基部切断。

（2）采笋时要细心，不要碰伤周围其他不应采的嫩笋，采出的笋芽要放入采笋方形篮内，上盖湿布，避免风干、风化变色，确保嫩笋质量。

（3）采后封穴要拍实，若封土松，易造成嫩笋弯曲、畸形，降低芦笋质量。

6. 停采、放垄

绿芦笋一般采取先采收 30 d，留母茎 30 d 后，再采收 30~40 d，一般在 7 月15 日前后停止采收，进入营养生长期。

因为培垄的关系，白芦笋一般采取一气呵成的采收方式，即开始后一直采收，到 7 月 10 日停止采收，及时进行放垄。放垄要在晴朗天气时进行。为促进芦笋地上茎生长旺盛，放垄之前，每亩将 42%芦笋配方肥 75 kg+2~3 m^3 的农家肥撒入垄沟里，埋入扒下来的垄土中，放垄后的垄背仍留有 15 cm 左右的高度，处于垄高、沟低的曲背状。

四、无公害农产品大蒜生产技术规程

1. 产地环境

产地环境应符合无公害农产品产地环境条件。无公害大蒜生产基地选址必须满足区域范围明确，具备一定的生产规模，生态环境良好、无污染，远离工矿区和铁路干线，避开工业和城市污染源的影响，保证周边土壤没有较大的污染源，没有工业、生活、医疗废弃物与污染物。基地附近有清洁的水源，不得使用城市污水灌溉。

大蒜喜好冷凉的环境条件，其生长适宜温度为12~25℃。大蒜为长日照植物，以12 h以上的日照和15~20℃的温度为最佳。大蒜适宜于地势干燥、排灌方便、土层深厚、疏松肥沃、中性或微酸性的土壤种植，忌与葱蒜类蔬菜连作。

2. 品种选择

2.1　选择原则

品种选用优质、丰产、抗逆性强的品种。秋播大蒜应选抗寒力强、休眠期短的品种。

2.2　品种选用

精选具有品种特征、肥大圆整、蒜瓣整齐、颜色一致、无病斑、无伤残、无霉烂、无虫蛀、顶芽未受伤的蒜头，淘汰夹瓣蒜，按蒜瓣大、中、小分级，分别用于播种。适宜山东种植的大蒜品种有苍山蒜、苏联蒜等。

2.3　种子处理

用77%硫酸铜钙可湿性粉剂按种子量的0.2%~0.3%兑水3~4 kg，喷拌均匀，堆闷6 h后播种；或者用2.5%咯菌腈悬浮种衣剂100 g，兑水2.5 kg，拌种150 kg左右，晾干后播种，可有效防治大蒜菌核病、红根腐病、干腐病、疫霉根腐病、细菌性软腐病。

3. 整地、播种

3.1　整地

土地整平后，要深耕20~25 cm。耕翻后，适当晒垡，然后耙地，做到耙透、耙平、耙实，消灭明暗坷垃，达到上松下实。根据不同的种植方式做成平畦、高畦，平畦宽2 m或4 m，畦埂宽40~45 cm；高畦宽60~80 cm，沟宽20~25 cm，沟深20 cm。

3.2　土壤处理

（1）防治地下害虫。每亩用40%辛硫磷乳油500 mL加1.8%阿维菌素乳油100~150 mL兑水2 kg，拌细土50 kg撒施垡头或顺播种沟撒施，对根蛆、根螨均有很好的防治效果，严禁使用高毒、高残留农药及其复配制剂。

（2）防治土传病害。每亩用77%硫酸铜钙可湿性粉剂1 kg或50%多菌灵可湿性粉剂2 kg拌细土50 kg撒施播种沟，预防大蒜根茎部病害。

3.3　播种

菏泽市适宜秋季播种。适宜播期为9月下旬至10月上旬，最佳播期为10月5—10日，即日平均温度稳定在21℃左右时。主要是平畦栽培，行距16~20 cm，株距8~15 cm；提倡高畦、高垄栽培，行距12~14 cm，株距8~10 cm。采用开沟播种，沟深5 cm，深浅一致，蒜瓣大头向下，种瓣腹背连线与行向平行，覆土1~1.5 cm。大蒜种植的适宜密度为22 000~30 000株/亩。

（1）开沟播种平畦、高畦栽培。先在栽培畦一侧开沟，深3~4 cm，按株距播种，再按行距开第2条沟，用沟土覆盖第1条沟，依此顺序进行。播完后耙平畦面，浇水。高垄栽培，在栽培垄上开沟，深3~4 cm。干播时，先按株距播种，覆土后浇水；湿播时，先在沟中浇水，待水渗下后按株距播种，覆土。

（2）打孔播种按行、株距打孔。深3~4 cm，每孔播1枚种蒜瓣，然后覆土整平，浇水。平畦、高畦或高垄栽培均可采用。

3.4 覆膜

选择厚度为0.006~0.010 mm，宽度为200~400 cm规格的地膜。推广使用标准加厚地膜或降解地膜。覆膜时，必须将地膜拉紧、拉平，使其紧贴地面，膜的两侧要压紧。播种后灌水4 d左右，蒜苗出土1/5~1/3时，进行放苗。可在清早用浸水的麻袋拉或用扫帚拍，连拉（或拍）2~3 d。不能破膜的，用铁钩人工放苗。

4. 田间管理

4.1 灌溉

播种后2~5 d灌水，灌足灌透；12月上中旬（掌握在强寒流侵袭前）浇越冬水；翌年4月5—10日，地温稳定在13~15℃时，壮苗期浇小水；4月20日前后，旺盛生长期浇水量可大些；5月上旬蒜头膨大期浇大水，浇足浇透。

4.2 施肥

无公害大蒜施肥的原则是以有机肥为主，配方施少量的化肥；以底肥为主，追肥为辅。最后一次追施化肥应在收获前30 d进行。为保证高产高质，推荐以下肥料施用标准（附表2-1）。

附表2-1

肥料名称	用量	施用时间	施用方法
有机肥	每亩施腐熟畜禽粪便2 000~3 000 kg或饼肥100~200 kg或精制有机肥160~200 kg	9月下旬播种前底肥	撒施均匀，可在播种前单施，也可与有机肥混合使用，然后翻耕
碳酸氢铵	每亩50 kg		
过磷酸钙	每亩50 kg		
氯化钾	每亩15 kg		
硫酸锌	每亩1.5 kg		

（续表）

肥料名称	用量	施用时间	施用方法
速效肥尿素或可溶性腐殖酸或氨基酸或海藻酸肥料	速效肥尿素 15 kg/亩或可溶性腐殖酸或氨基酸或海藻酸肥料 15 kg/亩	翌年 4 月上旬	结合浇壮苗水冲施
磷酸二氢钾或可溶性腐殖酸或氨基酸或海藻酸肥料	磷酸二氢钾每亩用 0.5 kg 溶于 50 kg 水中或可溶性腐殖酸或氨基酸或海藻酸肥料 20 kg/亩	翌年 4 月中旬	喷施

4.3　病虫草鼠害防治

（1）防治原则。按照“预防为主，综合防治”的原则，优先采用农业防治、生物防治、物理防治，合理使用化学防治，禁止使用国家明令禁止的高毒、高残留农药。

（2）防治方法。农业防治：选种选用抗病品种或脱毒蒜种。播前晒种 2~3 d。加强栽培管理深耕土壤，清洁田园，与非葱蒜类作物轮作 2~3 年。有机肥充分腐熟，密度适宜，水肥合理。物理防治：采用地膜覆盖栽培；利用银灰地膜避蚜；每20 000~40 000 m^2设置一盏频振式杀虫灯诱杀害虫；采用1∶1∶3∶0.1 的糖∶醋∶水∶90%敌百虫晶体溶液，每亩放置 3~4 盆诱杀成虫。生物防治：采用生物农药防治病虫害。每亩用 1.8%阿维菌素乳油 50~80 mL；或苏云金杆菌乳剂 2~3 kg 防治葱蝇幼虫和叶枯病。化学防治：应符合农药安全使用相关要求。推荐使用以下农药（附表 2-2）。

附表 2-2

主要防治	农药名称	使用量	使用时间	使用方法	安全间隔期/d
叶枯病	10%苯醚甲环唑水分散粒剂	每亩用 30~60 g	发病前或初期	叶面喷雾。一季作物最多施用 3 次	10
	60%唑醚·代森联水分散粒剂	每亩用 60~100 g		喷雾，间隔 7~10 d 连续施药，每季作物最多施药 3 次	21
	50%异菌脲可湿性粉剂	50%异菌脲可湿性粉剂 800 倍液或 70%甲基硫菌灵可湿性粉剂 600 倍液	发病时	交替使用，5~7 d 喷 1 次，连喷 3~4 次	32（参照人参）
	70%甲基硫菌灵可湿性粉剂				30（参照小麦）
	50%异菌脲可湿性粉剂	50%异菌脲可湿性粉剂 1 500 倍液或 450 g/L 咪鲜胺每亩 50 g	发病盛期	均匀喷雾	7
	450 g/L 咪鲜胺				10

（续表）

主要防治	农药名称	使用量	使用时间	使用方法	安全间隔期/d
蒜蛆	35%辛硫磷微囊悬浮剂	每亩 520~700 mL		灌根，每季最多使用 1 次	17
大蒜灰霉病	50%腐霉利可湿性粉剂	喷洒 50%腐霉利可湿性粉剂1 000~1 500 倍液；或 50%多菌灵可湿性粉剂 400~500 倍液；或 50%异菌脲可湿性粉剂 1 000~1 500 倍液	发病初期	7~10 d 喷 1 次，连喷 2~3 次。均匀喷雾，应交替轮换使用	5（参照番茄）
	50%多菌灵可湿性粉剂				30（参照水稻）
	50%异菌脲可湿性粉剂				32（参照人参）
大蒜病毒病	20%吗胍·乙酸铜可湿性粉剂	喷洒 20%吗胍·乙酸铜可湿性粉剂 500 倍液；或 1.5%烷醇·硫酸铜乳剂 1 000 倍液；或用 20%烷醇·硫酸铜悬浮剂 400~600 倍液	发病初期	7~10 d 喷 1 次，连喷2~3 次。均匀喷雾，应交替轮换使用	3（参照西瓜）
	1.5%烷醇·硫酸铜乳剂				15（参照芥菜）
	20%烷醇·硫酸铜悬浮剂				5（参照番茄）
大蒜紫斑病	70%代森锰锌可湿性粉剂	喷洒 70%代森锰锌可湿性粉剂 500 倍液；或 30%氢氧化铜悬浮剂 600~800 倍液	发病初期	7~10 d 喷 1 次，连喷 2~3 次。均匀喷雾，应交替轮换使用	20
	30%氢氧化铜悬浮剂				1（参照西洋参）
大蒜疫病	40%三乙膦酸铝可湿性粉剂	喷洒 40%三乙膦酸铝可湿性粉剂 250 倍液；或 722 g/L 霜霉威水剂 600~800 倍液；或 70%代森锰锌可湿性粉剂 400 倍液；或 64%噁霜灵可湿性粉剂 500 倍液	发病初期	7~10 d 喷 1 次，连喷 2~3 次。均匀喷雾，应交替轮换使用	10
	722 g/L 霜霉威水剂				3（参照黄瓜）
	70%代森锰锌可湿性粉剂				20
	64%噁霜灵可湿性粉剂				4
大蒜锈病	70%代森锰锌可湿性粉剂	喷洒 70%代森锰锌可湿性粉剂 1 000 倍液；或 25%三唑酮可湿性粉剂 2 000 倍液	发病初期	7~10 d 喷 1 次，连喷 2~3 次	20
	25%三唑酮可湿性粉剂				3
葱蝇成虫	50%辛硫磷乳油	采用 50%辛硫磷乳油 1 000 倍液；或 2.5%溴氰菊酯 3 000 倍液	产卵时	喷雾或灌根	10
	2.5%溴氰菊酯				7

（续表）

主要防治	农药名称	使用量	使用时间	使用方法	安全间隔期/d
葱蓟马	50%辛硫磷乳油	采用50%辛硫磷乳油1 000倍液；或2.5%高效氯氟氰菊酯乳油3 000~4 000倍液	发病初期	喷雾	10
	2.5%高效氯氟氰菊酯乳油				7
疫霉根腐病	60%唑醚·代森联分散粒剂	60%唑醚·代森联分散粒剂600倍液或77%硫酸铜钙可湿性粉剂600倍液	发病初期	交替使用，5~7 d喷1次，连喷3~4次	21
	77%硫酸铜钙可湿性粉剂				30（参照大姜）

注：最后一次喷施农药应在收获安全间隔期前进行。农药使用以最新版本为准。

化学除草：首先应选用对作物安全、对环境友好的除草剂品种，其次根据地块间不同的草相，不同的杂草密度，选用不同除草剂配方。合理使用，禁止超量使用（33%二甲戊灵乳油200~250 mL/亩、33%二甲戊灵乳油150~200 mL/亩加24%乙氧氟草醚乳油30~40 mL/亩）。具体使用方法是：按每亩的用药量兑水30~50 kg，于灌水2~3 d后干湿适中时将药液均匀地喷在地面上。喷药时要倒退操作，防止脚踏地面破坏土表药膜，影响除草效果。喷除草剂后应立即盖膜，以保持地面湿润，提高除草效果。

5. 采收

5.1　蒜薹收获

蒜薹顶部开始弯曲，薹苞开始变白时为采收时期，采取徒手拔薹。拔薹时间最好在晴天中午和午后进行，此时植株的叶鞘与蒜薹容易分离，并且叶片有韧性，不易折断，可减少伤叶。

5.2　蒜头收获

蒜头的收获标准为：大蒜植株的基部叶片干枯，上部叶片逐渐呈现枯黄，顶部叶片3~4片保持绿色；观察蒜头，蒜瓣背部已凸起，瓣与瓣之间沟纹明显。时间一般在拔完蒜薹后15~20 d。收获时一定要用专用工具挖蒜不创破不撞伤。收获后要及时用蒜秸将蒜头盖好，以防太阳暴晒造成蒜头糖化；挖出蒜头后就地晾晒1~2 d，然后剪秆、削胡、分级、晾晒、贮藏。

（1）分级。干透的大蒜头按蒜头大小和质量分级。无公害大蒜按规格分为特级蒜头（横经≥70 mm，梗柄长≤15 mm）、一级蒜头（横经≥60 mm，梗柄长≤15 mm）、二级蒜头（横经≥50 mm，梗柄长≤15 mm）、三级蒜头（横经<50 mm，梗柄长≤15 mm）；按外观形态、品质分为一等、二等、三等。

（2）包装。无公害大蒜应按规格等级分别包装，单位重量一致，大小规格一致，包装箱或包装袋要整洁、干燥、透气、无污染、无异味，无公害标志设计要规范，包装上应标明品名、品种、净含量、产地、经销单位、包装日期等。

（3）贮运。无公害大蒜存放区要有明显的标识，放入专用的恒温库贮存，禁止和其他非无公害产品混存，无公害大蒜运输使用专用运输工具，装车前采用84消毒液进行车辆清洗，保证运输过程中不污染大蒜产品。

6. 生产档案

生产要建立田间生产资料使用记录、生产管理记录、收获记录、产品检测记录及其他相关质量追溯记录，并保存3年以上。

五、葡萄水肥一体化技术规程

1. 术语与定义

1.1　水肥一体化

水肥一体化又称微灌施肥，是借助微灌系统，将微灌和施肥结合，以微灌系统中的水为载体，在灌溉的同时进行施肥，实现水和肥一体化利用和管理，使水和肥料在土壤中以优化的组合状态供应给作物吸收利用。

1.2　微灌

微灌是利用微灌设备组装成微灌系统，将有压水输送分配到田间，通过灌水器以微小的流量湿润作物根部附近土壤的一种局部灌水技术。

2. 产地环境

选择土层深厚、中等肥力以上，水源良好，排灌方便的地块。

3. 水肥一体化技术要求

3.1　微灌施肥系统的组成

微灌施肥系统由水源、首部枢纽、输配水管网、灌水器4部分组成。

（1）水源。包括地下水、库水、塘水、河水等。

（2）首部枢纽

a. 水泵。根据水源状况及灌溉面积选用适宜的水泵种类和合适的功率。

b. 过滤器。井水作灌溉水源宜选用筛网过滤器或叠片过滤器。库水、塘水及河水作灌溉水源时要根据泥沙状况、有机物状况配备旋流水砂分离器和砂过滤器。

c. 施肥器。根据果园面积和施肥量多少选择自动搅拌式施肥器、压差式施肥罐、文丘里注入器或注肥泵。

d. 控制设备和仪表。系统中应安装阀门、流量和压力调节器、流量表或水表、压力表、安全阀、进排气阀等。

（3）输配水管网。输配水管网是按照系统设计，由PVC或PE等管材组成的干管、支管和毛管系统。干管宜采用PVC管或PE管，采用地埋方式，管径90~150 mm。支管宜采用PE软管，管壁厚2.0~2.5 mm，直径为40~

60 mm，支管沿果园走向长的一侧铺设。毛管宜采用 PE 软管，管壁厚 0.4~0.6 mm，直径为 15~20 mm，与支管垂直铺设。每行树铺设 2 条毛管。

（4）灌水器。灌水器宜采用滴灌管或微喷头。内镶式滴灌管滴头间距 50 cm，流量为 1~3 L/h；管上式滴灌管每株果树设 4 个滴头，流量为 2~12 L/h；微喷头流量为 40~90 L/h，喷洒半径在 3~4 m，每株果树设 1 个微喷头。地面坡度大于 10%的果园宜采用压力补偿式灌水器。

3.2　微灌肥料的选择

微灌肥料可在下述肥料中选择。

（1）微灌施肥专用肥料。根据作物生育期选择不同配方的微灌施肥专用肥料。

（2）常规肥料。尿素、硫酸铵、硝酸钙、硝酸铵钙、磷酸一铵、磷酸二氢钾、硫酸钾、硝酸钾等。

（3）水溶肥料。预溶解过滤后施用。

（4）螯合态微量元素肥料。

3.3　微灌施肥系统的使用

（1）使用前冲洗管道。使用前，用清水冲洗管道 15~30 min。

（2）施肥后冲洗管道。施肥后，用清水继续灌溉 15~30 min。

（3）系统维护。每 30 d 清洗肥料罐 1 次，并依次打开各个末端堵头，使用高压水流冲洗干、支管道。按设备说明书要求保养注肥泵。大型过滤器的压力表出口压力低于进口压力 0.6~1 个大气压时清洗过滤器。小型单体过滤器每30 d清洗 1 次，水垢较多时可用 10%的盐酸水溶液清洗。首部过滤系统要选择配有自动反冲洗功能的过滤器。

4. 栽培管理

4.1　土壤管理

土壤管理应根据品种、气候条件等因地制宜灵活运用。

（1）生草覆盖。提倡葡萄园种植利用绿肥或作物秸秆覆盖，提高土壤有机质含量。

（2）深耕翻。一般在新梢停止生长、果实采收后，结合秋季施肥进行深耕，深耕 20~30 cm。秋季深耕施肥后及时灌水；春季深耕较秋季深耕深度浅，春耕在土壤化冻后及早进行。

（3）清耕。在葡萄行和株间进行多次中耕除草，经常保持土壤疏松和无杂草状态，园内清洁，病虫害少。

4.2　施肥

（1）根据葡萄的施肥规律进行平衡施肥或配方施肥。使用的商品肥料应是在农业行政主管部门登记使用或免于登记的肥料。

（2）肥料的种类

a. 允许施用的肥料种类

有机肥料包括堆肥、沤肥、厩肥、沼气肥、绿肥、作物秸秆肥、泥炭肥、饼肥、腐殖酸类肥、人畜废弃物加工而成的肥料等。微生物肥料包括微生物制剂和微生物处理肥料等。化肥包括氮肥、磷肥、钾肥、硫肥、钙肥、镁肥及复合（混）肥等。叶面肥包括大量元素类、微量元素类、氨基酸类、腐殖酸类肥料。

b. 限制施用的肥料

限量使用氮肥。限制使用含氯复合肥。

（3）施肥的时期和方法。葡萄一年需要多次施肥。

a. 土壤基肥：一般于果实采收后，以有机肥为主，并与磷钾肥混合施用，采用深 40～60 cm 的沟施方法。每亩施发酵腐熟农家肥（有机肥）1 500～2 500 kg，穴施或条施（15-15-15）复合肥 50 kg。

b. 微灌追肥：葡萄生长季节的追肥推广使用微灌技术进行。

c. 叶面追肥：结合喷药进行。一般花期喷 1 次 0.1%～0.3%的硼砂，生长前期喷 2～3 次 0.2%～0.3%尿素，中后期喷 2～3 次 0.2%～0.3%磷酸二氢钾。

微量元素螯合态的可以随滴灌进行，硼和铁通过叶面喷施的方式进行补充，缺乏严重时可和有机肥一起施用。最后 1 次叶面施肥应距采收期 20 d 以上。

（4）施肥量依据地力、树势和产量的不同，参考每产 100 kg 浆果一年需施纯氮（N）0.25～0.75 kg、磷（P_2O_5）0.25～0.75 kg、钾（K_2O）0.35～1.1 kg的标准测定，进行平衡施肥。

4.3　水分管理

萌芽期、浆果膨大期和入冬前需要良好的水分供应。成熟期应控制灌水。在多雨季节容易积水，需要有排水条件。

4.4　整形修剪

（1）冬季修剪根据品种特性、架式特点、树龄、产量等确定结果母枝的剪留强度及更新方式。结果母枝的剪留量为：篱架架面 8 个/m^2左右，棚架架面6 个/m^2左右。冬剪时根据计划产量确定留芽量。

留芽量=计划产量/（平均果穗重×萌芽率×果枝率×结实系数×成枝率）

（2）夏季修剪在葡萄生长季的树体管理中，采用抹芽、定枝、新梢摘心、处理副梢等夏季修剪措施对树体进行控制。

4.5　花果管理

（1）调节产量。通过花序整形、疏花序、疏果粒等办法调节产量。建议成龄高品质园每亩的产量控制在1 500 kg左右。

（2）果实套袋。疏果后及早进行套袋，但需要避开雨后的高温天气，套袋时间不宜过晚。套袋前全园喷布1遍杀菌剂。红色葡萄品种采收前10~20 d需要摘袋。对容易着色和无色品种，以及着色过重的西北地区可以不摘袋，带袋采收。为了避免高温伤害，摘袋时不要将纸袋一次性摘除，先把袋底打开，逐渐将袋去除。

5. 微灌施肥

高产园追肥次数多达11次以上。一般采用微灌施肥的方式进行。高品质葡萄注意控制氮肥的施用量，具体施肥时间及用量见附表2-3。

附表2-3　葡萄微灌施肥制度

生育时期	灌溉次数	灌水定额/（m^3/亩·次）	每次灌溉加入的纯养分量/（kg/亩）				备注
			N	P_2O_5	K_2O	$N+P_2O_5+K_2O$	
伤流期—萌芽期	1	30	0.8	0.8	0.8	2.4	滴灌时每次加入含腐殖酸的有机液肥3 kg。硬核期开始至着色期滴灌时每次添加1 kg的钙、镁水溶肥。微量元素肥料以叶面施肥的方式补充。本规程适用于黄淮海平原区
新梢生长—开花前	3	15	0.6	0.6	0.6	1.8	
花后—硬核前	2	12	1.3	1.3	1.3	3.9	
硬核—着色前	2	12	1.0	0.52	2.21	3.73	
着色—采收期	2	12	1.0	0.52	7.21	8.73	
采收后、落叶—休眠	1	15	1.4	1.4	1.4	4.2	
合计	11	162	10.6	8.68	25.44	44.72	

6. 病虫害防治

6.1　病虫害防治

防治原则贯彻“预防为主，综合防治”的植保方针。以农业防治为基础，提倡生物防治，按照病虫害的发生规律科学使用化学防治技术。

化学防治应做到对症下药，适时用药；注重药剂的轮换使用和合理混用；按照规定的浓度、每年的使用次数和安全间隔期（最后一次用药距离果实采收的时间）要求使用。对化学农药的使用情况进行严格、准确的记录。

6.2　植物检疫

按照国家规定的有关植物检疫制度执行。

6.3　农业防治

秋冬季和初春，及时清理果园中病僵果、病虫枝条、病叶等病组织，减少果园初侵染菌源和虫源。采用果实套袋，合理间作，适当稀植，滴灌、树下铺膜等技术。加强夏季管理，避免树冠郁蔽。

6.4　药剂使用准则

（1）禁止使用剧毒、高毒、高残留、有“三致”（致畸、致癌、致突变）作用和无“三证”（农药登记证、生产许可证、生产批号）的农药。禁止使用的常见农药见附录A。

（2）提倡使用矿物源农药、微生物和植物源农药。常用的矿物源药剂有波尔多液、氢氧化铜、松脂酸铜（预制或现配）等。

7. 植物生长调节剂使用准则

允许赤霉素在诱导无核果、促进无核葡萄果粒膨大、拉长果穗等方面的应用。

8. 除草剂使用准则

禁止使用苯氧乙酸类（2,4-滴、2-甲-4-氯胺盐及其酯类、盐类）、二苯醚类、取代苯类除草剂除草剂；允许使用莠去津，或在葡萄上登记过的其他除草剂。

9. 采收

根据果实成熟度和市场需求综合确定采收适期。成熟期不一致的品种，应分期采收。

六、秋葵水肥一体化技术规程

1. 产地环境

秋葵的生产环境应符合NY/T 5010—2016要求达到生产无公害蔬菜农产品的条件。选择土层深厚、中等肥力以上、水源良好、排灌方便的地块。

2. 水肥一体化技术要求

2.1　微灌施肥系统组成

微灌施肥系统由水源、首部枢纽、输配水管网、灌水器4部分组成。

（1）水源。包括地下水、库水、塘水、河水等。

（2）首部枢纽。

a. 水泵。根据水源状况及灌溉面积选用适宜的水泵种类和合适的功率。

b. 过滤器。井水作灌溉水源宜选用筛网过滤器或叠片过滤器。库水、塘水及河水作灌溉水源时要根据泥沙状况、有机物状况配备旋流水砂分离器和砂过滤器。

c. 施肥器。根据种植面积和施肥量多少选择自动搅拌式施肥器、压差式施肥罐或文丘里式施肥器。

d. 控制设备和仪表。系统中应安装阀门、流量和压力调节器、流量表或水表、压力表、安全阀、进排气阀等。

(3) 输配水管网。输配水管网是按照系统设计，由 PVC 或 PE 等管材组成的干管、支管和毛管系统。干管宜采用 PVC 管或 PE 管，采用地埋方式，管径 90～150 mm。支管宜采用 PE 软管，管壁厚 2.0～2.5 mm，直径为 40～60 mm，支管沿种植行走向长的一侧铺设。毛管宜采用 PE 软管，管壁厚 0.4～0.6 mm，直径为 15～20 mm，与支管垂直铺设。在每个窄行内铺设 1 根毛管。

(4) 灌水器。灌水器宜采用滴灌管。内镶式滴灌管滴头间距 50 cm，流量为 1～3 L/h。

2.2　微灌肥料选择

秋葵微灌施肥常用肥料是尿素和螯合态中微量元素肥料。

2.3　微灌施肥系统使用

(1) 使用前冲洗管道。使用前，用清水冲洗管道 15～30 min。

(2) 施肥后冲洗管道。施肥后，用清水继续灌溉 15～30 min。

(3) 系统维护。每 30 d 清洗肥料罐 1 次，并依次打开各个末端堵头，使用高压水流冲洗干、支管道。按设备说明书要求保养注肥泵。大型过滤器的压力表出口压力低于进口压力 0.6～1 个大气压（atm）时清洗过滤器。小型单体过滤器每 30 d 清洗 1 次，水垢较多时可用 10%的盐酸水溶液清洗。首部过滤系统要选择配有自动反冲洗功能的过滤器。

3. 栽培管理

3.1　种植时间

露地栽培时间为 4 月 20 日谷雨前后，地温稳定通过 14～15℃。

3.2　整地作畦

每亩撒施充分腐熟的厩肥 5 000 kg 或商品有机肥 300 kg。同时，每亩施尿素 15 kg、过磷酸钙（$P_2O_5 \geq 16\%$）40～50 kg、硫酸锌 1.5～2.0 kg，混匀深翻 30 cm 耙平作畦。露地栽培多采用大小行种植，大行 70 cm，小行 45 cm，畦宽 2 m，每畦栽 4 行，株距 40 cm；或采用窄垄双行种植，垄宽 1 m，每垄种 2 行，行距 70 cm，株距 40 cm，畦沟宽 50 cm。

3.3　播种

秋葵采用直播的方式进行种植，每亩用种 0.7 kg。播前于 30～35℃浸种 12 h，后置于 25～30℃条件下催芽，约 24 h 后种子开始出芽，待 60%～70%种子露白时播种。播种以穴播为宜，每穴 3 株，穴深 2～3 cm。

3.4　定苗、铺设滴灌带

破心时进行第 1 次间苗，间去残弱小苗。2～3 片真叶时第 2 次间苗，选留壮苗。3~4 片真叶时定苗，每穴留 1 株。定苗后在窄行内铺设 1 条滴灌带。

3.5　追肥

秋葵生长期长，生长期内要求较高的温度和土壤湿度。定苗后开始进行滴灌，第 1 次滴清水 1 h，第 2 次开花期，从开花期始每 7~10 d 滴灌 1 次，每亩次滴纯氮 3.5 kg+螯合态锌 0.2 kg+螯合态铁 1.5~2.0 kg。生长后期滴灌时每次增加磷酸二氢钾 2.0~2.5 kg。

3.6　采收

秋葵采收的是嫩果，一般花谢后 4~7 d，嫩果长到 5~8 cm 时即可采收。以果实外表鲜绿色，果内种子未老化为度。采收时间以 8：00 前和傍晚为佳。采收时从果柄处剪下，避免伤害枝干。

3.7　其他管理措施

（1）除草。秋葵播种后出苗前可使用对阔叶类杂草和禾本科杂草有防治效果的除草剂进行除草。

（2）病虫害的防治。使用防治秋葵病虫害的药剂时要注意农药的残留期，所用药剂一定要选用无公害蔬菜的适用农药，喷雾时尽量不要喷在花器或嫩果上。

七、早春甜瓜科学施肥技术规程

1. 产地环境

甜瓜种植应选择无污染的砂壤土或壤土，地势要平坦，田间水利设施配套，排灌方便，土层深厚、疏松，耕层土壤厚度在 15 cm 以上，土壤富含有机质，有机质含量在 15 g/kg 以上。种植地应远离城区、工矿区、交通主干线、工业污染源、生活垃圾场等易造成污染的环境。

2. 育苗

2.1　品种选择

选择本区域适应性广、中早熟、优质丰产、抗病、耐低温、耐湿、耐弱光且适合本地消费习惯的品种。甜瓜面积达到一定规模时，在选择品种时不要选择过于早熟的品种，要有主导品种，引进新品种时必须先在本区域内进行试验示范。常用品种有蜜玉 1 号、蜜玉 2 号、蜜宝、甜玉 2 号、花雷、冰翡翠、景甜 5 号、星甜 18 号、绿宝石 2 号等。嫁接栽培时选用德高铁柱做砧木。

2.2　育苗棚的建造及苗床选择

育苗棚应建在避风向阳且能排能浇的地方。普通拱棚育苗应采用草苫加大（中）拱棚加草苫加小拱棚 4 层覆盖；育苗床应采用温床，主要有电热温床、火炕温床等。工厂化育苗一般采用日光温室、温室内加暖风炉、地面铺盖电热毯的方式提早育苗。根据栽培面积、密度和每平方米育苗面积确定育苗床面积。一般育苗数量应比栽培数量多15%~20%。育苗床床底应平整，床宽度为1.2~1.5 m，深15~20 cm。

2.3　营养土配制

选取未种过瓜菜地块的表土，敲细过筛，与已过筛的充分腐熟有机肥等按7∶3的比例混匀。每立方米土加磷酸二氢钾50~80 g；或者磷酸一铵2 kg、过磷酸钙5~10 kg，经堆压后待用。苗床和床土最好用多菌灵或百菌清等消毒，每立方米加50%多菌灵可湿性粉剂40 g。如育苗土中加生物肥料，土壤消毒要提前20 d左右，播种前4~5 d摊开晾晒24 h。

采用营养穴盘育苗时一定要选择瓜类育苗的专用基质，穴盘可选择50穴的穴盘。

2.4　种子处理

（1）选种。播前进行选种，有条件的可以进行粒选除去秕种。将选好的种子放在阳光下晒2~3 d，以促进种子内部的活力，提高种子的发芽势和发芽率。

（2）浸种。将种子放入55~60℃温水中进行烫种，不停搅拌直至水温降至30℃，然后将种子放在20~30℃温水中浸种6~8 h，用水搓洗干净种皮上的黏液消除发芽抑制物质，并用清水冲洗干净，再用0.1%高锰酸钾溶液进行消毒15 min，再用清水冲洗干净。

（3）催芽。把消过毒的种子用清洁、湿润的纱布或毛巾包好，放在28~30℃的恒温条件下进行催芽。当有50%以上的芽长至0.3 cm时可以播种。如果遇到天气不适宜播种时，将种子摊开盖上湿布，温度保持在10~15℃，当天气好转时立即播种。

（4）播种。一般在1月上旬播种。嫁接育苗提前7~10 d播种。提前10~15 d进行扣棚增温，播种前5~7 d将苗床浇足底墒水，使营养土湿透，避免播种时苗床温度过低，湿度过大。播种时将催出芽的种子平放在营养钵中，切勿直放，以免带帽出土，影响生长势，然后覆0.5 cm厚的药土，最后覆上地膜。也可以事先在营养钵中扎一个0.5 cm深的小洞，把种芽放到洞中，然后覆盖药土和地膜。播后一定要保证苗床的温度，以免因温度过低影响出芽。

选晴天上午播种。在播种前苗床浇透水，将催好芽的种子播于营养钵或营养土块中，薄皮甜瓜种子覆土0.7~0.8 cm。随即盖地膜搭小拱棚，夜间注意保温保湿，可加盖草苫。穴盘育苗，播种深度1~1.5 cm，淋透水后，苗床覆盖地膜。

先播种甜瓜籽，待甜瓜苗出土后（4~5 d）时再播砧木籽。砧木出芽后直接播种到浇透水的营养钵，每钵播 1 粒，芽朝下，覆以 1~1.5 cm 厚的潮湿细土。播完后上面盖 1 层地膜保温、保湿。

2.5　苗床管理

（1）温度。出苗前苗床应密闭，温度保持在 30~35℃，温度过高时覆盖草苫遮光降温，夜间覆盖草苫保温。当有 70%左右的苗出土时，于傍晚揭去畦面的地膜。白天温度 20~25℃，夜间温度 16~18℃，控制浇水。若土干裂，可覆盖少量潮湿的细土以减少蒸发。嫁接前 1~2 d 要适当通风炼苗，以提高幼苗的抗逆性。

（2）湿度。苗床湿度以控为主，在底水浇足的基础上尽可能不浇或少浇水。采用嫁接育苗时，在嫁接后的 2~3 d 密闭苗床，使苗床内的空气湿度达到饱和状态；嫁接 3~4 d 后逐渐降低湿度，可在清晨和傍晚湿度高时通风排湿，并逐渐增加通风时间和通风量；嫁接 10~12 d 后按一般苗床的管理方法管理。采用基质育苗的，注意适时喷水，喷水后及时通风。

（3）光照。幼苗出土后，苗床应尽可能增加光照时间。嫁接后 2 d 内，苗床应进行遮光，第 3 天清晨和傍晚除去覆盖物接受散射光各 30 min，第 4 天增加到 1 h，以后逐渐增加光照时间，1 周后只在中午前后遮光，10~11 d 后按一般苗床的管理方法管理。

（4）其他管理。及时摘除砧木上萌发的不定芽。

2.6　嫁接及嫁接后的管理

嫁接方法可选择插接、靠接和劈接 3 种方法。嫁接前一天晚上将砧木苗浇透水，用 77%氢氧化铜可湿性粉剂 500 倍液或 50%甲基硫菌灵悬浮剂 500 倍液，对砧木、接穗及周围环境喷雾消毒。嫁接要在温室中进行，首先将嫁接场所遮阳，保持温度在 25℃左右，同时支好小拱棚。小拱棚地面要低于温室地面 5 cm，浇足水。嫁接完以后覆盖薄膜和纸被遮阳保湿。嫁接苗在嫁接后的前 2~3 d，白天温度控制在 25~28℃，进行遮光，不宜通风；嫁接后的 3~6 d，白天温度控制在 22~28℃，夜间 18~20℃；嫁接后 8~12 d 是瓜秧导管形成期，此期要求白天温度 25℃，夜间温度 15℃，相对湿度 80%，加大放风量，覆盖物晚盖，增加日照时数，以不打蔫为准。15 d 后到定植前 3 d，白天温度 28~30℃，夜间温度 13℃，控制水分，加大昼夜温差，炼苗促幼果。

3. 定植前的准备

3.1　大（中小）棚的构造

拱棚跨度以 4~6.2 m 为宜，跨度太小保温升温效果差，太大抗风抗雨雪能力差。

3.2　覆盖方式

春季塑料大棚薄皮甜瓜早熟生产多采用 3 膜 1 苫或 2 膜 1 苫的覆盖方式。

根据棚的结构大小决定膜的多少。在塑料大棚内架设1层小拱棚，拱棚跨度根据棚的宽度来决定，高度70~80 cm，棚膜只压实一边，以方便揭盖。地面用黑色地膜全覆盖。草苫覆盖在最外层小的薄膜上。

3.3 配方施肥

拱棚甜瓜种植密度较大，生育期较短，需肥量较大，以有机肥为主，化肥为辅，有机无机相结合。在重视大量元素肥料的同时补充中微量元素肥料。根据甜瓜的需肥规律，采用配方施肥。甜瓜对氮、磷、钾的吸收比例为2∶1∶3.7，每生产1 000 kg甜瓜，需吸收氮2.5~3.5 kg、磷1.3~1.7 kg、钾4.4~6.8 kg。在甜瓜种植前进行土壤检测，根据检测结果确定施肥品种及施肥量。一般每亩施充分腐熟的优质厩肥5 000 kg或商品有机肥2 000 kg，结合整地施于土壤中，同时施纯氮15 kg，五氧化二磷10 kg，氧化钾20 kg（钾肥用硫酸钾）。同时，每亩施硫酸锌1.0~1.5 kg、硼砂1.0~1.5 kg、硫酸锰1.0 kg，做基肥施入土壤。

3.4 整地

整地时一般作畦宽1.2 m的高畦栽双行，株距60~70 cm，或者整成宽0.9 m的高畦，株距40~50 cm的单行栽植。

4. 定植

4.1 定植苗标准

当苗龄40~45 d，主蔓粗壮，叶片肥厚，子蔓长出0.3~0.5 cm时即可定植。

4.2 定植时间

在定植前10~15 d，进行扣棚增温。大棚定植一般在2月下旬，中棚在2月底至3月初，小棚在3月中下旬。定植时间应掌握三看：一看甜瓜苗龄，甜瓜的日历苗龄一般为30~40 d，生理苗龄2~3叶1心并进行低温锻炼后便可以进行定植；二看棚内的地温，10 cm地温稳定在12℃以上；三看天气晴好，冷尾暖头，定植后3~5 d光照充足。

4.3 定植密度

根据品种及整枝方式的不同，确定不同的栽培密度。一般株距为60~65 cm，小行距40 cm，大行距160 cm，平均行距100 cm，每亩定植1 000~1 200株。

4.4 定植方法

定植时要适当进行遮阴，避免光线太强造成瓜苗萎蔫。定植时往窝里浇水，浇水量以浇透为准，当窝里水快要渗完时栽苗。或者栽完后再浇透水，栽植时一定要浅栽，切勿栽植过深，以免造成缓苗困难。定植后根据土壤的干湿度确定是否需要及时覆盖地膜，如果土壤墒情适合覆盖地膜，地膜覆得越早，地温升得越快，根系下扎越快，缓苗就越早，便于甜瓜的生长。同时，覆盖地膜后还可以降低棚内空气湿度，减少病害的发生。

5. 田间管理

5.1 温度管理

定植后前期以保温为主，白天棚温一般 28~30℃，夜间 17~19℃，以利于缓苗。在保证正常温度下，草苫要进行早揭晚盖，以便于延长光照时间。开花坐果前，一般白天棚内温度 28~30℃，夜间 15~17℃。坐果后，白天棚内温度 25~30℃，夜间 13~15℃，加大昼夜温差，利于干物质的积累，提高甜瓜的品质。

5.2 肥水管理

甜瓜是一种既不耐旱又不耐涝的作物，应根据不同的气候、土壤和生育期进行不同的肥水管理。甜瓜灌水的原则是坐瓜前不浇水或少浇水，坐瓜后及时浇灌肥水，灌水一般在晴天上午进行，掌握地面干湿交替原则。

定植时浇足定植水，一般开花前不再浇水，以免因水分过多，造成植株徒长，降低植株的抗逆性，有时会因土壤含水量过高，造成沤根和返根（即土壤表层出现大量的根，而根系下扎缓慢，影响植株长势）现象。如果过于干旱，可在开花前 7~10 d 浇初花期水，避免在盛花期因缺水而造成授粉不良，引起落花落果现象。

第 1 批瓜坐住后，及时浇水追肥，随水每亩冲施复合肥（12-8-20）10~15 kg。果实膨大期保持土壤见干见湿。果实成熟期不浇水施肥。第 1 批瓜始收，进入多个生育阶段重叠时期，维持土壤相对含水量 70%~80%，浇水时每亩追施氮磷钾三元复合肥（12-8-20）10~15 kg，并定期喷施含有中微量元素的叶面肥。一般整个果实膨大期喷施 2 次。

如果膨果期过于干旱，会造成小瓜、畸形瓜，甚至会出现化瓜现象。但灌水量不能过多，如土壤中积水过大，会使甜瓜的品质下降，土壤透气性降低、板结，根系缺氧，植株早衰，甚至会因吸水量过大，引起裂瓜。

在采收前 7~10 d 停止浇水以提高甜瓜的品质。

5.3 植株调整

整枝是甜瓜田间管理的一项重要措施，通过植株调整可以使营养生长和生殖生长得到合理均衡的发展，不但节省养分而且改善光照条件。根据土壤肥沃程度、品种特点、留瓜数量、栽培目的常采用双蔓整枝和三蔓整枝 2 种方式。

（1）双蔓整枝。瓜苗 3~4 片叶摘心，选留 2 条健壮子蔓，子蔓 4~5 片叶摘心，每条子蔓最多留 1 个瓜，孙蔓留 2~3 个瓜，整株留瓜平均 3~5 个，孙蔓坐瓜后留 1 叶摘心，没坐住瓜的孙蔓摘除，以后视情况再行整治。

（2）三蔓整枝。三蔓整枝在瓜苗 4 片叶时摘心定蔓，选留 3 条健壮子蔓作结果蔓。前 2 条子蔓 3~4 片叶摘心，最后 1 条子蔓 2~3 叶摘心。根据不同品种的结果习性，每条子蔓或孙蔓选留 1 个瓜，每株留瓜 4~6 个。没坐瓜孙蔓去掉，孙蔓坐瓜后留 1 叶摘心。

甜瓜整枝宜采用前紧后松的原则，即坐瓜前后严格进行整枝打杈，对于留果蔓在雌花开放前 3~5 d，在花前保留 1 片叶进行摘心。而瓜胎坐住后，在不跑秧情况下，不再进行整枝，以保证有较大的光合面积，促进瓜胎膨大，同时防止早衰。

总之，留蔓多，叶面积大，开花收获迟，但产量高。反之，早熟但产量低。

5.4　生长调节剂处理和人工授粉

（1）生长调节剂处理。设施栽培中的甜瓜由于受到环境条件的影响需进行人工授粉或者生长调节剂处理。生长调节剂常用 2,4-滴钠盐或氯吡脲，一般在温度高时采用低浓度处理，而温度低时采用高浓度处理。0.5%的 2,4-滴钠盐用量一般在气温 20~25℃时，配制比例为 8 mL 兑水 500 g；气温 26~28℃时 6 mL 兑水 500 g；气温 28~30℃时 2 mL 兑水 500 g。对刚用药剂处理过的瓜胎，要用手指轻弹一下瓜柄，把留在瓜胎上面的药滴弹出，可以有效防止药剂量过大造成畸形瓜的出现。无论使用何种浓度的生长调节剂，对瓜胎进行处理时都不要滴在叶片上，以免造成药害，影响植株的正常生长。

（2）人工授粉。甜瓜植株的雄花数量很多，为了提高坐果率也可以采用人工授粉，一般在 10:00 以前进行人工授粉，辅助坐瓜。采集当天清早开放的雄花，剥开雄花花瓣将雄花轻轻地在雌花的柱头涂抹。

6. 病虫害防治

6.1　防治原则

按照“预防为主，综合防治”的植保方针，以农业防治、物理防治、生物防治为主，化学防治为辅。

6.2　农业措施

选用抗病性、抗逆性强的优良品种，实行 3 年以上的轮作，勤除杂草，收获后及时清洁田园。培育壮苗，合理浇水，增施充分腐熟的有机肥，提高植株抗性。

6.3　物理防治

糖醋液诱杀：糖+醋+酒+水+90%敌百虫晶体按照 3∶3∶1∶10∶0.6 比例配成药液，放置在苗床附近诱杀种蝇成虫。黄板诱杀：田间悬挂黄色粘虫板，每亩挂 20 cm×30 cm 的粘虫板 30~40 块，诱杀蚜虫、种蝇等害虫。杀虫灯诱杀：利用电子杀虫灯诱杀鞘翅目、鳞翅目等害虫。杀虫灯悬挂高度一般为灯的底端离地 1.2~1.5 m，每盏灯控制面积一般在13 334~20 001 m^2。

6.4　生物防治

利用七星瓢虫、龟纹瓢虫等天敌防治蚜虫。

6.5　化学防治

（1）甜瓜的蔓枯病。甜瓜定植以后，用 75%百菌清可湿性粉剂 500 倍液或 50%嘧菌酯悬浮液1 500倍或 68.75%噁酮·锰锌水分散粒剂1 000倍液叶面喷施进行保护，10~15 d喷 1 次。发病后，用 10%苯醚甲环唑水分散粒剂1 500倍液进行治疗。如需在发病部位进行涂抹，用药浓度要加大。

（2）甜瓜细菌性溃疡、叶斑病和果腐病。用 77%氢氧化铜可湿性粉剂 500~600 倍液或 37.5%氢氧化铜低铜悬浮剂 600~800 倍液喷施地上部或灌根进行预防和治疗。病害发生后，铜制剂还可与新植霉素混用。药剂灌根时间在甜瓜定植后半个月，甜瓜高度约 30 cm 时进行。铜制剂对甜瓜的个别品种可能敏感，故叶面喷施时宜慎用，即先试验，再推广。

（3）甜瓜白粉病。防治方法参考甜瓜的蔓枯病的防治。部分甜瓜品种对硫制剂非常敏感，如硫磺悬浮剂用后极易产生药害。

（4）甜瓜霜霉病。每亩用 250 g/mL 嘧菌酯悬浮液（60 mL~90 mL）或 70%代森锰锌可湿性粉剂（100~150 g）进行预防，10~15 d 喷 1 次。发病初期，用 72%甲霜·锰锌可湿性粉剂（150~200 g）或 72%霜脲·锰锌可湿性粉剂（133~166 g）或 52.5%噁唑菌酮+霜脲氰2 000倍液进行治疗，7~10 d 喷 1 次。

（5）甜瓜黑星病。防治方法参考甜瓜的蔓枯病。

（6）甜瓜的蚜虫和温室白粉虱。用 30%噻虫嗪悬浮剂5 000倍液或 10%吡虫啉可湿性粉剂1 000倍液单用或混用，防治温室白粉虱时，用药时间以早晨、傍晚最佳。

7. 采收

甜瓜属于生食的果品，商品质量的好坏与果实的成熟度有很大的关系。只有适时采收充分成熟的果实，才能确保甜瓜固有的香、甜、脆的品质，采收过早，果实的含糖量降低，香味不足，甚至还有苦味。采收过晚，果肉组织胶质分离，细胞组织软绵，风味不佳，降低食用价值，影响口感。因此，采收的标准十分重要，一般应掌握以下几种方法。

（1）计算果实的发育天数。一般授粉后 25~35 d，皮色呈现出本品种典型色泽时采收。薄皮甜瓜早熟品种从雌花开放到果实发育成熟需 28 d 左右，中熟品种 30 d 左右，晚熟品种 35 d 左右。为提高品质和耐储运性，采摘前 4~5 d应停止灌水。

（2）观察瓜柄。瓜柄附近若有茸毛脱落，近脐部开始变软，瓜柄与瓜的连接处易出现脱落现象，或者出现自然脱落，表示瓜已成熟。

（3）根据果实的外观特征进行判断。一般果实成熟后都表现出该品种固有的色泽、花纹、香味、甜度等，如景甜208退绿变白略微带黄；景甜1会出现瓜柄脱落现象。

8. 贮藏

（1）选一阴凉通风处并打扫干净，在地面和四周撒上石灰粉，接着在地面或架子上铺一层稻草或麦秸，然后将套上泡沫网套的瓜轻轻摆放3~4层，可储放15~20 d。

（2）将套上泡沫网套的瓜先装入竹筐或柳条筐内（不要装满，上部留一些空间），再把筐交叉叠放于阴凉通风的室内，保持室温16~18℃，相对湿度80%~85%，可储藏20~25 d。

（3）将套上泡沫网套的瓜装入有通气孔的纸箱内，经预冷后交叉叠放于冷藏库，保持温度4~5℃，相对湿度80%~85%，可储藏2~3 d。

9. 档案与记录

生产要建立田间投入品使用记录、生产管理记录、收获记录、产品检测记录及其他相关质量追溯记录，并归档保存。

八、日光南瓜水肥一体化生产技术规程

1. 产地环境

选择土层深厚、质地适中、疏松肥沃、排灌方便的地块，pH值6.5~8.2，以6.5~7.5为佳，忌盐碱地。

2. 水肥一体化技术要求

2.1　微灌施肥系统的组成

微灌施肥系统由水源、首部枢纽、输配水管网、灌水器4部分组成。

（1）水源。包括地下水、库水、河水等。

（2）首部枢纽。包括水泵、过滤器、施肥器、控制设备和仪表等。

a. 水泵。根据水源状况及灌溉面积选用适宜的水泵种类和合适的功率。对于供水量需要调蓄或含沙量较大的水源，常要修建蓄水池。

b. 过滤器。地下水作为灌溉水源一般选用筛网过滤器、叠片过滤器。过滤器尺寸根据棚内滴灌管的总流量来确定。单棚宜采用直径3.3 cm或5.0 cm过滤器。

c. 施肥器。施肥器有压差式施肥罐、文丘里注入器、注入泵和开敞式废料池。单棚宜采用30L施肥罐、直径32 mm文丘里注入器。

d. 控制设备和仪表。系统中应安装阀门、流量和压力调节器、流量表或

水表、压力表、安全阀、进排气阀等。

(3) 输配水管网。输配水管网是按照系统设计，由干管、支管和毛管组成。棚内由支管和毛管组成，支管和毛管采用 PE 软管，支管壁厚 2~2.5 mm，直径为 32 mm 或 40 mm；毛管壁厚 0.2~1.1 mm，直径 8~16 mm。

(4) 灌水器。灌水器采用内镶式滴灌带或薄壁滴灌带，流量为 1~3L/h，滴头间距为 20~40 cm。

2.2 微灌肥料的选择

微灌肥料可在下述肥料中选择。

(1) 微灌施肥专用肥料。根据作物生育期选择不同配方的微灌施肥专用肥料。

(2) 常规肥料。尿素、硫酸铵、硝酸钙、硝酸铵钙、磷酸一铵、磷酸二氢钾、硫酸钾、硝酸钾等。

(3) 水溶肥料。预溶解过滤后施用。

2.3 微灌施肥系统使用

(1) 使用前，用清水冲洗管道。

(2) 施肥后冲刷管道。

a. 施肥后，用清水继续灌溉 15 min。

b. 系统维护。每 30 d 清洗肥料罐 1 次，并依次打开各个末端堵头，使用高压水流冲洗主、支管道。按设备说明书要求保养注肥泵。灌溉施肥过程中，若供水中断，应尽快关闭施肥装置进水管阀门，防止含肥料溶液倒流。大型过滤器的压力表出口读数低于进口压力 0.6~1 个大气压（atm）时清洗过滤器。小型过滤器每 30 d 清洗 1 次。

3. 栽培管理

3.1 土壤

贝贝南瓜为葫芦科作物，有机贝贝南瓜忌与葫芦科作物连作。应选择土壤肥沃、排灌良好、有机质含量丰富、前茬没有种植过葫芦科作物的地块进行种植。

3.2 育苗技术

(1) 品种选择。日光温室南瓜品种一般选用小型品种，以日本贝贝南瓜品种为佳，单果重 300~600 g。

(2) 种子处理。为减少种传病害的发生，播种前需进行晒种或温汤浸种。贝贝南瓜种子使用 60℃ 的温水浸种 10~15 min，洗干净后，水温保持在 30℃ 左右继续浸种 6 h，浸种后需用清水洗干净种子。日光温室种植南瓜一般采用恒温催芽。将洗干净的南瓜种子旋转在纱布上保湿，放置在 25~30℃ 的环境中，待有一半以上种子露白后，即可播种。

（3）播种育苗。贝贝南瓜常使用50孔标准穴盘育苗，育苗基质可使用草炭：珍珠岩：蛭石：有机肥按7：1：1：1的比例进行配制。选用的有机肥必须是充分发酵腐熟的，将基质充分混合装入穴盘，压出1 cm深的孔，将处理后的贝贝南瓜种子整齐平放在压出来的孔中，覆盖0.5~1.0 cm厚的基质，再浇施哈茨木霉菌可湿性粉剂500倍液，浇至穴盘底部出水孔开始渗水为宜。此后根据基质的湿润程度浇水，保持基质微湿润状态。早春育苗，气温较低，要注意防寒，可将播种后的穴盘放入塑料薄膜小拱棚中进行保温。

（4）苗期管理。贝贝南瓜苗期注意预防猝倒病，可在子叶展开后，再次浇施哈茨木霉菌可湿性粉剂500倍液进行预防。在第1片真叶展开后，宜追施适量沼液，达到提苗壮苗的目的。苗期要注意控温控水，防止幼苗徒长，一般日温不要超过30℃，夜温不要超过25℃。尽量选择中午前浇水，避免傍晚浇水导致叶片带水过夜。

3.3　田间管理

（1）整地与起垄。选择前茬没有种植过葫芦科作物的日光温室（以宽20 m、长度不限、南北走向的面包棚较好），每亩施入充分腐熟的有机肥8~10 t、硫酸钾复合肥（12-15-18）50 kg、硼砂（酸）0.75~1.0 kg、硫酸锌1.0~1.5 kg，再深耕土地。起垄时垄宽1.5 m，沟宽0.3 m，垄高0.3 m。

（2）定植。贝贝南瓜一般出苗后1周左右，幼苗子叶平展到1叶1心期为最佳定植期，选择晴天下午移栽。定植株距为80 cm，每垄定植两行。同一垄的两行苗呈“品”字形交错种植，定植后覆盖黑色地膜，地膜下铺设滴灌带。定植后需滴1次透水。

（3）生长管理。

a. 吊蔓与整枝。吊蔓种植的贝贝南瓜常采用双蔓整枝。定植成活后，幼苗在5叶开始摘心，选留2条强壮的子蔓作为结瓜蔓，其余子蔓、孙蔓全部摘除。当瓜苗长到10节以上时，即可进行吊蔓。吊蔓前，最好先进行盘蔓，即把瓜苗的龙头引上吊蔓线，将多余的瓜蔓在植株根部附近盘一圈，让第1个瓜（或雌花）刚好离地即可。盘蔓有助于抑制植株旺长，也可以延缓瓜苗过早生长到吊蔓线顶部。

贝贝南瓜叶片生长比较旺盛，需要及时摘除植株底部的老叶，避免消耗过多养分，同时减少病虫害发生。2条子蔓长出的孙蔓也需及时摘除，并定期把子蔓引到吊蔓线上。当每条蔓坐住3~4个贝贝南瓜后，可在瓜蔓顶部保留1个强壮侧芽后打顶，以削弱植株的营养生长，促进贝贝南瓜迅速膨大。

b. 授粉。在大棚吊蔓种植的贝贝南瓜需要进行人工辅助授粉，并在每天10:00前完成授粉，以提高授粉成功率。贝贝南瓜的花为单性花，雌雄同株。

授粉时，把植株的雄花摘下，去掉花瓣，露出雄蕊，把雄蕊上的花粉涂到雌花的柱头上即可完成授粉，注意涂抹均匀。

c. 水肥管理。贝贝南瓜的需肥特点是前轻后重，在坐住瓜之前，避免水肥过多，防止植株营养生长过于旺盛，难以坐住瓜。坐住瓜后，要加大水肥，促进植株上的几个瓜同时膨大。滴灌宜在晴天上午进行，以少量多次肥随水走为原则，避免环境过于潮湿，引发各种病害。滴灌用肥以 16-8-32 的全水溶肥料为好，同时要含有中微量元素，注意钙和镁的使用，一般钙和镁的比例为 1∶1。每亩用全水溶肥 7~10 kg，一般每 5~7 d 滴 1 次，共 3 次。

（4）病虫害防治。

a. 白粉病。发病初期加强通风、透光，可用 15%三唑酮可湿性粉剂进行喷洒。

b. 花叶病毒病。以预防为主，控制刺吸式口器昆虫的数量，可在棚内挂黄粘板，并定期喷施除虫菊素以减少刺吸式口器害虫的发生。

c. 蚜虫。防治蚜虫主要采用黄粘板和除虫菊素，连续 3 次，也可引进蚜虫的天敌进行生物防治。

d. 白粉虱。防治白粉虱应以农业防治为基础，上一茬作物最好种植白粉虱不喜欢的作物，降低虫口密度，设置黄粘板诱杀白粉虱成虫。

3.4 采收及保鲜

贝贝南瓜一般在开花后 35~40 d 采收。成熟的贝贝南瓜果柄膨大，瓜皮上的毛自然脱落，瓜皮呈墨绿色，单瓜质量 300~600 g。贝贝南瓜保鲜比较容易，采收后放在阴凉干燥环境下可保存 2 个月以上。

九、土壤调理剂效果试验规程

1. 试验目的

根据产品组分和作用机理，对可能调理的土壤属性及适宜的土壤（类型）或区域进行验证，明确产品的作用效果，确定产品可应用的土壤（类型）或区域，并验证经调理后植物生物学效果。

2. 试验处理

土壤调理剂按剂型分为固体和液体 2 类。固体类土壤调理剂主要用于拌土、撒施；液体类土壤调理剂主要用于地表喷洒、浇灌。试验处理设计应符合以下要求。

（1）至少设 2 个处理。

a. 空白对照（液体类应设置与处理等量的清水对照）。

b. 供试土壤调理剂推荐施用量。

（2）必要时，可增设其他试验处理。

a. 供试土壤调理剂其他施用量（最佳施用量）。

b. 供试土壤调理剂与常规肥料最佳配合施用量。

c. 供试土壤调理剂所含主要养分所设的对照处理，如仅含主要养分的对照处理，或仅不含主要养分的对照处理等。

（3）除空白对照外，其他试验处理均应明确施用量和施用方法。

（4）小区试验各处理应采用随机区组排列方式，重复次数不少于 3 次。

3. 试验准备

3.1　试验地选择

应选择地势平坦、形状整齐、地力水平相对均匀的试验地；应满足供试作物生长发育所需的条件，如排灌系统等；应避开居民区、道路、堆肥场所和存在其他人为活动影响等特殊地块。

3.2　供试土壤和土壤调理剂分析

试验地土壤基本性状分析及供试土壤调理剂技术指标分析应根据试验要求进行。

4. 试验操作

4.1　小区设置

小区应设置保护行，小区划分尽可能降低试验误差；小区灌渠设置应单灌单排，避免串灌串排。

（1）小区面积。小区面积应一致，宜为 20～200 m^2。密植作物（如水稻、小麦、谷子等）小区面积宜为 20～30 m^2；中耕作物（如玉米、高粱、棉花、烟草等）小区面积宜为 40～50 m^2；果树小区面积宜为 50～200 m^2。在丘陵、山地、坡地，小区面积宜小些；平原、平畈田，小区面积宜大些。

（2）小区形状。小区形状一般为长方形。小区面积较大时，长宽比以（3～5）：1 为宜；小区面积较小时，长宽比以（2～3）：1 为宜。

5. 评价要求

5.1　评价内容

根据供试土壤调理剂特点和施用效果，对不同处理土壤性状、试验作物产量及增产率等试验效果差异进行评价。必要时，还应对试验作物其他生物学性状（生长性状、品质、抗逆性等）、经济效益、环境效益进行评价。

5.2　评价指标

（1）土壤性状。根据土壤调理剂特点和施用效果选择下列指标进行评价。

a. 改良黏性土壤障碍特性：田间持水量、土壤容重、水稳性团聚体、萎蔫系数、阳离子交换量等；

b. 改良砂性土壤障碍特性：田间持水量、土壤容重、水稳性团聚体、萎蔫系数、阳离子交换量等；

c. 改良土壤结构障碍特性：田间持水量、土壤容重、萎蔫系数、氧化还原电位等；

d. 改良酸性土壤障碍特性：土壤 pH 值、硅铝率、硅铁率、阳离子交换量等；

e. 改良盐化土壤障碍特性：土壤 pH 值、土壤全盐量及离子组成、脱盐率、阳离子交换量等；

f. 改良碱化土壤障碍特性：土壤 pH 值、总碱度、碱化度、阳离子交换量等；

g. 改良土壤水分障碍特性：田间持水量、萎蔫系数、氧化还原电位等；

h. 修复污染土壤障碍特性：汞、砷、镉、铅、铬、有机污染物等；

i. 土壤养分指标：有机质、全氮、全磷、全钾、有效磷、速效钾、中量元素、微量元素等；

j. 土壤生物指标：脲酶、磷酸酶、蔗糖酶、过氧化氢酶、细菌、真菌、放线菌、蚯蚓数量等。

（2）植物生物学性状。根据使用作物选择下列指标进行评价。

a. 生长性状指标：出苗率、株高、叶片数、根重等。

b. 生物量指标：产量、果重、千粒重等。

c. 品质指标：糖分、总酸度、蛋白质、维生素 C、氨基酸、纤维素、硝酸盐等。

5.3 效果评价

土壤调理剂试验效果评价应基于试验周期内施用土壤调理剂对土壤障碍性状和生物学性状效果而得出，应包括试验处理中不同性状指标与对照比较试验效果的统计学检验结论（差异极显著、差异显著或不显著）。

6. 试验报告

试验报告的撰写采用科技论文格式，主要内容包括试验来源和目的、试验时间和地点、试验条件、试验方案、试验管理、试验数据统计与分析、试验效果评价及结论。

十、微生物肥料效果试验规程

1. 试验方案的设计

根据肥料种类、养分含量、作用机理、使用方法和委托试验单位的意见等设计试验方案。

1.1 肥料简介和试验目的

写明供试肥料的名称、肥料来源、肥料种类和主要特点，试验示范的目的和意义。

1.2　试验材料和试验安排

（1）供试材料。包括供试肥料和试验中所采用的其他肥料。

（2）供试土壤。选择全省或当地主要土壤类型，如棕壤、褐土、潮土等。

（3）供试作物。根据厂商要求选择有代表性的作物品种，每个产品试验作物不少于2个试验点。

（4）试验点分布。根据试验作物安排试验地点，试验地点应是试验作物的主要种植区，并考虑其代表性。

1.3　试验处理

设4个处理，即处理1（常规施肥+微生物肥料）、处理2［常规施肥+灭活后的微生物肥料（基质）］、处理3（常规施肥）、处理4［空白对照（不施肥）］。

灭活基质的方法：取有代表性的微生物肥料试验样品，一分为二，其中1份留作处理1，另1份经灭活处理，作为处理2。灭活处理一般采用强放射性线照射灭菌，没有条件采用放射灭菌的地方可采用医用高压高温灭菌的方法。经灭菌后的样品一般要送微生物化验室进行灭活检验，检验不合格的要重新灭活，直至检验合格。

1.4　试验小区

试验误差的大小与小区形状和小区面积密切相关。在小区面积相等的情况下，沿着土壤肥力变异较大的方向增加小区面积能有效地降低试验误差。适当扩大小区面积能概括土壤复杂性，减少小区间土壤肥力差异，降低试验误差。

（1）小区形状。小区理想的形状为长方形。小区的排列方向与土壤肥力递变方向垂直。小区长宽比一般为（2~5）：1，一般小区面积较大时，长宽比为（3~5）：1；小区面积较小时，多为（2~3）：1。玉米等中耕作物确定小区形状时，要保证小区宽度能留下足够的计产行数或计产面积。

（2）小区面积。大田作物小区的面积一般为20~40 m^2，蔬菜作物小区面积为5~10 m^2，果树3~4株为一个小区，小区间留1株做保护行。处理较少，小区面积可适当增大；处理较多，小区面积适当减少。在丘陵、山地、坡地做试验，小区面积宜小；平原地区，小区面积可大些。

（3）小区排列。田间试验小区排列的基本原则是随机排列。

1.5　试验重复

肥效试验的重复次数不少于3次。

2. 田间操作

2.1　试验作物与试验年限

（1）试验作物。检验肥料肥效对于通用性肥料一般至少用2种作物试验

(作物专用肥、配方肥除外)。若泛指某类作物的制品，则至少应包括2~3个有代表性的品种，如蔬菜可以在叶菜类、根茎类、茄果类中各选1种。

(2) 试验年限。检验1种肥料的肥效，一般需试验1季或1年。

2.2 试验地的选择和准备

(1) 选择试验地。选择气候条件、土壤类型、土壤肥力等方面基本一致的田块。尽可能选择地势平坦、形状整齐、土壤肥力均匀的地块，保证试验生长发育所必需的条件，如试验地遇涝能排、遇旱能灌、旱涝保收。在坡地进行试验时，要选择坡度平缓、上下土地差异较小，灌溉条件较好的田块。试验地要避免原先是道路、堆肥场所等的地块，以免由这些影响而造成的土壤肥力差异。

(2) 准备。选择土壤肥力相近的地块，最好是同一农户的田块，选好以后整地，然后按照试验计划中的田间布置图规划分区；小区能单灌单排，避免串灌串排。小区面积准确，各小区位置适当。同时为保证试验的安全和精确，在试验田的周围，根据不同情况，设置多行保护行。

2.3 试验方案的实施

根据试验方案和肥料使用方法（包括基施、穴施、拌种、蘸根、喷施、追肥等方法），尽量在相同的条件下进行田间施肥。

3. 田间管理与观察

3.1 田间管理

遵循“最适”和“一致”的原则，小区施肥、播种、灌水、中耕除草等都要在1 d之内完成，实在不可能也要保证一个区组的管理措施当天完成。

3.2 观察记载

田间观察记载内容大致包括以下几个方面。

(1) 试验点基本情况。记录试验地点、试验管理人或农户姓名、地势、土壤类型、土壤质地、土壤肥力水平、前茬作物、供试作物品种、种植密度等；有条件或必要时，还应提供试验地土壤理化性质和分析数据，并绘制小区分布图。

(2) 栽培管理过程。

a. 整地、播种、移栽、施肥、灌水、排水、中耕、防治病虫害等田间操作的方法和时间。

b. 生育时期、生育性状和产量调查，按照调查表格中项目进行田间调查记载。

c. 自然环境因素。

4. 收获与计产

产量是判断肥效最重要的指标。收获和计产必须做到不发生错误，正确反映试验结果。

（1）试验收获时要求每个小区单打、单收、单计产，不能将几个重复相同的处理小区混在一起，而失去重复的意义。

（2）收获时，应先收保护行植株，并把它们运走。一般谷物，脱粒晒干扬净后再称重，在天气不良情况下也可以脱粒扬净后计重，混匀取其 1 kg 烘干计算其晒干率。甘薯、马铃薯等块根、块茎类作物收获时，可随收随称重，但要去除泥土，如果土地潮湿，可干燥几个小时后再称。

（3）番茄、黄瓜、西瓜等瓜果类作物，需分几次收获，每次收获时各小区的产量都要单独记录，并注明收获时间，最后累加。

（4）室内考种样本，应在收获前按要求采取，并系上标签，记录小区号，处理名称，取样日期等。

5. 试验数据分析及肥效评价

5.1　试验数据的分析

（1）对生育时期、生育性状的调查数据进行分析比较。分析不同处理对生育时期和生育性状的不同影响，并排出名次。

（2）对小区的产量结果进行统计分析。两个处理时采用 T 检验，判断 2 个处理的差异是否显著；3 个（或 3 个以上）处理采用方差分析，如果差异显著，用新复极差法（即 LSR 法）进行多重比较，表示各处理间的差异显著性。

（3）经济效益分析。根据当时农产品价格、化肥价格、试材和劳动力投入以及增产结果等计算投入成本和产值，进行经济效益分析。

5.2　肥效评价

（1）肥效评价方法。将供试肥料的试验处理与空白对照、常规对照等处理综合比较进行评价。

（2）肥效评价指标。包括对作物生育时期的影响、对各农艺性状的影响、对产量和品质的影响，还包括对土壤环境的影响以及经济效益等。其中产量、品质和经济效益是考核的主要指标。

（3）供试肥料的处理与对照处理比较，产量增产在 5% 以上，增产 5% 以上的试验点数占试验点总数的 2/3 以上，增产达显著水平的试验点占试验点总数的 1/3 以上，具有改善作物品质和改良土壤的效果，为可推广使用的产品。

6. 试验报告的撰写

试验报告的内容主要包括：试验来源和试验目的、试验执行时间和地点、试验地土壤条件、气候条件、农业生产条件和水平、试验方案和试验处理、试验管理、试验原始数据及分析结果、试验数据统计分析和结果检验、结论和建议、试验执行单位、试验主持人及职称、报告完成时间。

6.1　材料与方法

材料与方法主要包括供试土壤、供试肥料、供试作物、试验方法等内容。

6.2　试验结果与分析

试验结果与分析主要包括不同处理对作物生育时期的影响、不同处理对作物生育性状的影响、不同处理对作物产量影响以及不同处理经济效益分析比较。

6.3　试验结论和建议

附录三　成果图件

菏泽市耕地质量等级评价图

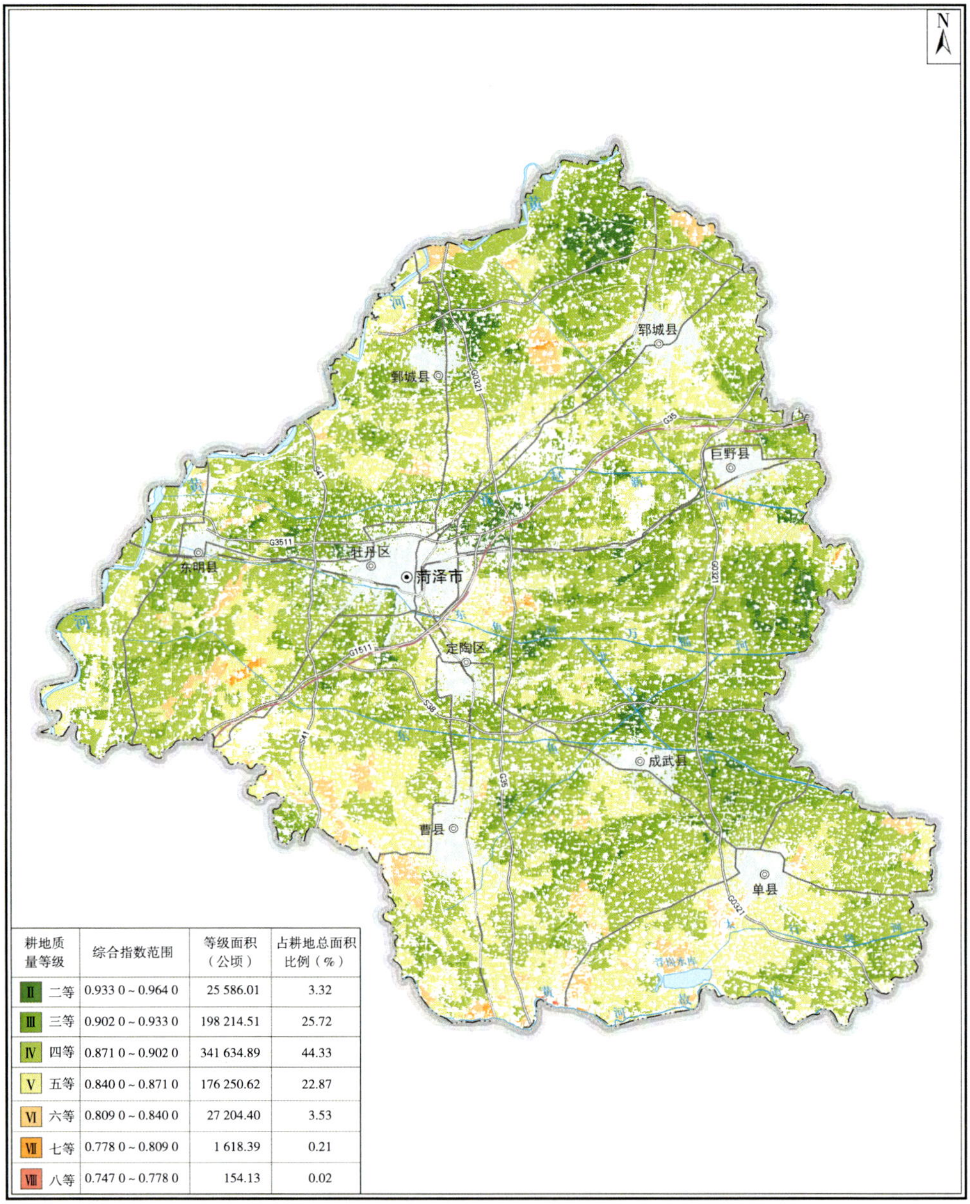

耕地质量等级	综合指数范围	等级面积（公顷）	占耕地总面积比例（%）
Ⅱ 二等	0.933 0 ~ 0.964 0	25 586.01	3.32
Ⅲ 三等	0.902 0 ~ 0.933 0	198 214.51	25.72
Ⅳ 四等	0.871 0 ~ 0.902 0	341 634.89	44.33
Ⅴ 五等	0.840 0 ~ 0.871 0	176 250.62	22.87
Ⅵ 六等	0.809 0 ~ 0.840 0	27 204.40	3.53
Ⅶ 七等	0.778 0 ~ 0.809 0	1 618.39	0.21
Ⅷ 八等	0.747 0 ~ 0.778 0	154.13	0.02

菏泽市农业农村局二〇二二年九月

菏泽市灌溉分区图

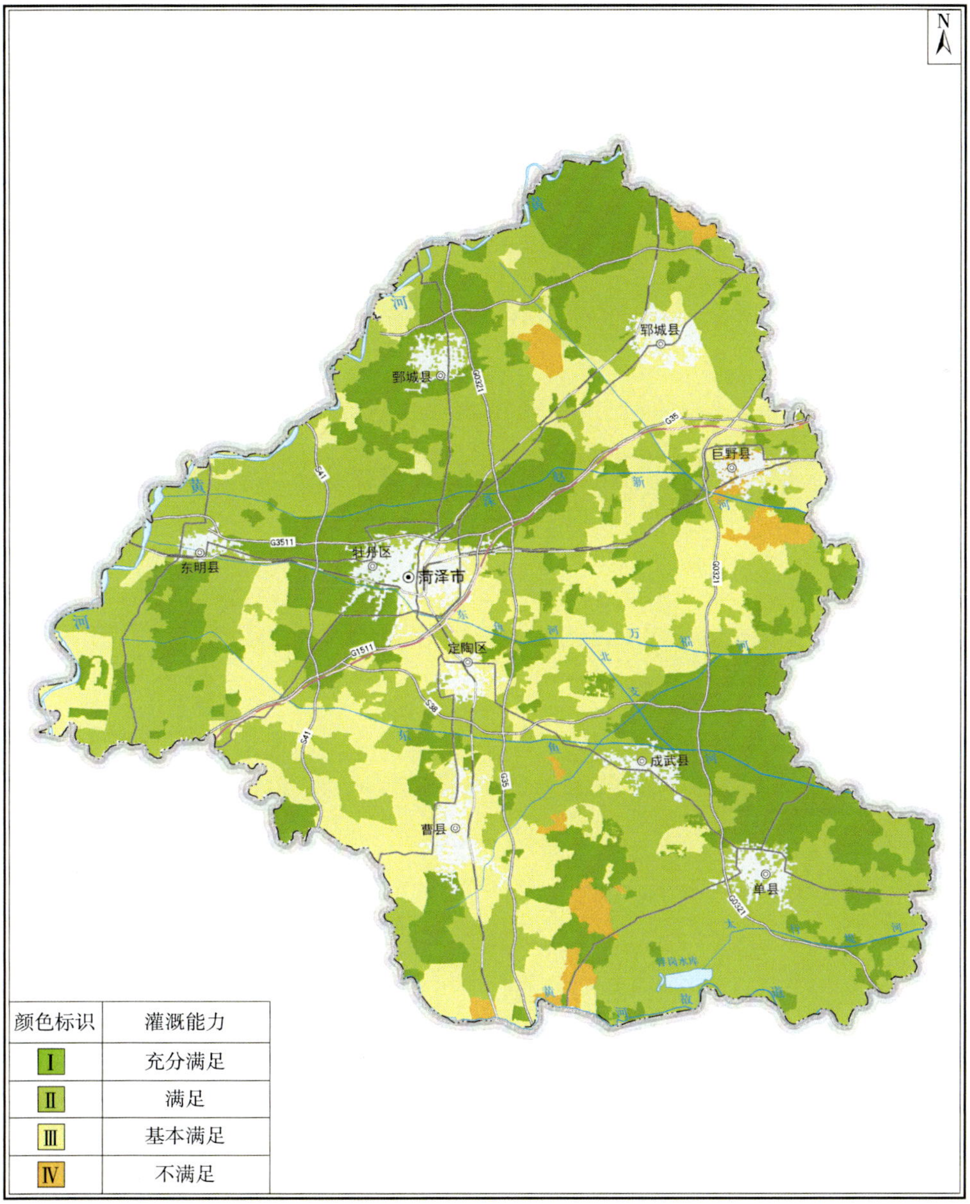

菏泽市农业农村局二〇二二年九月

菏泽市土壤pH分布图

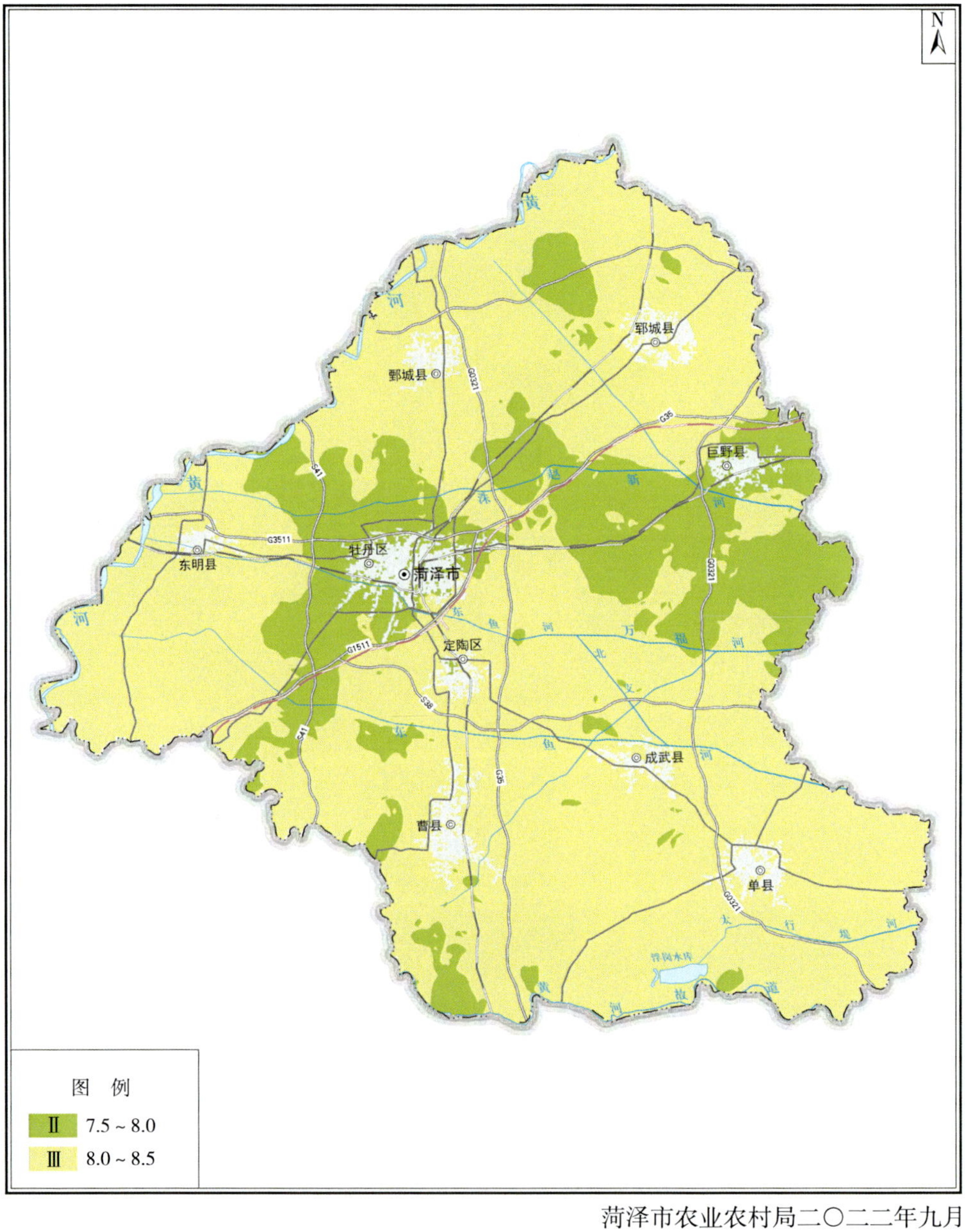

菏泽市农业农村局二〇二二年九月

菏泽市土壤有机质含量分布图

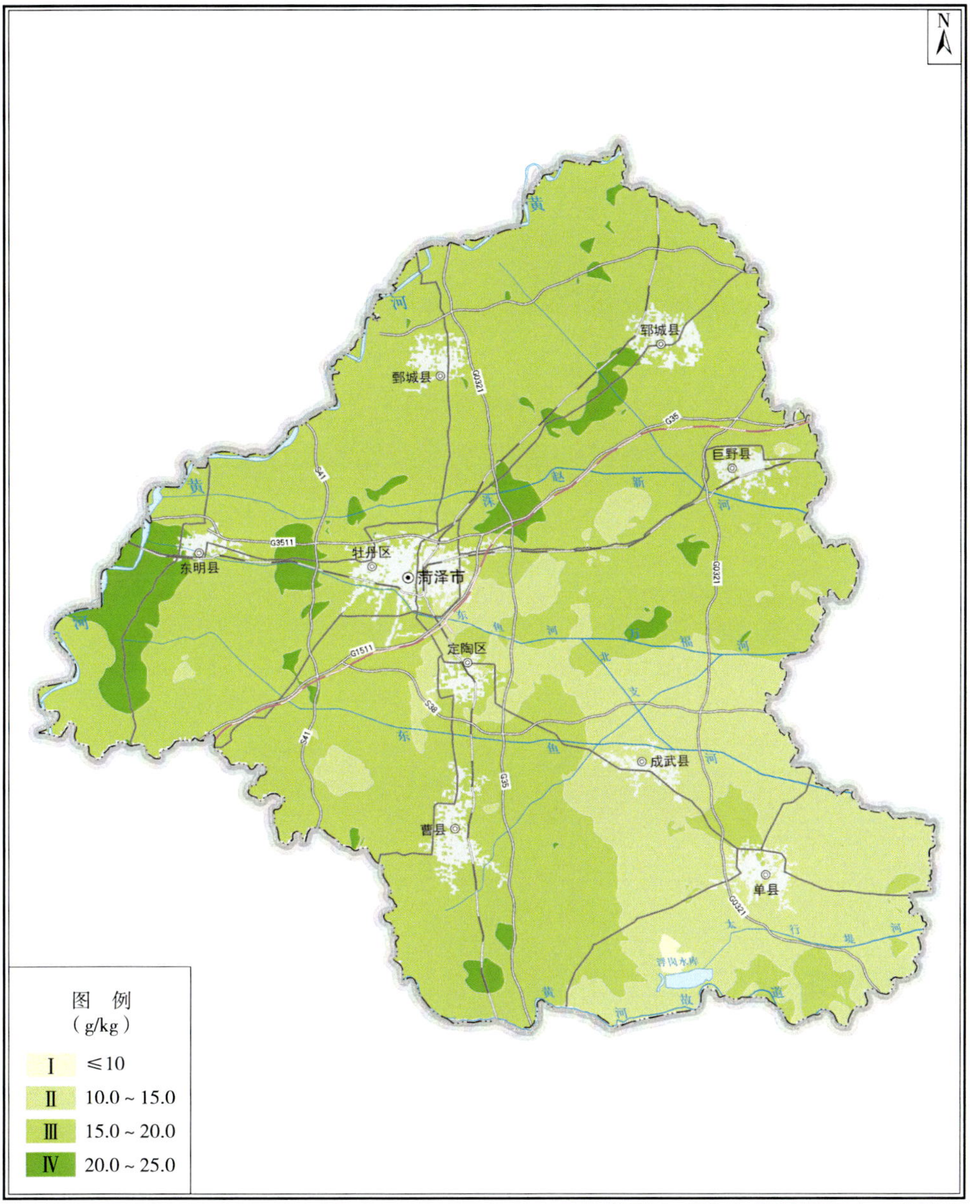

菏泽市农业农村局二〇二二年九月

菏泽市土壤全氮含量分布图

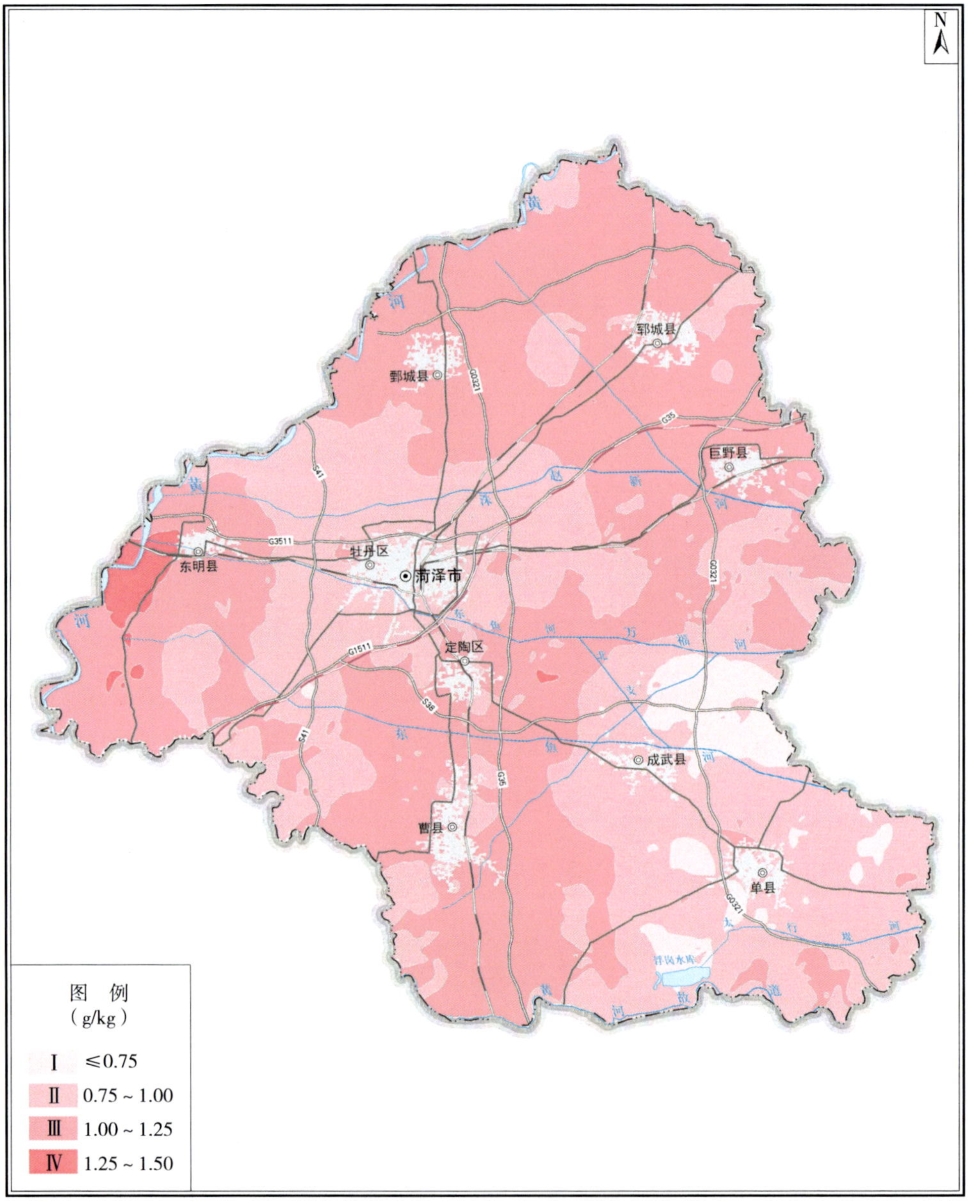

菏泽市农业农村局二〇二二年九月

菏泽市土壤碱解氮含量分布图

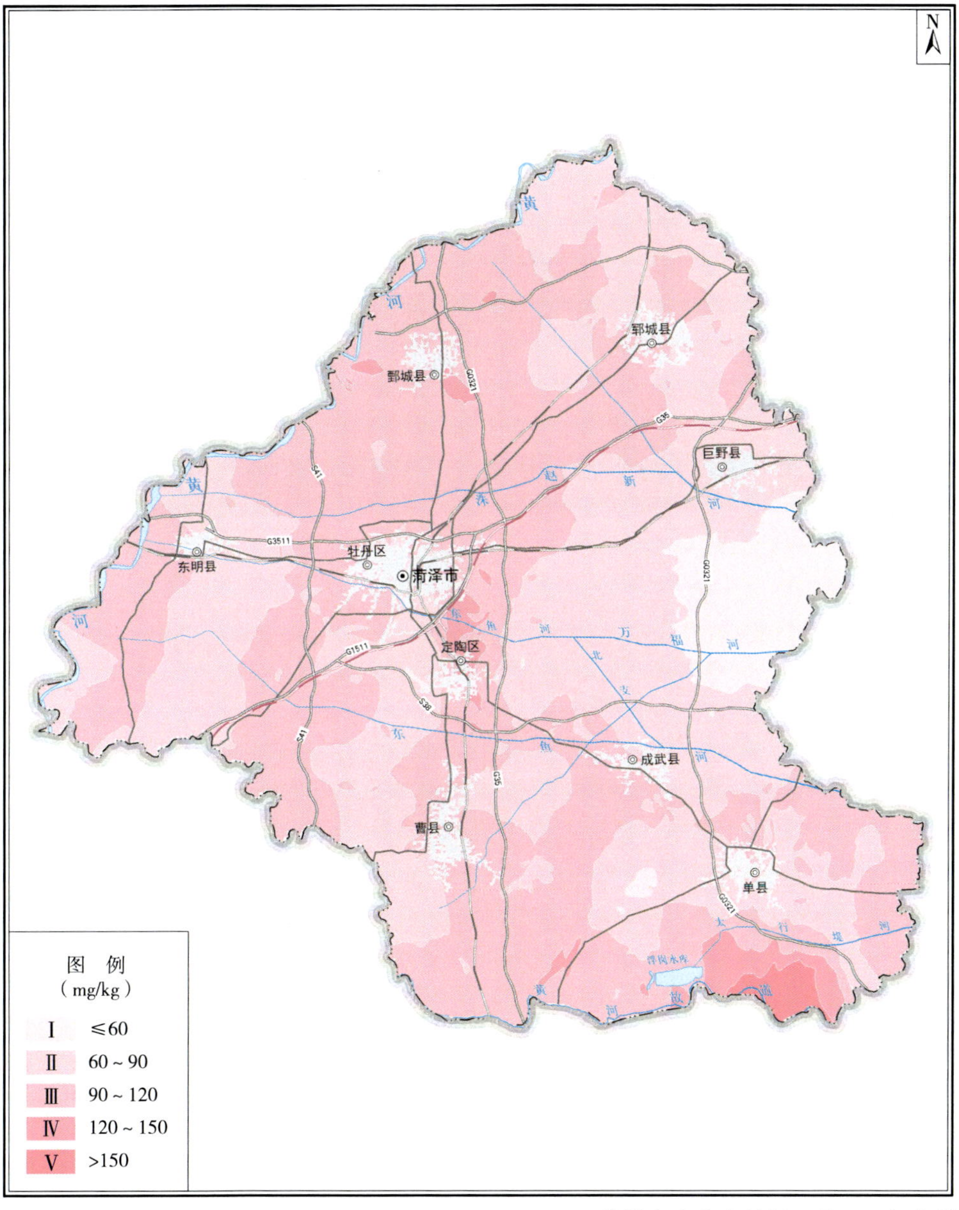

菏泽市农业农村局二〇二二年九月

菏泽市土壤有效磷含量分布图

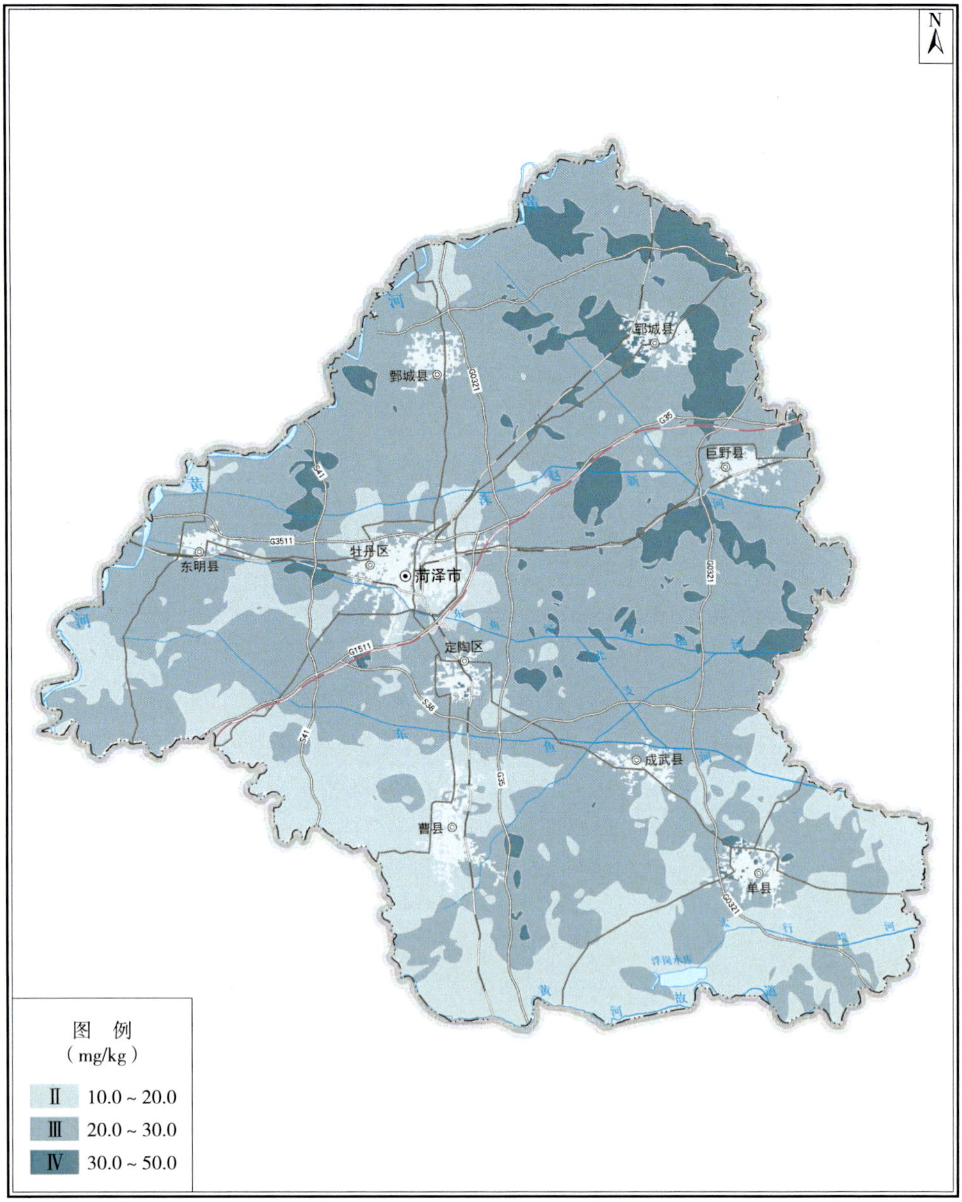

菏泽市农业农村局二〇二二年九月

菏泽市土壤速效钾含量分布图

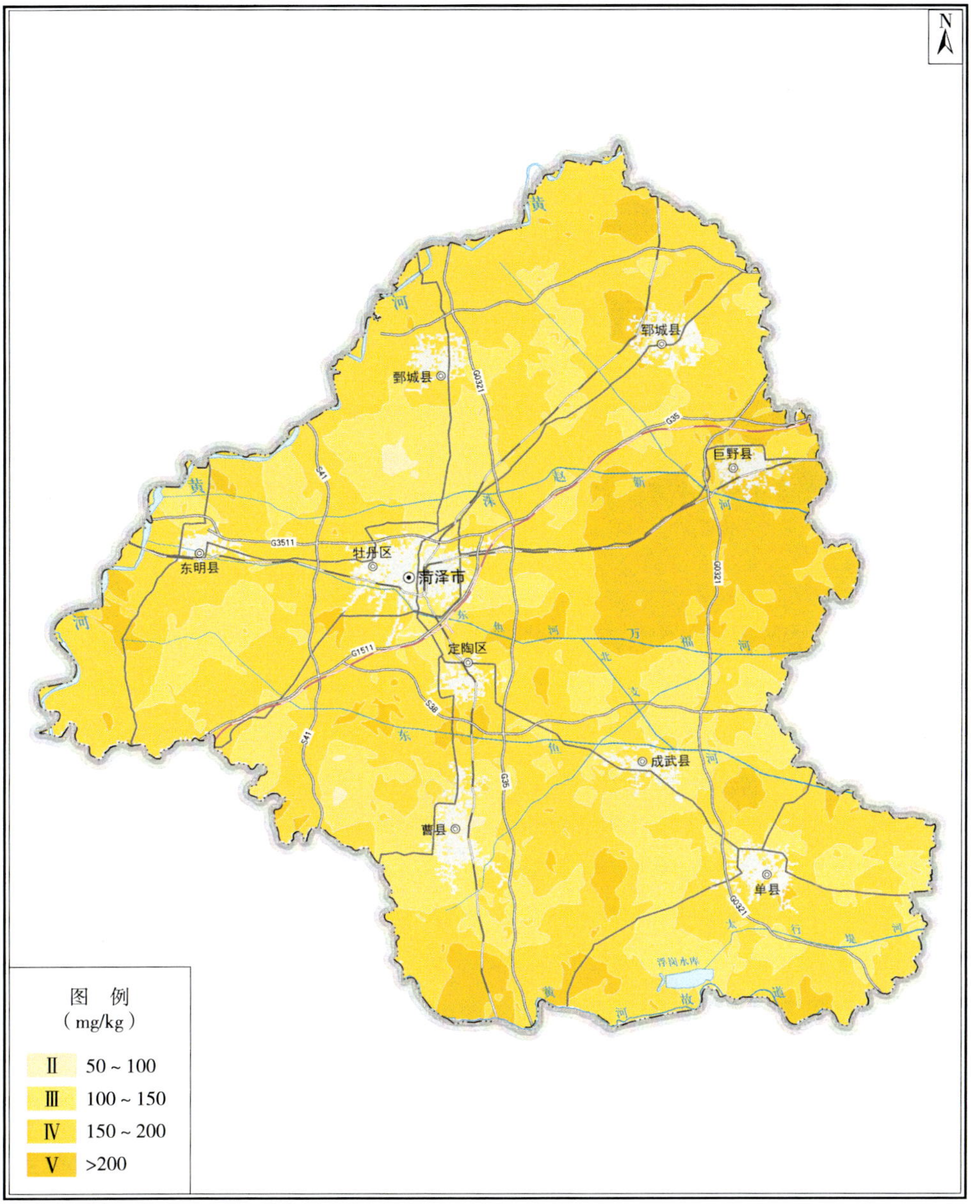

菏泽市农业农村局二〇二二年九月

菏泽市土壤缓效钾含量分布图

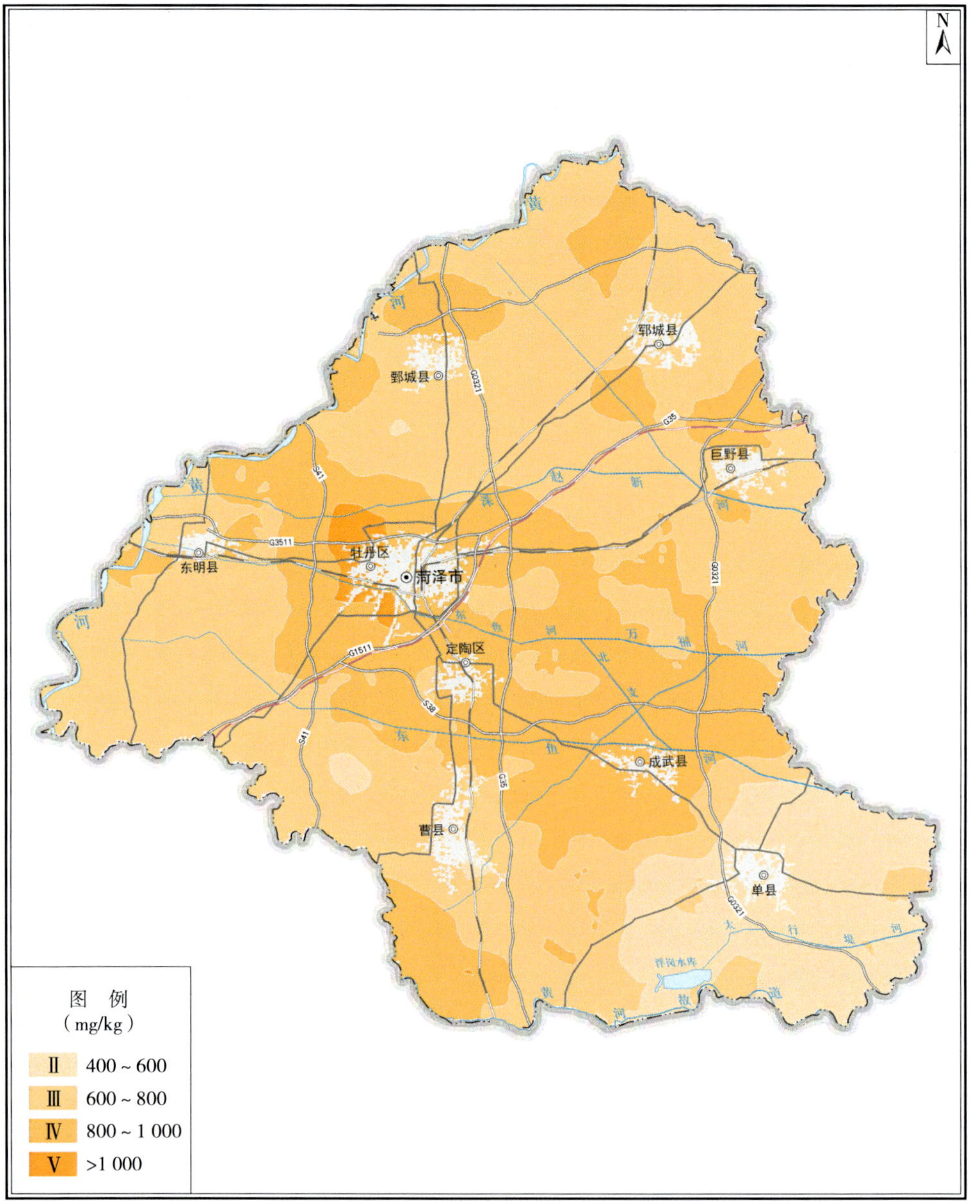

菏泽市农业农村局二〇二二年九月

菏泽市土壤有效铜含量分布图

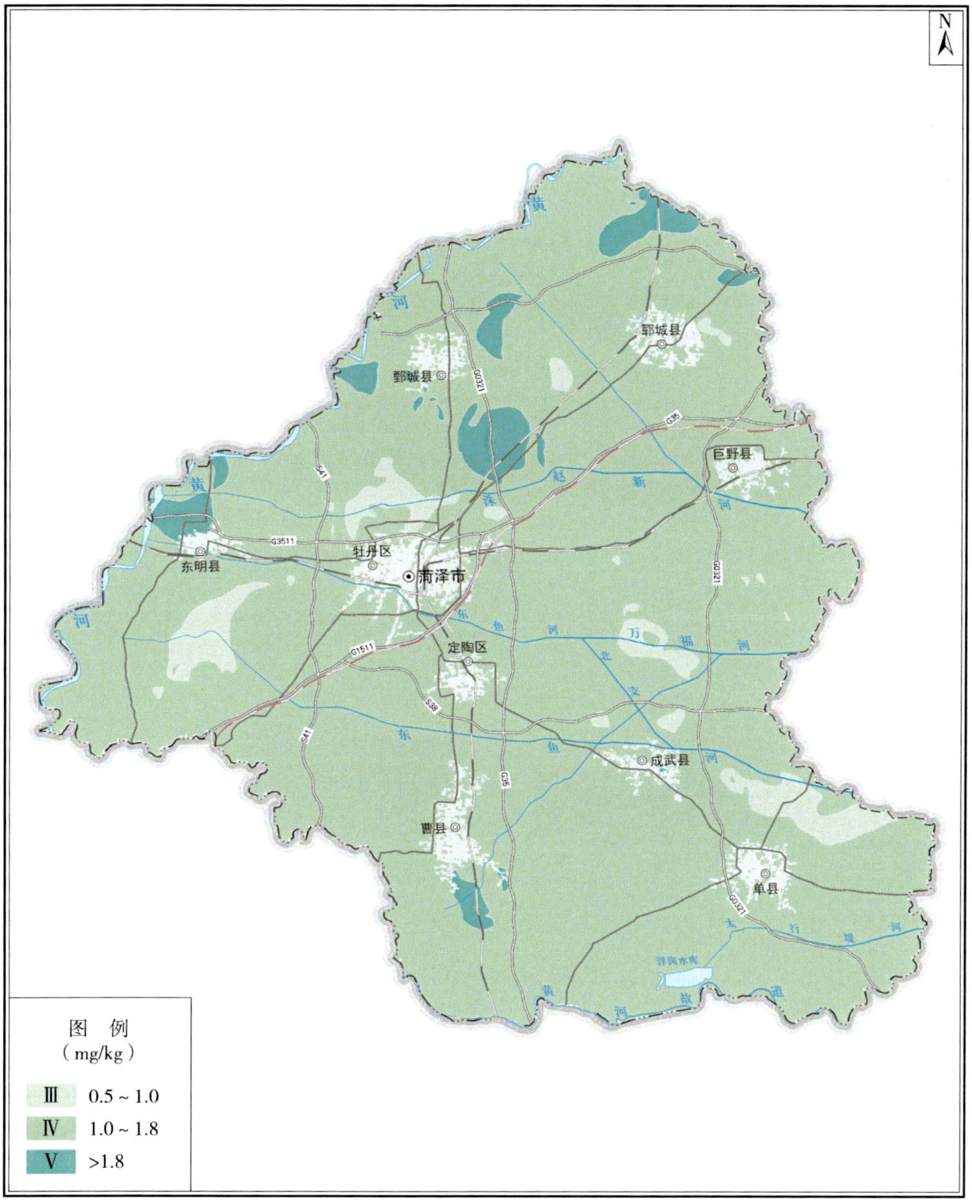

菏泽市农业农村局二〇二二年九月

菏泽市土壤有效锌含量分布图

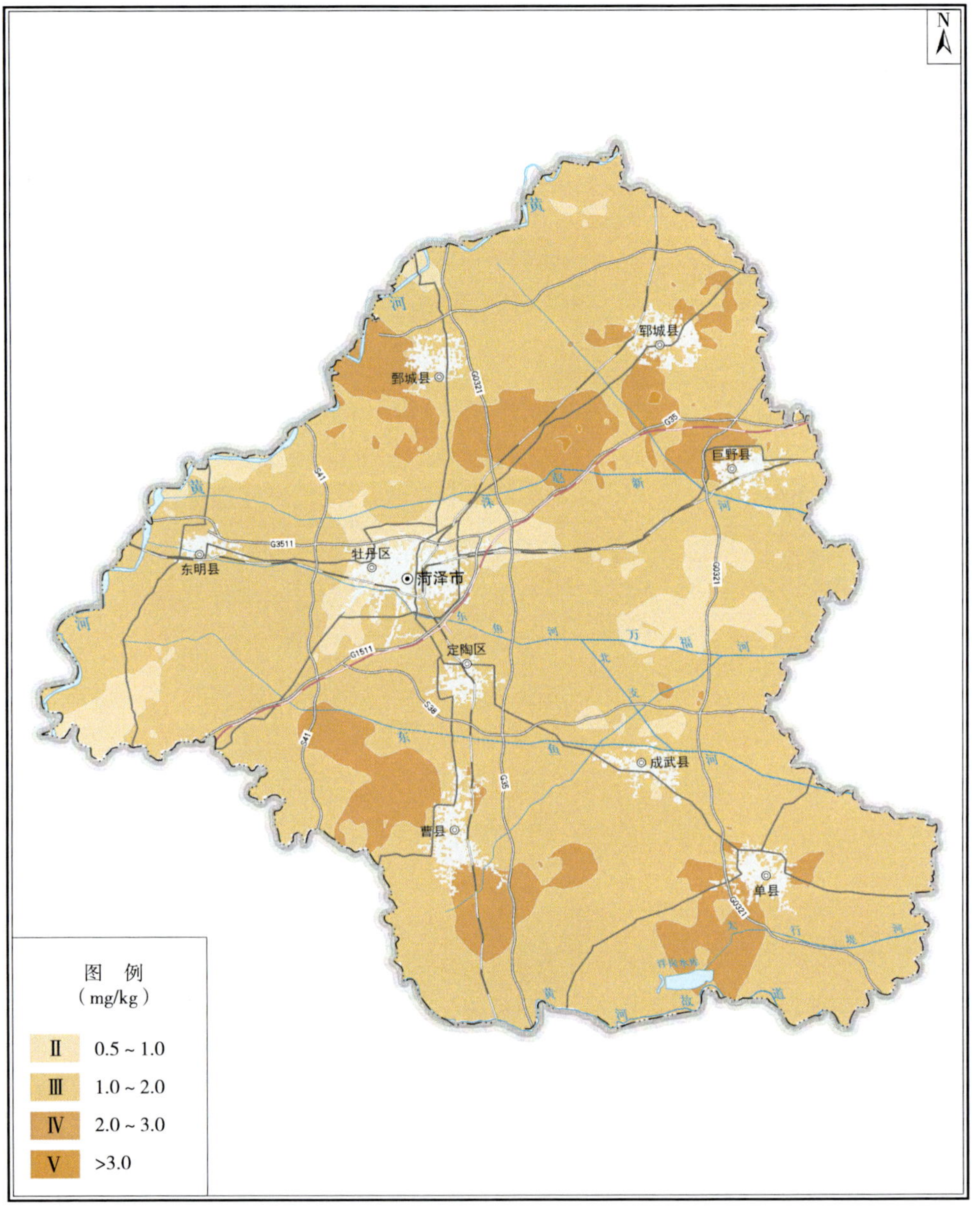

菏泽市农业农村局二〇二二年九月

菏泽市土壤有效铁含量分布图

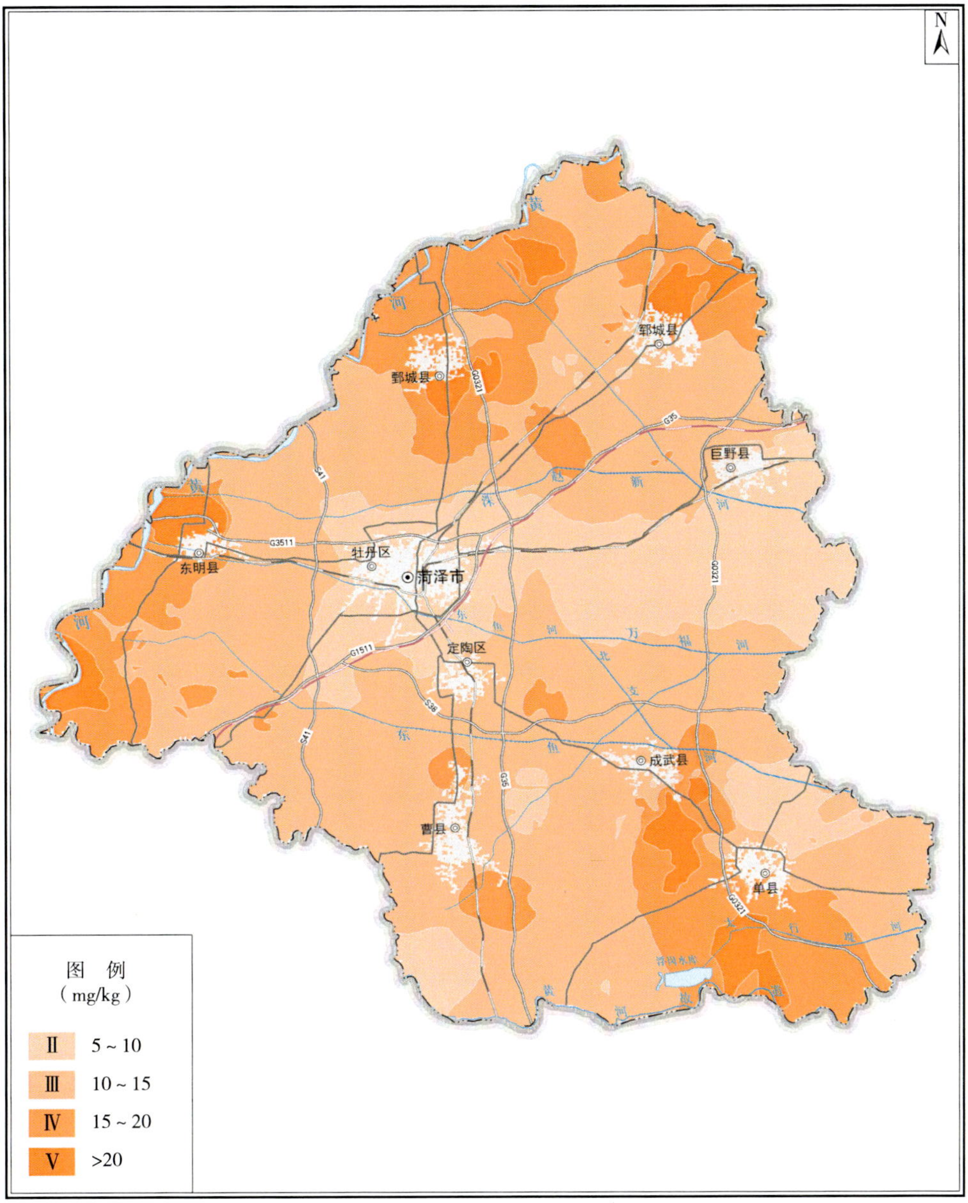

菏泽市农业农村局二〇二二年九月

菏泽市土壤有效锰含量分布图

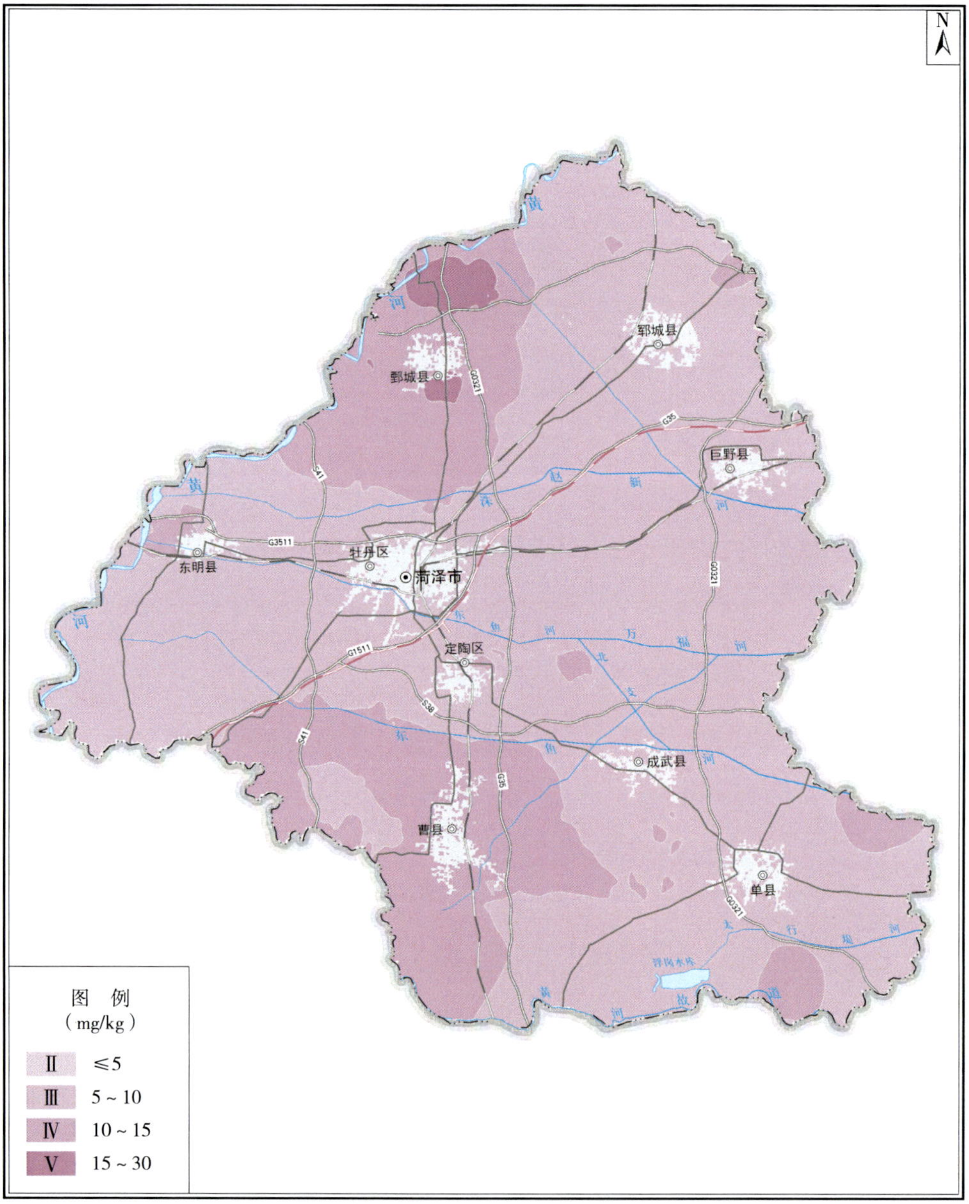

菏泽市农业农村局二〇二二年九月

菏泽市土壤有效硼含量分布图

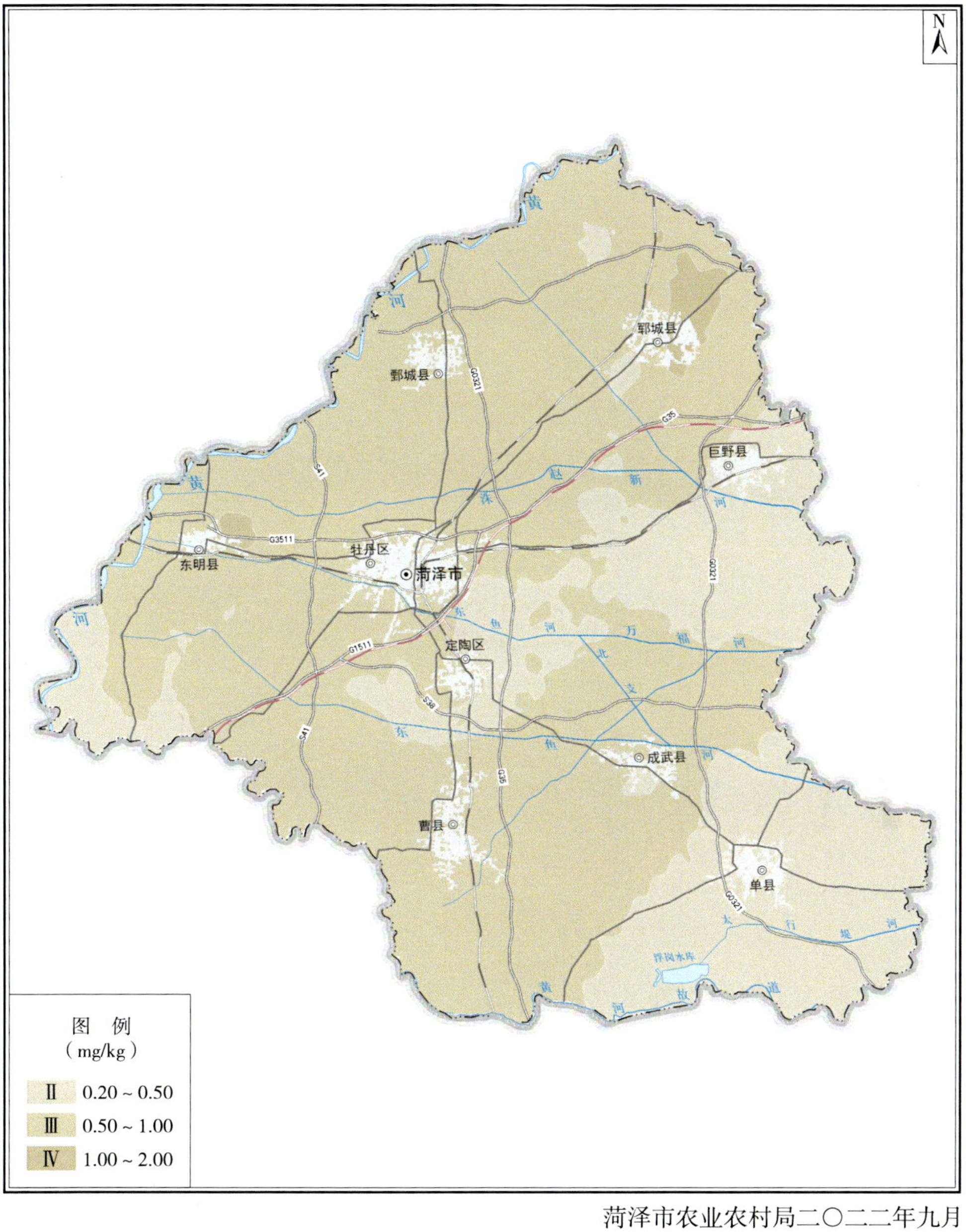

菏泽市农业农村局二〇二二年九月

菏泽市土壤有效钼含量分布图

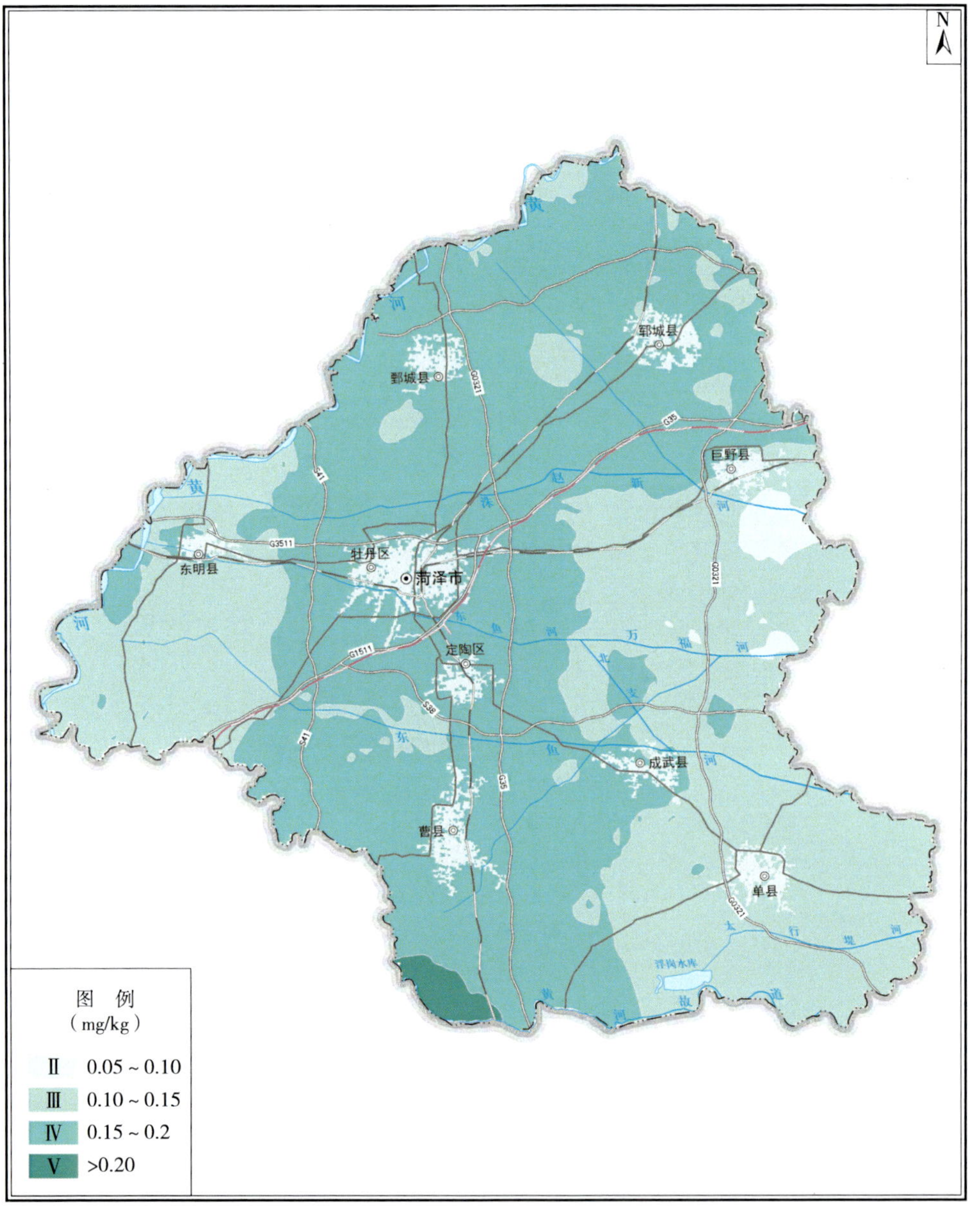

菏泽市农业农村局二〇二二年九月